Wolf-Dieter Storl

WIR SIND GESCHÖPFE DES WALDES

Auch streift der Mensch in den Wäldern seine Jahre ab
wie die Schlange ihre Haut und ist,
in welchem Jahre seines Lebens er auch stehen mag,
noch immer ein Kind.

Ralph Waldo Emerson
(1803–1882)

ICH BIN EIN BAUM

Ich bin ein Baum …
Ein frisch grüner Spross im ersten Sonnenstrahl.
Ein modriger Zweig mit Moos benetzt.

Ich bin ein Baum …
Der Wurzeltrieb in tiefster Tiefe.
Der Blütenduft im Himmel hoch.

Ich bin ein Baum …
Die Frucht in deinen Händen.
Der Samen, der mein Leben trägt.

Ich bin ein Baum …
Das Gerippe deines Hauses.
Die Hitze deiner Glut.

Ich bin ein Baum …
Der Atem, der dich belebt, und die Kiste,
in der man dich mir zu Füßen legt.

Ich bin ein Baum …
Für dich ein kühlender Schatten in der Glut der Sonne.
Ein lichtes, warmes Feuer in dunkler, kalter Nacht.

Ich bin ein Baum …
Wachse zum Zentrum der Erde und
zu den Sternen des Himmels.

Ich bin die Welt und das Universum.
Ich bin ein Baum.

Mark Störkel, Naturpoet

Wir sind Geschöpfe des Waldes

Wolf-Dieter Storl

Warum wir untrennbar mit den Bäumen verbunden sind

DOKTOR WALD

Wenn ich an Kopfweh leide und Neurosen,
mich unverstanden fühle oder alt,
und mich die holden Musen nicht liebkosen,
dann konsultiere ich den Doktor Wald.

Er ist mein Augenarzt und Psychiater,
mein Orthopäde und mein Internist.
Er hilft mir sicher über jeden Kater,
ob er von Kummer oder Cognac ist.

Er hält nicht viel von Pülverchen und Pille,
doch umso mehr von Luft und Sonnenschein.
Und kaum umfängt mich angenehme Stille,
raunt er mir zu: »Nun atme mal tief ein!«

Ist seine Praxis oft auch überlaufen,
in seiner Obhut läuft man sich gesund.
Und Kreislaufkranke, die noch heute schnaufen,
sind morgen ohne klinischen Befund.

Er bringt uns immer wieder auf die Beine,
das Seelische ins Gleichgewicht,
verhindert Fettansatz und Gallensteine,
nur – Hausbesuche macht er leider nicht.

Helmut Dagenbach,
Förster, (1986)

INHALT

Da wirst du mehr in den Wäldern finden
als in den Büchern.

Die Bäume und die Steine werden dich Dinge lehren,
die dir kein Mensch sagen wird.

Bernhard von Clairvaux
(1090–1153), Mystiker

DU KANNST DEN WALD VERLASSEN, ...

... der Wald aber verlässt dich nie! Der Wald ist nicht nur ein biologischer Gegenstand, ein »Ökosystem« irgendwo da draußen außerhalb von uns; der Wald ist auch in uns, ist Teil unserer Seelenlandschaft. Die innige Verbindung unserer Spezies mit der Baumwelt entstand vor 65 Millionen Jahren, als die Riesenechsen, die Dinosaurier, gerade ausgestorben waren und wir als winzige, blatt- und früchtefressende Primaten, nicht unähnlich den heutigen Mausmakis in Madagaskar, durch das Geäst der tropischen Urwälder Afrikas huschten. So klein waren unsere entwicklungsgeschichtlichen Vorfahren damals, dass wir sie – wie Mäuschen – locker in unserer heutigen Hand hätten halten können.

Unsere Verbundenheit mit den Bäumen hat also tiefe und innige evolutionäre Wurzeln. Wir entwickelten uns im und mit dem Wald. Über Millionen Jahre hinweg waren die Bäume unsere Welt; sie prägten uns physisch, seelisch und geistig. Viele Millionen Jahre später streiften wir als Jäger und Sammler noch immer durch die Wälder, den Dschungel, durch savannenartige Baumsteppen oder die mit Koniferen und Birken bewachsene Taiga.

VOM ABGESONDERTSEIN UND DER MACHT DER MAYA

Heutzutage haben wir diese Verbindung mit dem Wald (fast) vergessen. Die meisten Zeitgenossen leben in Megastädten, umgeben von Menschenmachwerk aller Art, von summenden, surrenden, blinkenden oder auch stummen Maschinen, die das Leben angeblich leichter machen, aber zugleich auch stressvoller und komplizierter. Mit Beton statt Moos und Humuserde unter den Füßen, mit elektronischer Musik statt Vogelgesang und Insektensummen in den Ohren und einem Bewusstsein, das von virtuellen, fiktiven Inhalten besetzt ist, gehen die meisten von uns durchs Leben. Bildschirme, sei es TV, PC oder iPhone, saugen unsere Seelen in Scheinwelten hinein. Dabei rückt die wahre Natur in die Ferne. Wer kennt überhaupt noch die Bäume im Wald, die Kräuter, die da unter der Hecke am Haus oder in den Ritzen der Mauern und Gehsteige wachsen? Was wissen wir noch über ihre Heilkraft, ihren Duft, ihre Eigenschaft als nahrhaftes Wildgemüse? Wer kennt noch den Falter oder das Kerbtierchen im Hinterhof, und wer nimmt sich Zeit, dem Gesang eines Vogels zu lauschen? Und wenn man dem doch näher kommen will, dann geschieht das meist mit dem Kopf, der einem ständig eine Unmenge Fakten und Daten zuschnattert, der sie als Objekte definiert, als Dinge, die einem gegenüberstehen, als etwas, was man analysiert, und nicht etwas, mit dem man mit dem lauschenden, mitfühlenden Herzen in Resonanz geht.

Zunehmend verlieren wir nicht nur die Verbindung mit der Natur, sondern auch mit den Mitmenschen und schließlich mit unserem Seelenkern. Ich komme aus einer Zeit, in der man – auf der Straße, in der Bahn, dem Bus, der Kantine und in der Kneipe – noch miteinander redete. Heute starren die meisten auf die kleinen viereckigen Handydisplays oder Laptops. Viele sind davon derart absorbiert, dass man meinen könnte, man hätte es mit lauter Autisten zu tun. Auch der Zugang zur Natur besteht für viele aus einer App: Falls einen das in der Mauerritze wachsende Unkraut überhaupt interessiert, hält man das Smartphone darüber und – zack! – hat man den Namen und braucht es nicht länger anzuschauen. Und die Sterne am Himmel? Da braucht man nicht lange hinzuschauen, mit der richtigen App kann man in Sekundenschnelle die Konstellation scannen.

Auf diese Weise besteht die Gefahr, dass sich die Menschheit allmählich von ihrem Nährboden, von ihrer schönen Heimat, der Erde, löst. Schon jetzt träumen einige tonangebende Wissenschaftler vom *Terraforming,* von der Bewohnbarmachung und Besiedlung des Mars und anderer Himmelskörper als »zweiter Erde«. Dabei wissen wir noch nicht einmal, wie man auf dieser Erde richtig lebt. Es war und ist diese Erde, die uns zu dem formte, was wir sind. Diejenigen, die sich da auf andere Planeten oder Galaxien wegbeamen lassen wollen – falls so etwas überhaupt gelingt –, werden keine Menschen mehr sein.

Eine Ikone der modernen Zeiten ist die »blaue Murmel« (*blue marble*), das Foto unseres Planeten, das 1972 vom Apollo-17-Raumschiff aus einer Entfernung von 45.000 Kilometern aufgenommen wurde. Zart und zerbrechlich, wie eine Seifenblase, wirkt der blaue Globus, dieses »Raumschiff«, das durch das endlose schwarze All navigiert. Es war der Konstrukteur Buckminster Fuller, der in seinem Buch »Bedienungsanleitung für das Raumschiff Erde« (1973) unseren Planeten so nannte. Das Bild soll eine Aufforderung an die Menschheit sein, endlich zu begreifen, dass wir alle in demselben Boot sitzen und dass es Wartungspersonal braucht, Ingenieure und Techniker, um es zu steuern. Ein Freibrief für globales Geo-Engineering!

Was damit gesagt werden soll, klingt einsichtsvoll und weise. Die »blaue Murmel« ist eine Ikone des neuen, säkularen Weltbildes, für das sich die idealistische Jugend – verständlicherweise – begeistert. Aber eigentlich ist sie ein Zeichen der absoluten Entfremdung, der Entfernung von der unmittelbaren Erde, vom Duft der Blumen und des feuchten Humusbodens, dem Gesang der Vögel und Grillen, dem Rauschen des Windes, dem Gefühl der warmen Sonne oder des Regens auf der Haut, den Reizen und Eindrücken des Hier und Jetzt. Außerdem gleicht die Erde – wie es auch der Biophysiker James Lovelock erkannte – eher einem lebenden Organismus als einem Mechanismus, wie es ein Raumschiff ist. Dieser Erdorganismus – James Lovelock benannte ihn nach der altgriechischen Erdgöttin Gaia – ist fähig zur Selbstorganisation und steckt voller Rückkopplungseffekte, welche die fließenden Lebensprozesse im Gleichgewicht halten. Diese Prozesse sind dermaßen kompliziert, dass wir sie trotz elegantester Computersimulationen nicht vollkommen verstehen und sie wohl auch nie verstehen werden.

Ich legte einem indianischen Medizinmann das berühmte Foto der blauen Murmel vor und erklärte ihm, mit dem Finger darauf zeigend: »Da wohnen wir!« Er schüttelte den Kopf: »Da wohne ich nicht, sondern hier, mit dem blauen Himmel über mir und der Erde, unserer Mutter, unter den Füßen. Hier wohne ich mit allen meinen Verwandten, den Pflanzen und den Tieren!«

Die Vegetation lebt noch harmonisch, im völligen Einklang mit den natürlichen Rhythmen der Jahreszeiten, mit Mond, Sonne, Planeteneinflüssen und dem Puls der Elemente. Auch unsere tierischen Geschwister sind noch eingebettet im Hier und Jetzt ihrer Lebenswelt. Sie reagieren auf ihre Umwelt mit angeborenen Naturtrieben. Auch wir Menschen haben Instinkte, die in unseren ältesten Hirnarealen verankert sind und mit dem Fortpflanzungstrieb, dem Fresstrieb und mit Dominanz und Unterwerfung zu tun haben. Diese Urtriebe aber werden von erlerntem kulturellem Verhalten überlagert. Verschiedene Kulturen gehen mit diesen Trieben unterschiedlich um. Menschen können die Nacht zum Tag machen, der Sexualität entsagen oder sie zur kultivierten Erotik steigern, ihre Aggression in Sport oder Krieg ausleben, sie können fasten oder sich der Völlerei hingeben. Zwar gibt es noch Instinkte beim *Homo sapiens*, etwa das sogenannte »Bauchgefühl« oder »den richtigen Riecher«, aber allgemein wird unser Verhalten durch erlernte gesellschaftliche und kulturelle Muster bestimmt.

Mit anderen Worten: Wir haben die Fähigkeit – und die Freiheit –, uns von den natürlichen Vorgaben und Bestimmungen zu lösen. Uns fehlt die animalische Instinktsicherheit. Wir sind emanzipiert vom Diktat der Natur. Daher können wir uns immer wieder verirren. Wir können dem Wahn anheimfallen wie kaum eine andere Kreatur. Nicht nur der Einzelne, ganze Kulturen und Epochen können sich sozial sanktionierten Trugbildern, Einbildungen, Illusionen, Täuschungen und falschen Vorstellungen hingeben und sich darin verlieren. Dieser Zustand des Abgetrenntseins von der Wirklichkeit – oder, anders gesagt, vom göttlichen Urgrund – gehört zur menschlichen Natur, zur *conditio humana*. Die christliche Mystik bezeichnet das als »Erbsünde«;

sie geht einher mit der Menschwerdung und ist Vorbedingung für den freien Willen. Diese »Sünde« hat wenig mit entgleister Sexualität oder mit den alltäglichen kleinen Gemeinheiten zu tun, wegen derer wir uns schuldig fühlen, sondern Sünde bedeutet schlicht Trennung und Absonderung (mittelhochdeutsch *sündern* = trennen, zerschneiden; schwedisch *sönder* = zerbrechen, zerreißen). Bekanntlich erklärt die jüdisch-christlich-islamische Mythologie diesen Zustand des Abgesondertseins mit dem Ungehorsam des Ur-Menschenpaars gegenüber dem göttlichen Gebot. Adam und Eva aßen von der verbotenen Frucht des Baumes der Erkenntnis und mussten das Paradies, den blühenden, grünen Garten, verlassen. Der Weg zurück in den Garten erfordert peinliche Gesetzestreue (Judentum), vollkommene Unterwerfung (Islam) oder die Akzeptanz der göttlichen Gnade durch das Selbstopfer des Gottessohnes. Aber auch diese Vorstellungen sind kulturell bedingt.

Auch in der ostasiatischen Sichtweise steht der Wahn, die magische Kraft der Illusion (*Maya*), im Mittelpunkt. Für Buddhisten, Jainas und Hindus ist es die eigentliche Aufgabe des Menschen im Leben, die betörenden Täuschungen und Trugbilder, die uns vom Urgrund des Seins und unserem wahren Wesen trennen, zu durchschauen, heil zu werden und die »Erleuchtung« zu finden.

Um die Macht der leidbringenden Täuschung zu brechen – so die Hindus und auch die Taoisten im alten China – suchte man die Hilfe der Natur, denn diese ist noch ganz; sie ist im Einklang, in ihr leben keine falschen Vorstellungen. Vor allem der Wald, seine Bäume, Kräuter und Tiere, sind unmittelbarer Ausdruck des göttlichen Urgrundes. Die Bäume wesen im Einklang mit Erde und Kosmos; sie sind heil, nicht gebrochen, deshalb können sie heilen, nicht nur den Körper, sondern auch die Seele. Aus diesem Grund zogen sich die Weisen in den Wald, in die Wildnis zurück. Für die keltischen, germanischen, baltischen und slawischen Völker waren heilige Haine – nicht von Menschenhand gebaute Tempel – Orte der Begegnung mit den schicksalswaltenden Göttern. Die keltischen Druiden lernten ihre Weisheiten in der Obhut des Waldes. Die altchinesischen Meister reinigten ihre Sinne in der Waldeinsamkeit. In Indien gab es heilige Haine, in die sich die Rishis und Weisheitssucher zurückzogen, wo sie die Illusionen mithilfe der Askese und der Meditation verbrannten.[1] Es ist kein Zufall, dass Siddhartha Gautama, der der künftige Buddha (»der Erleuchtete«) werden sollte, in einem heiligen Wald (*Lumbini*) das Licht dieser Welt erblickte. Seine Mutter Mahamaya hielt sich mit einer Hand an einem Ast des Sal-Baumes (*Shorea robusta*) oder eines Ashoka-Baumes (*Saraca asoca*) fest, als sie ihn gebar. Dabei brach der Baum in lauter Blüten aus. Nach langen Wanderungen setzte sich Siddharta unter eine riesige Pappelfeige (*Ficus religiosa;* Bo-Baum; Hindi: *Pipal*) und erlangte darunter die »Erleuchtung«. Als seine Zeit gekommen war, die Welt zu verlassen, begab er sich in einen Wald, bestehend aus Sal-Bäumen. Auch Mahavira, der Tirthankara (»Furt-Macher«), dessen Nachfolger als Jainas bekannt sind, soll seine Erleuchtung unter einem Feigenbaum gefunden haben.

Immer wieder sind es der Wald und die Bäume, die des Menschen Geist und Seele wieder in Einklang bringen. Odin, der nordgermanische Schamanengott zum Beispiel, findet die Runen-Weisheit, indem er neun Tage in einem Baum hängt. Und auch das Kreuz des christlichen Heilands ist im Grunde genommen ein stilisierter Baum.

DER BEDRÄNGTE WALD

In diesen Zeiten, in denen wir das Gespür für das Heilige fast verloren haben, geht es den Wäldern schlecht. Der Wald gilt als Rohstoffquelle für die globale Industrie. Trotz des »papierlosen Büros«, das der PC bei seiner Einführung in Aussicht stellte, werden weltweit riesige Waldflächen abgeholzt. Allein schon das Packmaterial für den Versand der zahllosen im Internet bestellten Waren, etwa durch Amazon, verschlingt ganze Wälder.

Schon seit Jahrzehnten sind das Gebiete so groß wie Frankreich, die den Kettensägen und Baggern jährlich zum Opfer fallen. Tropische Wälder müssen Ölpalm-Monokulturen weichen, aus denen Öko-Sprit erzeugt wird; sie werden abgeholzt für den Anbau von genverändertem Soja, das ebenfalls zu Bio-Diesel verarbeitet wird oder zu Futtermittel für die Massentierhaltung der weltweit agierenden Agrarkonzerne. Die Waldbrände, die bei den Rodungen gelegt werden, sind so groß, dass sie von Satelliten im All aus sichtbar sind. Weite Strecken der russischen Taiga werden zu Zellstofftextilien, Papiertüten, Klopapier, Küchenpapier, Kartonage für den Versandhandel und Pellets fürs »nachhaltige« Heizen; ein Konzern wie Ikea hinterlässt riesige Kahlschläge in den schwedischen Wäldern, in einem Klima, in dem Bäume sowieso sehr langsam wachsen.

Uralte Wälder wie der Reinhardswald im Weserbergland, durch den die Deutsche Märchenstraße führt und den Spuren der Märchen der Gebrüder Grimm nachgeht und in dem sich das älteste Naturschutzgebiet Hessens, der Urwald in Sababurg, befindet, opfert man der Windindustrie. Dabei werden riesige Schneisen in diese alten Wälder geschlagen und Tausende Tonnen Beton in den Waldboden gepresst. Auch in anderen Wäldern wüten Holzerntemaschinen (*Harvester*), die im Minutentakt Bäume fällen und zurechtsägen. Entlang der Waldwege und Autobahnen sind Häckselmaschinen im Einsatz, die Bäume und Sträucher in Pellets für Holzkraftwerke und Heizöfen verwandeln – all das soll klimaneutral und nachhaltig sein. Es gibt kaum mehr Bäume in deutschen Wäldern, die älter als hundert Jahre sind.

Diese Bäume sind die Opfer einer lebensentfremdeten Geisteshaltung. Sie sind Opfer der von internationalen Konzernen gesteuerten Ideologie des Konsums, wo nicht nach wirklichem Bedarf gewirtschaftet wird, sondern ausschließlich zur Maximierung des Profits.

WIEDERENTDECKUNG DES WALDES

Inzwischen mehren sich die Stimmen, die den Wald nicht alleine als Rohstoffquelle bezeichnen. Ökologen haben erkannt, was die Alten schon lange wussten, nämlich dass die Wälder

- sauberes Wasser liefern,
- die Luft reinigen,
- fruchtbare Humuserde bilden,
- das Land vor Erosion schützen,
- einen Lebensraum für Wildtiere aller Art, für Vögel, Insekten und Kräuter bieten,
- und, *last, but not least,* einen großen Erholungswert für Menschen haben.

Heute steht – dank Internet, Google, dem öffentlichen Schulsystem und so weiter – der Menschheit so viel Wissen zur Verfügung wie nie zuvor. Und in Zukunft wird es noch mehr sein, wie es der Direktor des Oxford Future of Humanity Institute vorhersagt: Da werden ganze Bibliotheken auf einem Chip gespeichert und ins Gehirn gepflanzt; grenzenloses Faktenwissen und perfekte Erinnerung werden möglich sein. Es gibt jedoch Wissen, das sich nicht mit dem Binärsystem eines Rechners erfassen lässt: Inspirationen, Intuitionen, wahre Visionen kommen aus tieferen Quellen. Und zwar aus der Natur, aus der wir selber hervorgegangen sind, aus dem Wald – gemeint ist der natürliche Wald und weniger die forstwirtschaftlichen Baumplantagen, wo die Fichten in Reih und Glied stehen wie Paradesoldaten. Der Wald kann eine Offenbarung des göttlichen Urgrundes sein und für das Auge der Seele ein Heimatort für Zwerge, Baumelfen, Faune und andere magische Wesenheiten, die wir mit unserer heutigen beschränkten (reduktionistischen) Mentalität nicht mehr oder kaum mehr wahrnehmen.

In dieser Zeit, in der sich der Wald und die Wildnis in arger Bedrängnis befinden, ist es begrüßenswert, dass man sich wieder auf sie besinnt, dass die Bäume wieder interessant werden. Zu dieser Neubesinnung hat zum Beispiel der Bestseller des Försters Peter Wohlleben, *Das geheime Leben der Bäume*, viel beigetragen. Plötzlich wird plausibel, dass Bäume über Duftvokabeln, die den Blättern und Blüten entströmen, miteinander »reden« und zugleich unterirdisch über ein weites Netz, bestehend aus filigranen Pilzfäden (Mykorrhizen) – sozusagen ein eigenes w.w.w., ein *Wood Wide Web* – kommunizieren. Das macht den Wald zu einem interaktiven Organismus, der unserem Hirn an Komplexität keineswegs nachsteht.

Förster Wohlleben erzählt von den kleinen »Baum-Babys«, die im Schatten des Laubdaches dahindarben und eingehen würden, würden sie nicht von den älteren Bäumen mit Nahrung versorgt. Er erzählt auch von alten, kranken Bäumen oder gar von den Stümpfen abgesägter Bäume, die über das Wurzelnetzwerk von den Nachbarbäumen gepflegt, gefüttert und am Leben gehalten werden. Peter Wohlleben wurde kritisiert: Er vermenschliche die Bäume zu sehr und er würde keinen wirklichen Wald beschreiben, sondern eher einen »Bambi-Wald«, in dem alle Bewohner lieb zueinander sind. In der heutigen Zeit ist diese Verniedlichung jedoch vielleicht notwendig, damit man überhaupt Gehör findet.

Ein weiterer Pionier der Erforschung der Kommunikationsfähigkeit der Vegetation ist Stephano Mancuso, Leiter des International Laboratory of Plant Neurobiology. Pflanzliche Neurobiologie? Was soll das sein, Pflanzen haben doch keine Nerven! Professor Mancuso antwortet: Das Verhalten der Pflanzen kann durchaus als intelligent bezeichnet werden. Sie sind die ältesten und die erfolgreichsten Lebewesen auf Erden, eine halbe Milliarde Jahre Erfahrung haben sie hinter sich. Vielleicht ist es der Wald selber, der mit den tiefsten Schichten unseres Bewusstseins kommuniziert und versucht, uns wieder zur Vernunft zu bringen. Das mag esoterisch klingen, doch für unsere Ahnen und für die Schamanen, denen ich als Ethnologe begegnet bin, wäre das keine Unmöglichkeit. Auch die Basler Wissenschaftlerin Florianne Koechlin sollte in diesem Zusammenhang erwähnt werden; in ihren Büchern zeigt sie, dass Pflanzen, auch Bäume, untereinander mittels Duftstoffen palavern, dass sie Lichtstärke und -intensität genau messen, Berührungen wahrnehmen und auf Töne reagieren. Sie sind keineswegs die passiven, dumpfen Geschöpfe, als die sie uns allgemein erscheinen.

Waldkindergärten, Waldfriedhöfe und Waldwanderungen werden zurzeit immer beliebter. Die Bücher von Wladimir Megre erzählen von der Waldfrau Anastasia, die wie eine Elfe in einer Waldlichtung tief in der sibirischen Taiga in Eintracht mit Bären, Wölfen, Eichhörnchen und anderen Waldbewohnern lebt und sich von Nüssen, Wildobst, Beeren und Pilzen ernährt. Man könnte das als romantische Träumerei abtun, aber dass sich Megres Bücher zwölf Millionen Mal verkauft haben und in ein Dutzend Sprachen übersetzt wurden, zeugt von der Sehnsucht der modernen, zivilisationsgeschädigten Menschheit nach Ursprünglichkeit und Natürlichkeit.

Wer möchte schon leben
ohne den Trost der Bäume.

Günter Eich (1907–1972)

I. WALDBADEN

»Waldbaden« ist inzwischen voll im Trend. Die würzige, frische Luft des Waldes, der glitzernde Tau, der Duft der Bäume, das sanfte Licht, das durch Blätter und Geäst leuchtet, die unverhoffte Begegnung mit Rehen, Hirschen oder Eichhörnchen, das Lied der Waldvögel tun uns Menschen gut. Das wusste man schon immer. Als glaubwürdig erachtet wird in der heutigen Zeit allerdings nur, was mit wissenschaftlichen Messungen und Ziffern exakt belegt ist. Und genau das haben emsige Forscher in Japan, Korea und China getan. Der diplomierte Biologe und Öko-Psychosomatiker Clemens Arvay hat diese wissenschaftlichen Erkenntnisse in seinen Büchern *Der Biophilia-Effekt: Heilung aus dem Wald* (2015) und *Der Heilungscode der Natur: Die verborgenen Kräfte von Pflanzen und Tieren entdecken* (2016) gut verständlich für uns zusammengetragen.

Der Wald duftet. Die Bäume verströmen einen komplexen Cocktail aus Terpenen, Pheromonen und anderen Botenstoffen, mit denen sie rege miteinander und untereinander kommunizieren. Überhaupt reden Pflanzen ständig miteinander – es ist das »Pflanzenpalaver«, von dem Florianne Koechlin[2] spricht. Mit diesen Duftbotschaften warnen Bäume ihre Nachbarn vor Schädlingsbefall, bitten Milben, Wespen und andere Raubinsekten um Hilfe und laden Bienen, Käfer und Schmetterlinge zwecks Bestäubung zum Nektar- oder Pollenschmaus ein. Das Palavern geschieht nicht durch akustische Laute wie bei uns, sondern durch Geruchsvokabulare. Könnte man diese olfaktorischen Botschaften in hörbare Laute und Töne übertragen, dann würde der Wald nicht still sein, sondern eher einem lauten Rummelplatz ähneln. Über zweitausend Duftstoffe – Duftvokabeln – sind den Wissenschaftlern inzwischen bekannt. Diese nehmen die Pflanzen nicht mit Gehirn und Nervenzellen wahr, sondern durch Chemo-Rezeptoren, die im ganzen Organismus verteilt sind.

WALDLUFT UND IMMUNSYSTEM

Der von den Bäumen abgegebene Cocktail an flüchtigen Kohlenstoffverbindungen enthält sogenannte Phytonzide (α-Pinene, Isopren und viele andere antibiotisch wirkende ätherische Öle), durch welche die Pflanzen sich vor Pilz-, Bakterien- und Insektenbefall schützen. Inzwischen hat man um die 10.000 von Pflanzen ausgedünstete Terpene ausfindig gemacht. Wenn wir also durch den Wald spazieren, baden wir buchstäblich in einem Meer von Terpenen und Terpenoiden. Auch wenn wir viele davon nicht bewusst wahrnehmen, wirken sie dennoch auf uns. Diese Terpene sind empirisch und quantitativ über Urin- und Blutproben in unserem Körper messbar. Sie werden von der Lunge und der Haut aufgenommen. Folgendes haben Wissenschaftler festgestellt:

- Schon nach einer halben Stunde wirkt ein Waldspaziergang positiv auf das Herz-Kreislauf-System; der Blutdruck wird niedriger und die Pulsfrequenz beruhigt sich.
- Professor Qing Li von der Nippon Medical School in Tokio konnte feststellen, dass in der Waldatmosphäre die Stresshormone Cortisol und Adrenalin im Blut nachhaltig gesenkt werden. Ein Tag im Wald senkt bei Männern das Adrenalin um 30, am zweiten Tag um 35 Prozent. Bei Frauen sank das Adrenalin am ersten Tag um 50 und am zweiten Tag um 75 Prozent im Vergleich zum Ausgangswert. Der Mediziner Ruediger Dahlke fragt zurecht: »Welche Psychopharmaka schaffen das?« (Arvay 2015:8)
- Der Aufenthalt im Wald mindert Angst und Depression und wirkt dem Burn-out-Syndrom entgegen. Auch mindert er bei Kindern die sogenannte Aufmerksamkeitsdefizit-Hyperaktivitätsstörung (ADHS).
- Professor Li konnte eine Zunahme der Anti-Krebs-Proteine im Blut messen. Schon ein Spaziergang im Wald erhöht die Abwehrzellen, die entartete Tumorzellen identifizieren und vernichten, um 50 Prozent. Wer zwei Tage im Wald verbringt, hat anschließend 100 Prozent mehr Killerzellen im Blut.

- Der Waldaufenthalt erhöht das Nebennierenrindenhormon Dehydroepiandrosteron (DHEA). Es stärkt die Muskeln und hat einen positiven Effekt auf den Blutzuckerspiegel und die Elastizität der Gefäße. Man kann das Hormon als Anti-Aging-Mittel oder gar als legales Dopingmittel bezeichnen. Gegen Depression und Demenz soll es ebenfalls helfen.
- Dass die Waldatmosphäre die Libido steigern kann, wusste man schon lange – »Komm, Mädel, woll'n wir im Wald spazieren gehen?«, – nun aber kann man das empirisch messen.
- Der Aufenthalt in der sauberen, sauerstoffreichen Waldluft lässt Kopfschmerzen und viele psychosomatische Beschwerden verschwinden.
- Der Waldspaziergang wirkt sympathikolytisch, er senkt die Sympathikus-Aktivität und steigert die des Parasympathikus, was Entspannung und Regenerierung bedeutet.
- Mikrobielle Vielfalt im Wald stimuliert unser Immunsystem. Der Aufenthalt im Wald macht uns weniger anfällig für Allergien, darunter auch Pollenallergien.
- Im Vergleich zur Stimulierung, die wir über den Fernseh- oder Computer-Bildschirm erfahren, spricht Mutter Grün alle unsere Sinne an. Die monotone elektronische Stimulierung ist im Grunde genommen für Leib und Seele belastend. In Wirklichkeit reagieren wir dabei emotionell und gedanklich auf tote Elektronik. Was wir da aufnehmen, müssen wir mit in den Traum nehmen und emotionell verdauen. Da es nicht real ist, macht es – wie die Anthroposophen sagen – Löcher in den Astralleib (in der Seele).

Das Innehalten und Entschleunigen in der Natur, das tiefe Einatmen der Waldluft nennen die Japaner »Waldbaden« oder *Shinrin-Yokū*, im Englischen *forest therapy*. In Japan wird dieses Shinrin-Yoku als offizielle medizinische Therapie staatlich anerkannt und von den Krankenversicherungen bezahlt. Waldbaden macht in unserer nervenaufreibenden, technokratischen Welt, in der die meisten Menschen in der Stadt leben und einen großen Teil ihrer Zeit vor dem Bildschirm hocken, wirklich Sinn. Waldbaden bedeutet, mit sich selbst wieder in Einklang kommen, das Handy abschalten, barfuß über weichen Waldboden wandeln, Bäume umarmen, ihre Energie spüren; riechen, lauschen, bewundern und die Lebensenergie (*Qi* oder *Ch'i*) aufnehmen.

STRESS – KÄMPFEN ODER FLIEHEN

Eigentlich leben wir wie im Schlaraffenland. Wir wohnen recht komfortabel und haben so viel zu essen, dass – in der westlichen Welt – die Hälfte der Nahrungsmittel im Müll landet. Und dennoch sind wir Spannungen ausgesetzt, auf die wir in unserer Entwicklungsgeschichte nicht vorbereitet wurden: Nachtverkehrsgeräusche und ferne Sirenen, die den Schlaf stören; Elektrosmog und elektromagnetische Felder (mobile Telefone, TETRA-Behördenfunk, WLAN, das geplante 5G-Netz usw.), die unsere Körperzellen belasten; grelle Straßenbeleuchtung, die dem Organismus signalisiert, dass es ewig Vollmond ist, und die Zirbeldrüse (Melatonin-Produktion, Schlaf-Wach-Rhythmus) in Bedrängnis bringt. Oft weckt uns der Wecker, ohne dass wir richtig ausgeschlafen sind, schlucken ein zuckerreiches Frühstück und Kaffee herunter, um in Gang zu kommen, um dann auf dem Weg zum Job im Stau zu stehen. Es folgen Frust und Mobbing am Arbeitsplatz und ein weiterer Stau auf dem Heimweg. Zum Abspannen genehmigt man sich dann etwas Alkoholisches und taucht ins Bildschirmgeflacker ein, mit Bildern von Totschlag und Gewalt, die den Blutdruck steigen lassen. Vielleicht wird dieser fatale Brei auch noch durch Termindruck, Versagensängste oder eine gestörte Partnerbeziehung gewürzt. Ein solches Leben hält das uralte Reptilienhirn, das Erbe unserer evolutionären Vorfahren, in ständiger Alarmbereitschaft. Wenn derartige Spannungen über längere Zeiträume anhalten, ohne dass richtige Entspannung möglich ist, dann kommt es zum Selye-Syndrom oder AAS (Allgemeines Anpassungssyndrom) oder, wie wir es in der Alltagssprache nennen, zu Stress. Dann ist unser vegetatives Nervensystem überfordert und der Sympathikus befindet sich im Dauereinsatz.

Das vegetative oder autonome Nervensystem heißt so, weil es autonom reagiert, es lässt sich nicht mit dem Willen beeinflussen – es sei denn, man ist ein Meister des Yogas, aber das sind die wenigsten von uns. Dieses vegetative Nervensystem besteht aus Sympathikus und Parasympathikus. Der eine bereitet uns in Situationen, die unser archaisches Reptilienhirn als Gefahr wahrnimmt, auf Flucht oder auf Kampf vor. Der andere, der Parasympathikus, hilft uns entspannen, wenn die Gefahr vorbei und die Flucht gelungen ist oder der Kampf erfolgreich beendet wurde. Der eine regt an, der andere regt ab und lässt uns zur Ruhe kommen, ermöglicht gute Verdauung und guten Sex.

Schauen wir uns die sympathetische Reaktion an. Wie verläuft diese Kampf-Flucht-Reaktion? Was passiert im Körper?

- Die Muskeln verspannen ebenso wie Venen, die bei anhaltender Spannung Risse bekommen können; der Körper versucht diese mit Cholesterin-Plaques zu flicken.
- Die Pupillen erweitern sich (»Vor Wut kaum sehen können«).
- Der Mund wird trocken (»Es bleibt einem die Spucke weg«). Der Verdauungsvorgang wird aufs Abstellgleis geschoben; die Magen-Darm-Aktivität und die der Bauchspeicheldrüse werden gehemmt. Der Sphinkter (Schließmuskel) wird verschlossen, sodass es zur Verstopfung kommt. Daher der Wiener Ausdruck »Gehn's scheißn!« für: »Entspannen Sie sich!«.
- Es schnürt einem die Kehle zu.
- Die übergeordnete Hirnanhangdrüse (Hypophyse) aktiviert das endokrine Hormonsystem und stimuliert die Stress- und Aggressionshormone, Adrenalin und Noradrenalin.
- Rücken und Nacken verspannen, die Haare stehen einem zu Berge (wie bei ängstlichen Tieren, Hunden oder Katzen, sträuben sich die Nackenhaare) und Schauer laufen einem über den Rücken.
- Die Bronchien erweitern sich; es kommt zu schneller und flacher Atmung, um dem Gewebe rasch Sauerstoff zuzuführen.
- Der Kreislauf wird hochgefahren, der Herzschlag beschleunigt sich (Herzjagen); Blutdruck und Puls steigen.

- Zwecks Energiezufuhr wird Zucker ins Blut gepumpt.
- Man wird blass, weil sich das Blut von der Hautoberfläche zurückzieht, um bei einer eventuellen Verwundung den Blutverlust zu verringern. Die Füße werden kalt.
- Man zittert und schwitzt kalten Schweiß (Angstschweiß).
- Das Zwerchfell verkrampft sich.
- Es herrscht »tote Hose«. Anhaltender Stress führt zu Erektionsschwierigkeiten und Frigidität.

Vorübergehende Anspannung ist nicht schädlich. Wir sind evolutionsbiologisch darauf eingerichtet. Schädlich wird es dann, wenn Stress und Reizüberflutung anhalten und wir kaum Ruhe und Entspannung finden. Dann kann es zu chronischer Schlaflosigkeit kommen; das Stresshormon Cortisol hemmt Melatonin. Anhaltender Stress lässt das Blut überzuckern und ist ein Faktor für die Auslösung eines Diabetes; chronische Muskelverspannung begünstigt muskuläre Atrophie; hoher Blutdruck und Herzrasen führt zu chronischen Herzleiden. Herz-Kreislauf-Versagen, heute die Haupttodesursache in der urbanen, technologisierten Welt, war einst fast unbekannt. (Storl 2013:9f)

Da das vegetative Nervensystem die Funktion fast aller Organe steuert, kann man vermuten, dass die meisten heutigen Krankheiten auf Stress zurückzuführen sind.

Da bietet der Wald Hilfe an!

Alleine einen Wald oder einen Park aus dem Fenster anzuschauen entspannt und regt die guten Geister im Menschen an. Yoshifumi Miyazaki, Professor an der Chiba-Universität in Japan, hat das gemessen: Allein beim Betrachten des frischen Grüns sank der Stressspiegel bei den Untersuchten um 13,4 Prozent. Zu einem ähnlichen Schluss kommt Roger Ulrich, Professor für Architektur, der sich auf das Entwerfen von Krankenhäusern spezialisiert hat. In beweisgestützten (evidenzbasierten) Studien konnte er zeigen, dass allein schon der Blick vom Krankenhausfenster auf einen Baum die Heilung beschleunigt. Die Patienten brauchen weniger Schmerzmittel, leiden weniger an postoperativen Komplikationen und Depressionen. Er konnte ebenfalls nachweisen, dass die Bewohner eines Stadtviertels umso gesünder sind, je mehr Bäume es im Viertel gibt.

Frauen in guter Hoffnung, sagt Ulrich, sollten sich viel im Grünen aufhalten, denn dann verlaufen Schwangerschaft und Geburt viel einfacher. Das wussten die Inder schon lange; in den *Shastras* heiß es, Schwangere sollten viel Zeit in schönen Baumgärten verbringen. Was sie da sehen, riechen und hören nehmen sie in ihre Seele auf und das kommt dem Kindlein zugute.

ALLES IM GRÜNEN BEREICH

> *»Grau, teurer Freund, ist alle Theorie*
> *Und grün des Lebens goldner Baum.«*
> *Johann Wolfgang von Goethe (Faust I)*

»Nach grüner Farb' mein Herz verlangt, in dieser trüben Zeit« – das schöne Volkslied aus dem 16. Jahrhundert hebt es wieder einmal hervor: Grün tut gut, es ist Farbe der Hoffnung, des Frühlings, des Neubeginns, des Lebens und der Jugend. Das war sicherlich schon immer so. Bei den meisten der alten, naturnahen Völker sind es ein lichtvoller, grüner Wald und bunt blühende Wiesen, voller Schmetterlinge und anmutiger Tiere, die den eben Gestorbenen auf der anderen Seite grüßen. Lediglich eine urbane Zivilisation sehnt sich nach einer »himmlischen Zitadelle«, nach dem neuen Jerusalem, wo die Straßen aus purem Gold und die Mauern aus funkelnden Edelsteinen bestehen. Die Anderswelt der Kelten war Avalon, ein Wald, in dem fruchtbeladene Apfelbäume wachsen.[3] Äpfel galten den europäischen Urvölkern als Symbole des Lebens; selbst die Götter brauchen ihren täglichen Apfel (*an apple a day*), um jung zu bleiben.

Bei den Germanen war das Jenseits »die grüne Aue Gottes« (*grôni godes wang*). Das Wort »Wang« hat die Bedeutung einer blumenreichen Waldwiese, voller duftender Kräuter, zugleich auch einer saftigen Weide für das Vieh. Daran erinnert das Märchen der *Frau Holle.* Nachdem dem fleißigen Mädchen, das am Rand eines tiefen Brunnens spinnt, die Spindel aus der Hand rutscht, stürzt es in den Schacht und landet auf einer solchen Blumenwiese. Es hat sozusagen seinen Lebensfaden verloren und befindet sich plötzlich auf dem Totenpfad ins Jenseits, der zur alten Göttin, zur Frau Holle führt. (Storl 2014c:55) Auch in der nordischen Poesie werden die Himmelsgefilde (*himelriki*) als »die grüne Heimat« beschrieben.

In der Urzeit, ehe die wilden Asen dahergestürmt kamen, walteten die weisheitsvollen Wanen (»die Leuchtenden«), die vor allem Götter der Vegetation sind, über das Weltgeschehen. Es war ein goldenes Zeitalter, ein Äon des Friedens, der Fröhlichkeit und der Fruchtbarkeit. Eisen und Waffen gab es noch nicht, man spielte auf grünen, sonnigen Wiesen. Freya, die Göttin der Schönheit und der Liebe, und ihr Bruder, der friedliche Freyr, gehören zu diesem edlen Geschlecht der Wanen – ein Wort übrigens, das mit »Wonne« verwandt ist. Noch im Mittelalter galt die Farbe der Freya, das Grün, als die Farbe der Minne.

Immergrüne Gewächse, Tanne, Fichte, Mistel und vor allem die Stechpalme (Hülse, Hulstbaum, *Ilex aquifolia*) waren den Kelten und Westgermanen heilig, da sie das Lebensgrün durch den Winter, durch die Totenzeit, tragen.[4] Deswegen schmücken wir Haus und Stube noch immer mit Adventskränzen, Stechpalmen- und Tannenzweigen und einem Weihnachtsbaum, wobei letzterer zugleich den Weltenbaum symbolisiert.

Keltisch ist auch die mittelalterliche Geschichte vom Grünen Ritter. In den Wintersonnwendtagen (Silvester) vom Walde her kommend, erscheint ein wild aussehender, grün gekleideter Hüne am Hof von König Artus. Der Fremde reitet eine grüne Stute, deren Zaumzeug Efeuranken sind. In seiner Hand trägt er einen Stechpalmenzweig, in der anderen eine Axt. Als Herausforderung wirft er den Zweig auf den Boden und spricht mit dröhnender Stimme: »Welcher Ritter hat den Mut, mit mir zu kämpfen und mir den Kopf abzuschlagen. Im folgenden Jahr, zur selben Zeit, werde ich ihm den Kopf abschlagen!« Keiner der Tafelrunde wagt es, den Fehdehandschuh aufzunehmen, außer der junge, unerfahrene Ritter Gawain, der sozusagen noch »grün hinter den Ohren« war. Man befürchtet, es würde sein erster und letzter Kampf sein. Wider Erwarten gelingt es dem Grünschnabel, den Riesen zu köpfen. Dieser aber stirbt nicht, sondern lacht nur, packt seinen Kopf unter den Arm und reitet fort.

Der Grüne Ritter symbolisiert nichts anderes als die regenerierende Kraft der Natur. Jedes Jahr zur Wintersonnenwende scheint es, als wäre es mit der Vegetation zu Ende, aber jeden Frühling erneuert sie sich. Der Grüne Mann zeigt sein Laubgesicht bis zum heutigen Tag als Zierelement in den gotischen Kathedralen Westeuropas, etwa zu Füßen des Bamberger Reiters. Laub wächst ihm aus Haupt und Bart, und Blätter quellen aus seinem Mund. Es könnte gut sein, dass sich hinter der mysteriösen Gestalt der keltische Waldgott *Esus* verbirgt. Ihm zu Ehren wurden Menschenopfer in den heiligen keltischen Hainen an Bäumen erhängt.

Eines der Verdienste der heilkundigen Hildegard von Bingen (1098–1179) war es, dass sie es verstand, das Naturwissen des einfachen Volkes mit der christlichen Lehre zu versöhnen. Auch die einheimischen Kräuter, erklärte sie, hätten Teil an der heilsamen, grünen Lebenskraft, an der *Viriditas*, nicht nur diejenigen, die in den engen, quadratischen Beeten der Klostergärten gepflanzt wurden: »Es gibt eine Kraft aus der Ewigkeit, und diese ist grün.«

Auch wenn der Teufel gelegentlich den hinterwäldlerischen Bauern als Grüner Jäger oder als grün gekleideter Junker, mit kecker Hahnenfeder am Hut, erschien – es handelt sich dabei um einen alten heidnischen Naturgeist und keineswegs den Satan der späteren kirchlichen Theologie –, so gilt das Grün auch in der christlichen Symbolik als die Farbe der Hoffnung und des Sieges des Lebens über den Winter. Auch heißt es im viel zitierten Psalm 23: »Der Herr ist mein Hirte … Er weidet mich auf einer grünen Aue.«

Und dann gibt es ja noch in der Karwoche den Gründonnerstag, der das Ende der Fastenzeit markiert und an das letzte Mahl Jesu mit seinen Jüngern erinnern soll. Das »Grün« des Gründonnerstags jedoch hatte ursprünglich nichts mit der Farbe des Lebens zu tun, sondern kommt vom »Greinen« (mittelhochdeutsch *grinen* = weinen, wehklagen), denn nun standen Passion und Kreuzigung bevor.

Das einfache Volk machte aus diesem »Donnerstag des Greinens« den Gründonnerstag und knüpfte damit an altüberliefertes, heidnisches Brauchtum an, nämlich das Sammeln der »neun« grünen Kräuter, die als Kultspeise die vom Winter gebeutelten Menschen wieder mit dem Geist des lebenserneuernden Frühlings verbinden sollten. Die der Freya geweihten Kräuter wurden von den Frauen gesammelt und als Suppe oder Salat gegessen. Bis zum heutigen Tag kennt man in einigen Regionen die vitaminreiche und den Stoffwechsel anregende Gründonnerstagssuppe, die »Grüne Neune«, die *sauce verte* der Franzosen, die Neunkräutersuppe und die Frankfurter Grüne Soße, die Goethe so liebte.

Selbstverständlich spielt die Farbe Grün auch in anderen Kulturkreisen eine wichtige Rolle. Die Buddhisten kennen die Grüne Tara. Sie ist eine beliebte *Bodhisattwi*, also eine Erleuchtete, die das Buddha-Sein erreicht hat, aber aus Mitleid für die leidenden Kreaturen im irdischen Dasein geblieben ist. Auch die Hautfarbe des tantrischen Meisters Milarepa (1040–1123), der den Buddhismus in Tibet einführte, soll grün gewesen sein. Der Grund dafür war, so die Legende, dass er sich alleine von Brennnesseln ernährte – oder hat es sich, wie Cannabis rauchende Indien-Freaks gerne behaupten, doch um Hanf gehandelt?

Für die Muslime ist Grün die heilige Farbe. Das ist verständlich, denn in der Wüste bedeutet Grün Wasser und Leben. Indem Mohammed die Farbe mit Allah assoziierte, schaffte er für seine Anhänger eine unumstößliche Symbolik. Der Prophet soll einen grünen Turban getragen haben; keinem anderen, außer einem Kalifen, ist das erlaubt. Die Hamas-Kämpfer tragen dennoch grüne Stirnbänder, als Zeichen ihrer Hingabe.

Wie Mohammed benutzte auch die Umweltbewegung der Grünen seit den 1980er-Jahren die Farbe des Lebens als durchschlagkräftiges Symbol in ihrem Kampf gegen Umweltverschmutzung, Waldsterben und atomare Aufrüstung. Der Künstler Joseph Beuys zum Beispiel veranlasste, dass 7000 Eichen für die Kassler Documenta gepflanzt wurden. Inzwischen, gut in der Parteienlandschaft etabliert, gerät die Grüne Partei mit ihrer Politik pro E-Mobilität, gigantische Windräder, Pellet-Heizung oder den Anbau von Pflanzen als Rohstoffe in Monokulturen für die Biogas-Herstellung zunehmend in die Kritik von Umweltschützern. (Etscheit 2016)

Die Marketing-Abteilungen einiger Großkonzerne haben die positive Assoziation, die das Grün erweckt, für sich entdeckt. Im Jahr 2002 zum Beispiel änderte der Ölriese BP (British Petrol) sein Firmenlogo, um sich ein umweltfreundlicheres Image zu geben: Eine gelbe Sonne mit frisch grüner Korona. Der Konzern, dessen Umsatz 252 Milliarden Dollar im Jahr beträgt, verursachte übrigens mit der Deepwater-Horizon-Havarie im Golf von Mexiko eine der schlimmsten Ökokatastrophen der Geschichte.

Maler wissen, dass Grün entsteht, wenn man Blau und Gelb mischt. Blau gilt als die Farbe des Himmels und Gelb – wenigstens in China – als die der Erde. In den meisten mythologischen Überlieferungen gelten Himmel und Erde – Gaia und Uranos (Griechen), Yin und Yang (China), Prakriti und Purusha (Indien), Tenger und Gazar Eej (Mongolei) – als die Ureltern, deren Liebe zueinander alle Geschöpfe hervorbrachte; zuallererst entstanden die Pflanzen, deren Grün (Chlorophyll = griechisch: »grünes Blatt«) das der Erde zuströmende Sonnenlicht einfängt und dabei das Leben ermöglicht.

Der grüne Pflanzensaft ist ein Spiegelbild unseres roten Blutes. Das aus einem Porphyrin-Ring bestehende Chlorophyll-Molekül ist identisch mit dem Häm(Blut)-Molekül, nur dass Chlorophyll in der Mitte des Rings ein Magnesium-Atom enthält, während das Hämoglobin ein Eisenatom enthält – aber das weiß wohl inzwischen jedes Schulkind. Das Eisen macht es möglich, dass sich unsere Seele mit dem materiellen Körper verbinden kann. Das Magnesium dagegen erlaubt es der Seele der Pflanze, uninkarniert im ätherischen Raum zu bleiben; die Pflanzenseele umschwebt sozusagen ihren lebendigen physischen Leib, anstatt sich in ihm zu verkörpern.

DER DUFT DES WALDES

> *»Wenn man seine Sinne nicht benutzt, verkümmern sie.«*
> *Lynwood Tallbull (Pflanzenschamane der Cheyenne)*

Hunde, Pferde, Mäuse und andere Säugetiere sind Makrosomaten, »große Riecher«. Bären können 2100-mal besser riechen als unsereiner, können eine 30 Kilometer entfernte Abfalltonne wittern sowie die Angst eines Wanderers riechen, der ihnen begegnet. (Storl 2016b:173) Die »dumme« Kuh kann Gerüche über eine Entfernung von bis zu 8 Kilometern aufnehmen; ihr gewaltiges Geruchsorgan lässt sie die Inhaltsstoffe der Pflanzen genau erkennen und macht sie zur Meisterin der Heilkräuter. Ratten können »stereo«-riechen, so wie wir »stereo«-sehen können. Der Haushund kann eine Million verschiedene Gerüche unterscheiden, der Mensch nur zehntausend. Auch Lurche und Kriechtiere, wie etwa Schlangen, die mit ihrer gespaltenen, züngelnden Zunge Witterung aufnehmen, übertreffen uns.

Sogar die kleinen Insekten sind in der Geruchswahrnehmung begabter als wir. Ihre Antennen und Fühler sind in Wirklichkeit nach außen gestülpte Geruchsantennen. Motten können die Pheromone eines Weibchens aus sechs Kilometer Entfernung wahrnehmen und flattern auf und ab in die Richtung, in der sich die verlockenden Duftmoleküle verdichten. »Feuerkäfer« (Schwarzer Kiefernprachtkäfer; *Melanophila acuminata*) riechen entfernte Waldbrände; sie legen ihre Eier in verkohlte Baumstämme. Ameisen hinterlassen Duftspuren als Wegweiser zu

Nahrungsquellen. Borkenkäfer riechen geschwächte Fichten und Tannen über viele Kilometer hinweg. Im Vergleich zu diesen Tieren sind wir, was unser Riechvermögen anbelangt, echte Nieten. Wir sind Mikrosomaten, also »winzige Riecher«. Warum das so ist, hat entwicklungsgeschichtliche Gründe, die wir uns später genauer anschauen wollen. Es hat mit dem Wald zu tun (siehe Seite 72). Dennoch können Düfte auch uns Welten eröffnen.

Das Riechen, eine Ur-Sinneswahrnehmung, die wir mit Fischen, Lurchen und Reptilien teilen, ist unmittelbar mit unseren Gefühlen und Instinkten verbunden, mit den tieferen Schichten des Bewusstseins. Es ist im ältesten Teil des Hirns verankert. Über die Schaltstelle des Hypothalamus im Mittelhirn wirken Düfte auf endokrine Drüsen und auf das vegetative Nervensystem. Beim menschlichen Embryo sind die Riech- und Geschmacksknospen schon in der vierzehnten intrauterinen Woche voll ausgebildet. Das Neugeborene sucht als Allererstes schnuppernd die Brustwarzen der Mutter. All das geschieht lange bevor sich das bewusste Ego entwickelt hat, lange ehe wir befähigt sind, uns in der kulturell geprägten Zeit- und Raumwahrnehmung zu orientieren: Gerüche können zeitliche und räumliche Grenzen sprengen. Ein muffiger Hauch, irgendwo in einer alten Gasse, und plötzlich ist Opas Kartoffelkeller gegenwärtig; der Flieder blüht, und schon ist die Freundin da, deren Haar so gut danach roch; ein Räucherstäbchen aus Sandelholz katapultiert einen augenblicklich ans Ufer des Ganges. Gute Gerüche ziehen uns an, schlechte sind abstoßend, regen den Brechreiz an – all das ist Instinkt.

In allen Mythologien heißt es, Teufel und Dämonen stinken, aber Engel und göttliche Wesen riechen gut. Den einen flieht man, die anderen machen froh. (Storl 2014b:265f) Die Natur, der Wald und seine Bäume sind Schatztruhen guter, heilsamer Gerüche. Schon die Nase sagt uns: Hier sind gute Geister unterwegs. Besonders nach einem Regen duftet der Wald frisch und gut – es ist der Duft des Lebens selber.

Jedes Jahr hole ich uns die Stämme, Äste und »Hurgeln« (Stümpfe), die die Holzfäller und Waldarbeiter als »Abfall« im

Wald zurückgelassen haben, damit wir im langen, kalten Allgäuer Winter das Haus warm halten und unsere Mahlzeiten kochen können. Mit der Kreissäge säge ich die Äste zu ofengerechten Bengeln und mit der Spaltaxt zerlege ich die gröberen Klötze. Diese Holzarbeit ist eine Meditation: Jede Holzart hat ihre eigene Duftnote. Harzig, aromatisch riecht die Fichte, säuerlich die Eiche, nach Vanille duftet die Salweide, Ulmenholz riecht nussig, die Buche leicht säuerlich, die Birke – wie kann es anders sein – lieblich. Auch im Herd hat jedes brennende Holz seinen eigenen Duft.

Im Wald tauchen wir – wenn wir ihn bewusst durchstreifen – in ein Meer der Düfte. Eigentlich liegt das auf der Hand, denn, wie wir schon sahen, kommunizieren die Pflanzen miteinander vor allem über ihre Ausdünstungen.

Jede Jahreszeit hat ihren eigenen Duft. Der Winterwald hat einen anderen Geruch als der Sommerwald; man kann den kommenden Schnee in der Luft schmecken; im Frühling schenkt uns die erwachende Natur einen erdigen, mit dem Parfüm von Frühlingsblumen durchsetzten Geruch; in der brütenden Sommerhitze dringt das harzige Aroma der Tannen und Fichten in die Nase, hier und da auch der angenehm säuerliche Geruch der Waldameisen. In warmen Mittsommertagen betört uns der liebliche Duft der blühenden Linde, der Baum der Liebesgöttin Freya und im Herbst treten die Düfte der Pilze, des vermodernden Laubs und des brunftigen Wilds in den Vordergrund.

Auch jede Tageszeit im Wald und der Aue hat ihren eigenen Geruch. So duftet im Frühling der Bärlauch besonders stark in den Morgenstunden. Genauso, wie es eine Blütenuhr gibt, die genau anzeigt, wann die Blumen ihre Blüten öffnen oder schließen, so gibt es eine Duft-Uhr. Die Blüten, auch die der Waldpflanzen, verströmen ihre Aromen nicht ständig, sondern haben ganz bestimmte Zeiten, in denen sie die Insekten locken. Manche, wie die Kamille, duften in den Morgenstunden, andere gegen Mittag und wiederum andere, wie das Geißblatt, die Lichtnelke oder die Nachtkerze, erst nach Sonnenuntergang. Lange glaubte ich, die Tollkirsche hätte überhaupt keinen Duft, bis ich einmal gegen

Mitternacht durch den Wald ging. Plötzlich umhüllte mich ein süßlicher, eher betäubender Duft, wie man ihn bei billigen Seifen findet. Damit lockt die Belladonna Nachtschwärmer an.

Man übe sich also im Geruchswahrnehmen im Wald. Man gönne sich die Zeit, an den Rinden verschiedener Bäume zu schnuppern, an Blüten und Blättern, und auch – auf allen Vieren kriechend – die Geruchssymphonie des Waldbodens zu genießen.

Auf diese Weise »flüstert« der Wald uns manches Geheimnis zu. Die Natur beschert uns unerwartete Dufterlebnisse, indem man Blätter, Kräuter oder Nadeln mit den Fingerspitzen reibt und an die Nase führt. Einmal kam der Ulmer Vollblutmusiker Friedrich Glorian zu Besuch; wir spazierten am Waldrand entlang und taten genau das: den Wald riechen. Zwischen den Fingern kam mal eine süße, mal eine würzige, mal eine herbe Duftnote hervor; wir schnüffelten den klärenden Duft verschiedener Minzen, den animalischen der Braunwurz, den würzigen der Magenwurz (Kalmus), den »grünen« der Schirmblütler und viele andere. Es war wie eine Melodie, nur eben nicht mit akustischen Tönen, sondern mit olfaktorischen. Die aufregende Melodie war erst zu Ende, als jede Fingerspitze mit Düften vollkommen besetzt war. Für solch ein Duftmelodie-Opus ist nicht jeder offen, aber Friedrich hat wahrhaftig eine feine *Gandharva*-Natur. Gandharven sind in der indischen Mythologie elfenhafte Boten der Lichtgötter, sie inkarnieren sich in melodischer Musik, bereiten den Göttern berauschendes Soma und ernähren sich von Blütendüften und dem Geruch der Räucherstäbchen.

SEELENDÜFTE

> *»Düfte sind wie die Seele der Blumen;*
> *man kann sie fühlen, selbst im Reich der Schatten.«*
> *Joseph Joubert (1754–1824)*

Für den Mystiker und Hellseher Rudolf Steiner (1861–1925) – er hat uns, unter anderem, die biodynamische Landwirtschaft, Waldorf-Schulen und Eurythmie gegeben – sind Düfte Brücken zu astralen (seelischen) Welten. Sie berühren die Seele, oder in Steiners Worten: Sie wirken auf den Astralleib der Menschen ein.

Bei den Tieren ist das noch offensichtlicher. Tiere brauchen nicht viel zu denken. Es ist das Riechen, Schnuppern und Schnüffeln, das ihnen sagt, wer zur Gruppe gehört, wo es was zu Fressen gibt, welche Pflanze Magenverstimmung oder Wunden heilt oder wo sich ein Geschlechtspartner befindet.

Der Stallgeruch, Nestgeruch und Artgeruch hält die Herde, die Nestgemeinschaft, das Rudel zusammen. In diesem Sinn ist der Geruch die Offenbarung der gemeinsamen Gruppenseele. Mein Rüde braucht nicht zu denken, um zu wissen, dass sich im nächsten Dorf ein läufiges Weibchen befindet. Auch die Insekten, deren Antennen unmittelbar in die Geruchsatmosphäre hineinragen, brauchen nicht nachzudenken, wo gerade die Linde, der Ahorn oder die Waldrebe ihre nektarreichen Blüten öffnet. Die Düfte sind ihre Gedanken, deswegen brauchen sie keinen so großen Kopf wie wir armen Menschen, um sich in ihrem Lebensraum zu orientieren. Die Düfte sind für sie göttliche Führung.

Mittels seines Geruchsorgans geht das Tier den kosmischen Kräften nach, die es in seiner Nahrung braucht. Wie der Physiker Fritz-Albert Popp zeigen konnte, sind es vor allem die kosmischen Kräfte – die Photonen, die Lichtenergie der Sonne –, die in der Ernährung wichtiger sind als Kalorien und materielle Bausteine.

Die Terpene und ätherischen Öle »duften uns den Himmel entgegen«; sie sind Ausdruck der kosmischen Seele der Pflanze, erklärt Rudolf Steiner.[5] Ein Waldspaziergang wirkt deswegen heilend, beruhigend, auch belebend, weil er uns mit dem göttlichen Urgrund verbindet. Die natürlichen Gerüche des Waldes kennen wir seit Millionen von Jahren, sie sind für unsere Spezies Heimat. Die Ausdünstungen von Kunststoff, Chemie und elektromagnetischen Strahlungen sind unserem Organismus dagegen fremd, sie sind gesundheitsschädigend. Dazu schreibt der Mediziner

Gerhard Schmidt: »Wenn Umwelt und Nahrungsmittel immer weniger natürliche Düfte haben, dann werden wir von der geistig kosmischen Atmosphäre zunehmend entfremdet. Ausdünstungen von Plastik, Maschinen und synthetischen Chemikalien wirken krankmachend und chaotisierend, die Nabelschnur zum geistigen Kosmos wird unterbrochen.« (Schmidt 1975:108)

BÄUME ALS QUELLE DER INSPIRATION

Kein Zweifel: Wald und Bäume tun uns gut; sie vermitteln Kraft und Inspiration. Kindern macht es Spaß, auf Bäume zu klettern; es hilft ihnen auch, den Schulstress abzubauen. Im Wald oder unter einer Linde ist es einfacher für die Menschen, im Frühling des Lebens in Liebe zueinanderzufinden. Ein großer, alter Baum ist – wie man einst glaubte – eine Brücke zu den anderen Welten; über diese kommen Ahnengeister, um wiedergeboren zu werden. Die Alten sitzen gerne auf Bänken unter der Dorflinde oder einem Parkbaum und träumen dem Himmel entgegen.

Bäume, mit der himmlischen Dimension und den Wurzelgründen verbunden, können uns helfen, wenn wir nicht weiterwissen. Wolfgang Bauer, ein naturverbundener Schriftsteller, erzählt: »Von meiner Großmutter hörte ich, dass man bei Problemen, die unlösbar erscheinen, eine Nacht unter einem Baum schlafen soll. Am Morgen habe man dann gewiss eine Eingebung.«

Goethe schrieb einmal: »Die ganze Natur ist eine Melodie, in der eine tiefe Harmonie verborgen ist.« Ludwig van Beethoven lauschte dieser Melodie bei seinen Spaziergängen durch den Wienerwald. Dort empfing er die Inspiration für seine wunderbaren Symphonien. In seiner 6. Symphonie, der Pastorale, hört man die Stimmungen des Wienerwaldes deutlich heraus: das Rauschen des Windes über die Wipfel der Buchen, das tosende Gewitter, die Ruhe … Nicht nur für Tondichter, auch für andere Künstler, für Poeten und Schriftsteller ist der Wald eine Quelle der Inspiration. So dichtete etwa Ferdinand Freiligrath (1810–1876):

> *»Im Walde*
> *Waldesruhe, Waldeslust,*
> *bunte Märchenträume,*
> *oh, wie labt ihre meine Brust,*
> *lockt ihr meine Reime.«*

Selbst die höchsten, himmlischen Inspirationen kann der Wald vermitteln, wie es der englische Dichter Edmund Waller (1606–1687) beschreibt:

> *»Der heilige Hain*
> *In derlei grünen Palästen residierten die ersten Könige;*
> *und schliefen in ihren Schatten*
> *und Engel unterhielten sie.*
> *Der Besuch im heiligen Hain machte sie weise.«*[6]

NATURMANGEL-SYNDROM

Nicht nur enthält die Natur Terpene, die uns gesund erhalten, sondern – so der Umkehrschluss von Clemens Arvay – es ist die Trennung von der Natur, die uns krank macht! Arvay griff den Begriff NDD – *Nature Deficit Disorder* – auf, den Ross Cameron, Professor für Landschaftspflege an der englischen Sheffield University, im Jahr 2005 prägte.

In einem Zeitalter, in dem Schulkinder lila Kühe und gelbe Enten malen und wo einer Umfrage (Jugendreport Natur, 2016) zufolge lediglich ein Drittel der Schüler wusste, dass die Sonne im Osten aufgeht, ist der Begriff NDD durchaus angebracht. Diese Naturferne ist für uns als Spezies gefährlich und im Sinne der Evolutionsmedizin krank machend. Diese besagt, dass wir uns als biologische Art in der Natur, vor allem in einer baumreichen Umwelt, entwickelt haben, dass der Wald unser Wesen geprägt hat und unser eigentlicher Lebensraum ist. Wir sind nicht geschaffen für eine künstliche Umwelt. »Wir haben Wurzeln und die sind definitiv nicht in Beton gewachsen«, zitiert Arvay seinen Freund, den Journalisten Andreas Danzer. Oder, wie es Erich Kästner (1899–1974) in seinem Gedicht *Die Wälder schweigen* auf poetische Weise sagt:

> *»Die Seele wird vom Pflastertreten krumm.*
> *Mit Bäumen kann man wie mit Brüdern reden*
> *und tauscht bei ihnen seine Seele um.*
> *Die Wälder schweigen. Doch sie sind nicht stumm.*
> *Und wer auch kommen mag, sie trösten jeden.«*

DER WALD BRAUCHT UNS MENSCHEN

> *»Alle Blumen sprechen mit mir,*
> *auch viele andere Lebewesen im Wald.*
> *Was ich weiß, lerne ich,*
> *indem ich beobachte und liebe.«*
> *George Washington Carver (1864–1943)*

Immer wieder hört man den inzwischen recht abgedroschenen Witz, in dem sich zwei Planeten im Weltall treffen: Sagt der eine: »Siehst schlecht aus.« Antwortet der andere: »Ja, ich habe *homo sapiens*.« Sagt der Erste: »Hatte ich auch mal. Das geht vorbei.«

Ein schlechter Witz – menschenfeindlich und voll von dem Selbsthass, der heute als aufgeklärt modern gilt und der vom *Club of Rome* und führenden Persönlichkeiten wie Bill Gates und Warren Buffett angestrebten Bevölkerungsverminderung (*population reduction*) entgegenkommt. Es gehe darum, die Erde zu retten. Vielleicht aber ist nicht allein die Bevölkerungszahl das Problem, sondern der übertriebene Ressourcenverbrauch einiger weniger Länder.

Der zynische Witz passt zu der antihumanistischen Suggestion, die uns die etablierten Medien immer wieder auftischen: »Wir brauchen die Natur. Die Natur braucht uns nicht!« – eine Aussage, die absolut falsch ist.

Die Natur braucht uns! So wie der Körper sein Nervensystem braucht. Auch wir sind Teil der Natur, sind aus ihrem Schoß hervorgegangen. Das Verhältnis zur Natur beruht auf Gegenseitigkeit: Nicht nur tun Bäume uns gut, sondern unser bewusstes Interesse tut den Bäumen und dem Wald gut! Unsere Bewunderung, Liebe und Zuwendung – so mein Lehrer, der Bauernphilosoph Arthur Hermes (1890–1986) – sei notwendig für den Wald, die Wiesen und die Felder. Es sei »geistige Düngung« für sie.

Arthur Hermes ist mit dieser Erkenntnis nicht allein. In traditionellen Gärtner- und Bauernkulturen Afrikas, Asiens und auch Europas ist man überzeugt, dass Pflanzen hören können und dass sie, wenn man ihnen zusingt oder mit ihnen spricht, besser wachsen.[7] Die Töne – das Gezwitscher der Vögel, das Summen und Zirpen der Grillen und Zikaden –, sagen die Irokesen, vermitteln Obst und Getreide (Mais) die notwendige Lebensenergie (*Orenda*) zum Reifen. Deswegen besangen die Indianerinnen die Feldfrüchte, damit diese besser wuchsen. Bei den Hopi sind es die alten Männer, die ihre »Maiskinder« besingen, um sie besser gedeihen zu lassen. Die Alten können das, da sie ihre Zeugungskraft nicht mehr im Geschlechtsakt verausgaben. Und in Schlesien war es einst Brauch, dass sich eine Frau mit breitem Gesäß in das Kürbisfeld setzte und den keimenden Kürbissen Lieder sang, damit die Früchte ebenfalls groß werden mögen. (Scheppach 2009:70)

Für unsere gestandenen Wissenschaftler galten Bräuche dieser Art lange als primitiver Aberglaube. Doch dann, in den 1970er-Jahren, entdeckte Dan Carlson (1941–2012) in den Orangenhainen Floridas, in denen der »stumme Frühling«[8] schon längst traurige Wirklichkeit geworden war und wo Nebelschwaden giftiger Agrarchemikalien sämtliche Insekten und Vögel ausgerottet hatten, dass die angeschlagenen Obstbäume, wenn sie mit Vogelgesang per Lautsprecherboxen künstlich beschallt wurden, kräftiger, gesünder und weniger schädlingsanfällig wurden. Bei den beschallten Bäumen nahm der Ertrag zu, die Orangen wurden größer, saftiger und enthielten bis zu 121 Prozent mehr Vitamine als die Durchschnittsapfelsinen. *Sonic Bloom* nannte er das Phänomen. Schon Rudolf Steiner hatte gesagt, man könne Pflanzen nur richtig verstehen, wenn man sie im Zusammenhang sehe mit allem, was sie umgibt und was um sie herum lebt. Die Vibrationen des Flügelschlags und der Gesang der Vögel beeinflussten das Keimen, Wachsen, Blühen und Fruchten. (Tompkins/Bird 1991:136)

DIE SINNE DER PFLANZEN

In den letzten Jahrzehnten fand ein Paradigmenwechsel in der botanischen Wissenschaft statt. Als ich mich in den 1960er-Jahren an der Ohio State University in Botanik einschrieb, galten Pflanzen noch als dumpfe, gefühllose Lebewesen. Man hielt sich noch an Aristoteles, in dessen *scala naturae* (Stufenleiter der Natur) sich die Vegetation ganz unten befindet, nur eine Stufe über der unbelebten Natur. Den Pflanzen ein absichtliches Verhalten zuzuschreiben galt immer noch als frevelhafter unwissenschaftlicher Humbug.[9]

Inzwischen ermöglichen verfeinerte Analysemethoden und hochsensible Hightech-Instrumente einen radikal anderen Blick auf unsere grünen Erdenmitbewohner – eine Sichtweise, die sich immer mehr derjenigen der Schamanen traditioneller Völker annähert. Die Biologin Florianne Koechlin lässt in ihren Büchern die Avantgarde der botanischen Forscher zur Sprache kommen. (Koechlin 2009; Koechlin/Battaglia 2012; Koechlin 2014) Der Zellbiologe František Baluška stellt fest: »(Pflanzen) haben vermutlich mehr Sinne, also mehr Sensoren, als wir Menschen, oder besser: als von Menschen und Tieren bekannt ist«. Diese stillen Lebewesen können also viel mehr wahrnehmen, als wir ihnen zutrauten. Sie brauchen keine Nervenzellen, um elektrische Impulse weiterzuleiten. Auch ohne Hirn können sie:

- **riechen:** Sie haben Geruchsrezeptoren über ihren ganzen Körper verteilt.
- **schmecken:** Die Wurzelhärchen schmecken sich durch den Boden, schmecken die Nährstoffe; ihre Blätter erkennen Fressfeinde an deren Speichel oder Ausscheidungen und senden Pheromone aus, um Raubinsekten zu Hilfe zu rufen.
- **tasten**: Pflanzen tasten sich durch den Boden. Die Wurzelhärchen erkennen die Wurzeln der Pflanze, der sie selber angehören, und versuchen einander nicht in die Quere zu kommen. Sie können also Selbst und Nicht-Selbst unterscheiden. Die Würzelchen besitzen eine Art Schwarmintelligenz. Für Charles Darwin stellten die wachsenden Wurzeln ein primitives Hirn dar: »Die Spitze der Wurzel agiert wie das Hirn eines niederen Tieres.«
- **hören:** Dass Vogelgesang, Grillenzirpen, Musik, Gesang und Dr. Dan Carlsons *Sonic-Bloom*-Beschallung eine Wirkung auf Pflanzen haben, ist bewiesen. Sie besitzen Membranen, die auf Töne empfindlich reagieren. In Experimenten zeigte sich, dass die Wurzeln in Richtung der tieferen Töne wachsen; von hohen Tönen wenden sie sich eher ab.
  Immer wieder hört man von Versuchsreihen, in denen den Pflanzen Musik vorgespielt wird, wobei sich herausstellt, dass klassische Musik, Sitar oder Jazz das Wachstum anregen, wogegen Rock 'n' Roll oder Heavy Metal sie negativ beeinflussen. Ich glaube jedoch, dass noch etwas anderes im Spiel ist: Ich bin überzeugt, die Pflanzen reagieren nicht allein auf Ton und Rhythmus, sie reagieren ebenso auf die Gefühle und Emotionen der Menschen. Sie spiegeln nur die musikalischen Vorlieben der Forscher, die die Experimente durchführen. Das wurde mir klar, als ich einen Kiffer kennenlernte, der seinen Cannabis-Pflänzchen Heavy Metal vorspielt: Mit dieser Musik, erklärte er, würden sich die Pflanzen viel robuster entwickeln.
- **spüren und fühlen:** Pflanzen können elektrische Felder und Magnetfelder wahrnehmen. Sie wissen, wo oben und

wo unten ist. Die Ranken der Kletterpflanzen sind empfindlicher als die menschliche Haut. Anscheinend spüren sie sogar, wenn man sie streichelt! (Koechlin 2009:57) Ein Berührungs-Gen (*touch gene*) registriert sofort, ob ein Käfer auf einem Blatt gelandet ist oder ob ein Finger es berührt.

- **sehen:** Der Mensch hat fünf Rezeptoren für Licht; Pflanzen haben elf dafür. Sie können Licht besser wahrnehmen als wir. Sie unterscheiden die feinsten Schattierungen und nehmen das gesamte Lichtspektrum – was wir Farben nennen – wahr. Was sie sehen, wird nicht zu einem inneren Bild (wie bei uns), sondern zu einer Wachstumsgeste.
  Pflanzen nehmen unsere Blicke wahr – genauso, wie auch wir es merken, wenn jemand uns anschaut, denn Sehen ist kein passives Abbilden, sondern ein berührender, ergreifender, wirkkräftiger Sinn! Der liebevolle, bewundernde Blick ist eben, so wie es Arthur Hermes formulierte, »geistige Düngung«.
- **erinnern:** Die Molekularbiologin Barbara Hohn konnte in Experimenten nachweisen, dass Pflanzen Erinnerungen an eine Stresssituation an ihre Nachkommen weitergeben können. (Koechlin 2009:67) Es scheint sich um eine epigenetische Art der Vererbung zu handeln. Ich habe den Eindruck, dass auch Bäume sich an Wetterextreme, etwa einen späten Wintereinbruch, »erinnern« können und im Frühling, trotz länger anhaltender warmer Temperaturen, beim Blattaustrieb Vorsicht walten lassen.

GEDANKENÜBERTRAGUNG

Auch wenn es für viele Skeptiker wie esoterische Spinnerei anmutet, so scheint es durchaus plausibel, dass Pflanzen – Blumen, Stauden, Bäume etc. – mit den Menschen, die in ihrer Nähe leben, in mentaler Verbindung stehen. Viele Gärtner sind sich dessen voll bewusst und bezweifeln nicht, dass die Pflanzen ihnen sagen, welche Pflegemaßnahmen anstehen oder dass sie gerade Wasser brauchen. Oder umgekehrt, der Gärtner sagt den Pflanzen, was er von ihnen wünscht. Ein richtiger Dialog findet statt, der bis ins nächtliche Träumen hineingeht.

Als ich mir einmal vornahm, eine Salweide zu fällen, die meinen Gemüsegarten zu sehr beschattete, war es, als hätte sie das vernommen: Sie starb im nächsten Jahr ganz von alleine ab.

Pflanzen empfangen unsere Gedanken. In den 1960er-Jahren wurde das Experiment von Cleve Backster (1944–2013) bekannt, einem New Yorker Experten für Lügendetektoren, der seinen Polygraphen an den Drachenbaum in seinem Büro anschloss. Er wollte sehen, ob die Pflanze reagieren beziehungsweise ihr elektrisches Potential verändern würde, wenn er ein Blatt in heißes Wasser tauchte oder es mit dem Zündholz anzündete. Zu seinem äußersten Erstaunen stellte er fest, dass sie schon heftig ausschlug, als er nur den Entschluss zu dem Experiment gefasst hatte. (Tompkins/Bird 2014:14ff) Spätere Untersuchungen von Backster und seinen Mitarbeitern zeigten, dass Pflanzen, die mit einem Menschen verbunden sind, besonders auf dessen Gefühle reagieren; sie nehmen zum Beispiel sexuelle Erregung wahr – was Ethnologen sofort an die orgiastischen Fruchtbarkeitsrituale bei alten bäuerlichen Kulturen denken lässt. Oft leiden Zimmerpflanzen, obwohl ein Nachbar oder Freund sie gießt und gut versorgt, wenn die Hausherrin Urlaub macht. Backster rät, ein Foto der pflanzlichen Zöglinge mit in den Urlaub zu nehmen und ihnen jeden Tag gute Gedanken zukommen zu lassen, dann würden sie die Abwesenheit der Bewohner gesünder und glücklicher überstehen. Die sofortige telepathische Kommunikation funktioniert über Tausende Kilometer. Für die Indianer, die ich kenne, ist es überhaupt keine Frage, dass Pflanzen mit uns telepathisch kommunizieren.

Auch im negativen Sinn kann das wirken. Die einfachen Gartenbauern auf den Salomo-Inseln etwa sagen, sie könnten durch Zauberrituale über weite Entfernungen hinweg die Obstbäume ihrer Feinde töten und deren Äcker unfruchtbar machen.

Für die meisten Verfechter unseres naturwissenschaftlich-materiellen Weltbildes ist das schlicht Humbug. Kritische Wissenschaftler, die mehrmals versucht haben, das Experiment

Backsters nachzumachen, hatten keinen Erfolg. Sie glaubten von vorneherein, dass Pflanzen keine telepathischen Fähigkeiten haben, und wollten diesen Unfug widerlegen. Bessere Erfolge hatten Wissenschaftler, die dem Thema gegenüber ergebnisoffen oder positiv eingestellt waren. Vielleicht ist es tatsächlich so, dass die Pflanzen »stumm« bleiben, wenn man ihnen von vornherein ablehnend gegenübertritt.

Was Florianne Koechlin in ihren populärwissenschaftlichen Büchern berichtet, hat nichts mit esoterischer Schwärmerei zu tun, sondern ist auf dem neuesten Stand empirischer Wissenschaft. Im Hinblick auf diese die Sinne der Pflanzen betreffenden Entdeckungen zitiert sie gerne den Ökologen Ian Baldwin, der einmal sagte: »Die Frage ist weniger, ob Pflanzen intelligent sind, als vielmehr, ob wir intelligent genug sind, sie zu verstehen.«

Vielleicht macht es also doch Sinn, wenn wir dem Wald beim Wandern oder abends am Lagerfeuer schöne Lieder vorsingen. Für viele indigene Völker, etwa die kleinwüchsigen Jäger und Sammler in den Regenwäldern Zentralafrikas – die Ba-Twa, Ba-Mbuti oder Ba-Mbenga – wird der Wald, der ihnen »Vater und Mutter« ist, ständig liebevoll besungen, um ihn »wach zu halten«. Vielleicht ist es doch nicht so ein krasser Aberglaube, wenn die Holzfäller vielerorts den Baum, dem sie das Leben nehmen, um Verzeihung zu bitten. Vielleicht wächst der Wald gesünder und besser, wenn wir ihn nicht nur aus ökonomischer Perspektive sehen oder uns auf seine Krankheiten konzentrieren, sondern wenn wir ihm Liebe schenken und seine Schönheit besingen.

DER MENSCH ALS EINFALLSTOR DER GEISTER

Es ist eines der Geheimnisse des Menschseins, dass alles, was wir lieben und was uns interessiert, durch uns fester ins Dasein gezogen wird. Was uns nicht interessiert, verblasst und zieht sich in den Hintergrund zurück. Es verlässt die Existenz (lateinisch *ex-sistere* = Dasein, räumliches Vorhandensein). Wenn wir bestimmte Pflanzen lieben, gedeihen sie besser. In Gegenden, in denen man den Wald verehrt, ihn als schön und als Teil der Heimat empfindet, da wächst er prächtiger und eindrucksvoller als dort, wo man ihn lediglich nach seinem kommerziellen Wert – nach Festmeter, Brennwert des Holzes oder Ausbeute des Wildbrets – beurteilt. Auch bei den Topfpflanzen auf dem Balkon oder der Fensterbank oder im Garten ist das so. Es ist vor allem das liebevolle Interesse, die Anteilnahme und Aufmerksamkeit, die hinter dem sogenannten »grünen Daumen« steckt. Das Wort Interesse, aus dem Lateinischen *inter* und *esse*, bedeutet: »mitten im Wesentlichen sein«.

Diese Regel gilt überall; sie ist ein geistiges Gesetz. Ungewollte Säuglinge, die verzweifelte Mütter einst im 19. Jahrhundert in Kinderklappen »entsorgten«, wurden von den Kirchen und karitativen Vereinen gut gepflegt, gefüttert und saubergehalten, dennoch überlebten weniger als 10 Prozent dieser Kinder. Was den Kleinen fehlte, war die liebevolle Zuwendung, das Herzensinteresse. Ein ungeliebter Wald verliert ebenfalls an Lebens- und Strahlkraft.

Unser liebendes Interesse ist für die Geister das Einfallstor in das Dasein, in die Verkörperung in der physischen Welt. Wenn uns die Mechanik oder die Elektronik, das Auto und das iPhone mehr interessieren als die Kräuter auf der Wiese oder die Bäume im Wald, dann tritt die Technik in den Vordergrund und die Natur zieht sich in den Hintergrund zurück, kränkelt und wird aus dem Dasein verdrängt. Der beste Naturschutz, der wirksamste Waldschutz ist nicht die großspurige politische Aktion oder laute Demonstrationen, sondern in erster Linie unsere persönliche Zuwendung und unser Interesse. In diesem Sinne braucht uns der Wald, braucht unsere Lieder, unsere Bewunderung und unsere Freude an ihm.

Es geht eine magische Kraft aus vom Walde,
ein unbestimmtes Weißnichtwas,
das sänftigend auf Gemüt und Seele
und anregend auf die Sinne wirkt.

Carl W. Neumann (1871–1939)

II. GESCHÖPFE DES WALDES: UNSERE EVOLUTION

Wie innig und tief ist doch unsere Verbundenheit mit den Bäumen, den Wäldern! Sie verliert sich in den Nebeln der frühen Entwicklungsgeschichte. Vor rund 400 Millionen Jahren begann die Vegetation, das feste Land zu erobern. Und wir waren mit dabei. Als kleine, den Wassermolchen ähnliche Lurche.

In den feuchten, warmen, ausgedehnten Sumpfgebieten des Oberen Silurs und des Unteren Devons kämpften verschiedene Baumfarne, Bärlappgewächse, Siegel- und Schuppenbäume, Moose und Schachtelhalme ums Licht und wuchsen dabei immer höher: Sie entwickelten größere Blätter, um das Sonnenlicht besser zu nutzen, und überzogen diese mit einer Wachsschicht, um unnötige Verdunstung zu verhindern. Mithilfe von Spaltöffnungen auf der Unterseite der Blätter konnten sie atmen – das heißt, sie konnten CO_2 (Kohlendioxid) aus der Luft aufnehmen und den Sauerstoff als »Abfall« ausleiten. Übrigens ist das Spurengas CO_2 beileibe kein Umweltgift, wie es einige Halbgebildete heute behaupten. Kohlendioxid ist für die Photosynthese (Kohlenstoffassimilation) absolut notwendig; es ist Bestandteil des Traubenzuckers (Glukose), des Urmoleküls der organischen Chemie, der mithilfe der Sonnenenergie aus CO_2 und Wasser synthetisiert wird und alles Leben ernährt. Ohne CO_2 kein Leben! Pflanzen bauen ihre Körper, ihre Skelette, aus Kohlenstoff auf.

In dieser Zeit, der letzten Phase des Erdaltertums, entwickelten die Pflanzen, allen voran die Farngewächse, Lignin (lateinisch *lignum* = Holz) und lagerten es in ihre Zellen ein. So konnten sie in die Höhe wachsen, richtige Wurzeln bilden und zu Bäumen werden. Die vorhergehenden Moose und die Algen im Meer konnten das nicht. Dank der Verholzung entwickelten diese Pflanzen echte Leitgewebe, die das Wasser nach oben transportieren und den in der Photosynthese gewonnenen Zucker an alle Gewebe verteilen.

Die Biomasse der Pflanzen besteht vor allem aus Kohlenstoff, und zu dieser Zeit gab es auf der Erde mehr als genug Kohlendioxid. So konnten die Pflanzen riesig werden und richtige Wälder bilden. Die Schachtelhalme und Bärlappgewächse, die heute nur ein paar mickrige Zentimeter hoch wachsen, erreichten damals eine Höhe wie unsere Fichten heutzutage.

KO-EVOLUTION VON PFLANZEN UND TIEREN

Mit den Pionierpflanzen kamen auch die ersten Tiere an Land: Riesige, aasfressende Insekten, Libellen, Schaben, Tausendfüßler, Milben, Spinnen, Würmer, schneckenartige Weichtiere und eben auch unsere biologischen Vorfahren, die lebensfrohen Lurche. Die Sumpfwälder waren eine ideale Umwelt für diese Tiere. Viel Sauerstoff zum Atmen war durch die Photosynthese vorhanden, und die Temperaturschwankungen wurden durch die feuchte Luft gepuffert. Dank der Pflanzen hatte sich inzwischen auch eine Ozonschicht gebildet, die vor schädlichen kosmischen Strahlungen schützte.

Diese ersten Landwirbeltiere, die Ur-Amphibien, verloren die Flossen, Kiemen und Schuppen, die ihre Vorfahren, die Fische, noch besaßen. Sie entwickelten Gelenke, mit denen sie sich auf dem festen Boden bewegen konnten. Im Gegensatz zu Fischen konnten sie ihre Köpfchen heben. Unsere fünf Finger – die Voraussetzung für eine greifende Hand und später für unser Dezimalsystem der Zahlen – und die fünf Zehen haben wir von ihnen geerbt. Fische sind stumm; wahrscheinlich begannen diese Molche in den Schachtelhalmwäldern ihren Seelen eine Stimme zu verleihen – sie fingen an zu quaken, brummen oder brüllen.

SEELENLEBEN DER AMPHIBIEN

Über die Anatomie der Lurche im Erdaltertum wissen wir viel. Aber was für ein Bewusstsein hatten sie? Können wir das überhaupt wissen?

Unsere amphibischen Vorfahren besaßen ein »drittes Auge« direkt unter der Haut, mitten auf der Stirn. Dieses Auge war lichtempfindlich, es steuerte die Körpertemperatur, die Hautfärbung, den Tag-und-Nacht-Rhythmus, die biologischen Uhren und die Fortpflanzungsrhythmen (bei Vollmond werden Lurche und Fische sexuell aktiver). Einige moderne Fische, Lurche und Kriechtiere besitzen noch immer ein derartiges Scheitelauge. Bei den Säugetieren, auch den Menschen, ist dieses dritte Auge tiefer nach innen gewandert und hat sich zwischen den beiden Hirnhälften festgesetzt. Anatomen benannten die kleine Drüse nach ihrer Form, die den Zapfen einer Zirbelkiefer oder Pinie ähnelt, Zirbeldrüse oder *Pinealis*. Sie ist auch als *Epiphyse* (griechisch = aufsitzendes Gewächs) bekannt. Auch in unserem Organismus ist sie lichtempfindlich, produziert das Schlafhormon Melatonin und hat mit Körpertemperatur und Sexualität zu tun; sie regt zum Beispiel bei Vollmond die Fortpflanzungsaktivität an.

> *»Es rauscht in den Schachtelhalmen,*
> *verdächtig leuchtet das Meer.*
> *Da schwimmt mit Tränen im Auge*
> *ein Ichthyosaurus daher.«*
> *Joseph Victor von Scheffel (1854)*

Für den Philosophen René Descartes galt die Zirbeldrüse als Sitz der Seele; sie stelle die Verbindung zum allmächtigen, allwissenden göttlichen Geist dar, glaubte er. Wie auch Descartes sahen viele alte religiöse und esoterische Traditionen eine Verbindung der kleinen Drüse mit Hellsichtigkeit, außerkörperlicher Erfahrung und Erleuchtung. Sie wird mit dem Scheitelauge Shivas gleichgesetzt, dem »geistigen Auge« (*Ajna-Chakra*), auf das sich Yogis konzentrieren, um das Göttliche bewusst wahrzunehmen. In der ägyptischen Pharaonenkrone ist sie durch die aus der Stirn hervortretende aufgeblähte, Gift sprühende Kobra (Uräus-Schlange) symbolisiert. Im lemurischen Zeitalter lebten die Menschenvorfahren als Amphibien – so die Darstellung Rudolf Steiners. Durch ihr drittes Auge waren sie noch mit ihrem höheren Selbst und dem Kosmos verbunden. Und hinter dem keltischen Gralsmythos vermutet Steiner das Geheimnis der Epiphyse – sie ist der Gral, der mit dem Himmel verbindet und sich verborgen im »Schloss des Schädels« befindet.

Ist das nun alles wilde Spekulation? Rick Strassman, Professor für Psychiatrie an der University of New Mexico School of Medicine, hat sich umfassend mit den dreiäugigen Kaltblütern sowie mit der Funktion der Zirbeldrüse befasst. (Strassman 2004) Er und andere Bewusstseinsforscher vermuten, dass die Zirbeldrüse auch mit dem Träumen zu tun hat und zu außergewöhnlichen Zeitpunkten psychoaktive Tryptamine (DMT) in wirksamen Mengen bildet. Diese besonderen Zeitpunkte sind erstens der Augenblick, in dem die »individuelle Lebenskraft in unseren embryonalen Körper eintritt (Empfängnis)«, zweitens die Geburt[10] und drittens der Tod beziehungsweise der Sterbeprozess oder auch Nahtoderlebnisse, bei denen die Lebenskraft den Körper durch die Zirbeldrüse verlässt. (Berger 2017:111) Es sind dies Zeiten, in denen sich der verschlossene menschliche Mikrokosmos dem Makrokosmos öffnet.

DMT (Dimethyltryptamin) ist in vielen natürlichen Substanzen, auch vielen Pflanzen, vorhanden, aber in Kaltblütern, in verschiedenen Fröschen und Kröten, kommt es besonders häufig vor. Anscheinend kam »Krötenschleim«, der übrigens auch eine Menge Gifte enthält, mit in die Schnupfpulver indianischer Schamanen. Chinesische Alchemisten und unsere mittelalterlichen Hexen kannten die Wirkung von Krötengiften. (Rudgley 1999:204) Moderne »Psychonauten« haben gelernt, Kröten – insbesondere die Colorado-Kröte – zu melken und den getrockneten Schleim zu rauchen oder zu verdampfen und zu inhalieren. Das Erlebnis – in chronologischer Zeit dauert es nur einige Minuten – läßt sich in Worten kaum beschreiben. Das Ego zerfällt, man wird durchflossen vom Strom des Bewusstseins und mit dem alleinheitlichen Geist des Universums vereint. Vielleicht war das der Bewusstseinszustand – prä-egoid und kosmisch – der damaligen Bewohner der Sumpfurwälder des Devons und der Steinkohlezeit.

Der bekannte Ethnopharmakologe Christian Rätsch beschreibt, wie er nach dem Rauchen des Krötenschleims in einen im Uhrzeigersinn sich drehenden Strudel hineingerissen wurde, wobei die Zeit rückwärtsging. »Im Strudel tauchten Drachen, Amphibien und Dinosaurier auf, (...) bis ich endlich am Ziel der Reise angelangt war. Ich saß wie eine Kröte oder wie ein Molch in einem Sumpf des Perms. Um mich herum war schwarzes Wasser. In einem trüben Nebel sah ich gewaltige Farne und Schachtelhalme. Irgendwie kommunizierte ich mit den sonderbaren Amphibien und realisierte, dass ich nicht nur mit den Wesen einer anderen Art, sondern sogar über die Schranken der Zeit, über Jahrmillionen kommunizieren konnte.« (Rätsch 1998: 835)

Halluzination? Oder ist alles noch da in tiefer, unbewusster Erinnerung, jenseits des vom Universum abgekapselten Egos, oder, wie die Inder sagen, lesbar in der geistigen *Akasha*-Chronik, dem Weltengedächtnis.

Im feuchtwarmen, tropischen Klima der folgenden Steinkohlezeit (Karbon) vor 360 bis 295 Millionen Jahren breiteten sich ausgedehnte Sumpfwälder, bestehend aus Farnen, Schachtelhalmarten, Bärlappgewächsen, wie etwa Schuppen- und Siegelbäumen, immer weiter über die Erde aus. Die ständige Wärme und die Wasserverdunstung der Flora erhöhten die Luftfeuchtigkeit und brachte häufige Niederschläge mit sich. Da damals die Luft drei- bis viermal mehr Kohlendioxid (CO_2) als heutzutage enthielt, entwickelte sich ein üppiges, geradezu überbordendes Wachstum der Vegetation. Die Pflanzenmasse dieses ursprünglichen Waldes produzierte so viel Sauerstoff (O_2), dass er damals 32 Prozent der Atmosphäre ausmachte, heute sind es nur 21 Prozent. Die abbauenden Organismen – die Tiere, Pilze und Kleinlebewesen – konnten mit der Anhäufung der pflanzlichen Biomasse kaum mithalten. (Reichholf 2016a:169) Viel von dem organischen

Detritus, Baumstämme und Laub, versank in den sumpfigen Untergrund und wurde im Laufe der Jahrmillionen zu jenen Steinkohleablagerungen, die für unsere industrielle Revolution Voraussetzung waren. Wenn wir Steinkohle verfeuern, dann ist es die Sonnenenergie, die diese archaischen Wälder vor 360 bis 300 Millionen Jahren mittels Photosynthese einfingen.

ENDE DES AMPHIBIEN-PARADIESES

Die ausgedehnten tropischen Urwälder verbrauchten große Mengen des Kohlendioxids der Atmosphäre; auch Kalkalgen, Foraminiferen, Muscheln, Korallen und andere Meeresorganismen nahmen Kohlendioxid in ihre Schalen und Skelette auf; diese lagerten nach ihrem Absterben in tiefen Schichten auf den Meeresböden[11]. Kalkgestein, Marmor, die Kreidefelsen von Dover und Rügen sowie die stolzen Dolomiten entstanden aus diesen Ablagerungen. Die abkühlenden Weltmeere nahmen mehr Kohlenstoff auf. Aus all diesen Gründen nahm dieses wichtige Spurengas gegen Ende der Steinkohlezeit (Karbon), also im Perm, stark ab. Auch die Produktivität der Wälder verringerte sich. Es wurde allmählich kühler und trockener. Der Südpol vergletscherte vorübergehend. Für optimales Wachstum bedarf es in der Atmosphäre 500 bis 600 ppm[12] CO_2; nun aber lag der Kohlenstoffpegel weit darunter.

Aber das Leben wäre nicht das Leben, wenn es sich nicht ständig anpassen könnte. Es gab einen neuen Impuls: Pflanzen und Tiere begannen sich über die Sümpfe hinaus zu entwickeln und das trockene Land zu besiedeln. Die pflanzlichen Pioniere, die das wagten, waren die sogenannten Nacktsamer (*Gymnospermae*), die Koniferen, Ginkgos und Palmfarne. Bei ihrer Fortpflanzung waren sie nicht länger auf feuchte, morastige Böden angewiesen. Anstatt Sporen ins feuchte Milieu zu entlassen, wo sie Vorkeime bilden, die dann die männlichen Schwärmer auf die weiblichen Eizellen ausschwärmen lassen, entwickelten sie die ersten richtigen Samen. Das heißt, die weiblichen Eizellen, die Samenanlagen, blieben bei der Mutterpflanze; sie lagen frei (»nackt«), nur von holzigen Schuppen im Zapfen geschützt, zwischen den Fruchtblättern und warteten auf den männlichen Blütenstaub, den Pollen, den der Wind heranwehen würde. Das Wasser oder feuchte Sumpfböden waren nicht mehr nötig, um die Befruchtung des Eies zustande zu bringen. Der junge Embryo (Keimling) blieb auch nicht mehr sich selbst überlassen, er wurde von der Mutterpflanze mit Nährstoffen versorgt, bis er als reifer Samen der Welt anvertraut wurde. So gelang es den Nacktsamern, den Nadelbäumen und Ginkgos, das trockenere Festland zu besiedeln.

Die Tierwelt hielt Schritt mit den Pflanzen. Auch sie löste sich im Perm von der Notwendigkeit, sich im Wasser fortzupflanzen. Die Tiere brauchten nun nicht mehr – wie es Frösche noch immer bei ihrer Hochzeit tun – zum Tümpel oder Teich zurückzukehren, wobei Männchen und Weibchen aneinandergeklammert ihre Eier und Samen gleichzeitig ins Wasser entlassen. Die neuen Tiere entwickelten ineinanderpassende Geschlechtsorgane. Das Weibchen empfing nun den Samen in ihrem Körper. Dort wurden die befruchteten Eier mit einer festen Schale und einem nährenden Dottersack versehen. Die Eier konnten nun auf dem trockenen Boden, im Sand oder in primitiven Nestern abgelegt und von der warmen Sonne ausgebrütet werden. Von einem Schuppenpanzer geschützt, würden diese fortschrittlichen Tiere nicht so leicht wie ihre glatthäutigen amphibischen Vorfahren an der Luft austrocknen.

Im Perm, dieser letzten Epoche des Erdaltertums, ging die Vorherrschaft der Amphibien und der Farn- und Schachtelhalmpflanzen definitiv zu Ende. Eierlegende Reptilien (spätlateinisch *reptile* = kriechendes Getier) und die nacktsamigen Pflanzen übernahmen und standen nun an der Spitze der Evolution.

Gegen Ende des Perm-Zeitalters, vor rund 245 Millionen Jahren, führte eine schwere Krise oder Katastrophe zu einem massiven Aussterben, wobei bis zu 90 Prozent der pflanzlichen und tierischen Lebewesen ausgelöscht wurden. Wie es dazu kam, wissen die Wissenschaftler noch immer nicht genau. Das Ereignis markiert die Grenze zwischen dem Erdaltertum (Paläozoikum) und dem Erdmittelalter (Mesozoikum).

ZEITALTER DER RIESENECHSEN

Zwar hatten einige Pflanzen- und Tierarten des vorhergehenden Zeitalters das große Artensterben überlebt, aber es waren vor allem die windbestäubten Nacktsamer und die kaltblütigen, eierlegenden Kriechtiere, die nun die leergewordenen ökologischen Nischen des damaligen Superkontinents Pangäa besiedelten. Es war zwar trockener geworden, aber dank der tektonischen Aktivität rülpsten die Vulkane und Erdspalten genügend Kohlendioxid aus, dass die Vegetation florieren konnte. Nadelhölzer, Tannen, Fichten, Lärchen, Mammutbäume, mit verschiedenen Arten der Ginkgo-Familie, Palmfarnen und Baumfarnen als Unterholz, bildeten nun endlose Wälder.

Indem sie die verwaisten Lebensräume besetzten, nahmen die Reptilien vielfältige und oft bizarre Formen an. Sie wurden immer größer, bis sie in der Mitte des Mesozoikums – im Jura-Zeitalter, vor 200 bis 136 Millionen Jahren – einige regelrechte Giganten, wie sie die Welt seither nicht wieder gesehen hat, hervorbrachten. Diese als Dinosaurier (griechisch *deinós* = schrecklich, gewaltig; *sauros* = Eidechse) bezeichneten Monster besiedelten Land, Luft und Wasser und beherrschten die Erde in den nächsten Hundert Millionen Jahren. Die ersten vogelartigen, befiederten Flugechsen, wie der Pterodactylos, erschienen. Einige der Riesenechsen, wie der 40 Tonnen schwere Brachyosaurus, waren sanftmütige Pflanzenfresser; die Nadelbaumwälder waren ihre Futterweide. Andere, wie der Tyrannosaurus Rex, waren gierige Räuber und Fleischfresser.

Im Schatten der dominanten Saurier fristeten gegen Ende des Jura-Zeitalters verschiedene kleine, säugetierähnliche Reptilien ihr Dasein. Sie hatten differenzierte Zähne und knochige Gaumen, die ihnen das gleichzeitige Atmen und Fressen möglich machten. Übergangsformen waren das. Aus ihnen entwickelten sich unter anderem kleine Samen- oder Insektenfresser, die unseren heutigen Spitzmäusen ähnelten. Möglicherweise haben einige von ihnen die Nester der Echsen geplündert und deren Eier gefressen. Diese baumbewohnenden, nachtaktiven Tierchen, zu denen unsere biologischen Vorfahren gehören, waren vermutlich schon warmblütig, das heißt, sie waren weniger von der Außentemperatur abhängig. Bald begannen sie, ihre Jungen lebend zu gebären. Der Nachwuchs schlüpfte nicht mehr aus einem im Nest oder warmen Sand abgelegten Ei, sondern blieb im Mutterleib. Nach der Geburt mussten die Kleinen sich auch nicht mehr selbst versorgen, sondern labten sich an den Milchdrüsen des Muttertieres. Den reptilischen Schuppenpanzer hatten sie abgelegt und gegen ein Haarkleid eingetauscht. Allein die Finger- und Zehennägel blieben als Erbe der Reptilienschuppen. Auch hatten sie im Vergleich zu den Kriechtieren ein relativ großes Hirn.

Das Zuhause dieser ersten unscheinbaren Säugetiere waren vor allem die Nadelholzwälder. Im Gegensatz zu späteren baumbewohnenden Klettertieren wie Eichhörnchen, Marder oder Katzen, die sich mithilfe scharfer Krallen durch das Geäst bewegen, kletterten unsere Vorfahren mit greifenden Händen und Füßen.

Zur gleichen Zeit, in der einige lebend gebärende Tiere nun ihre Embryos geschützt in einer Plazenta austrugen, kam es in der Pflanzenwelt zu einer ähnlichen Entwicklung. Die ersten Blütenpflanzen erscheinen – Magnolien, Annonen-Gewächse[13] und andere. Sie hüllen ihre Samenanlagen in einen geschlossenen Fruchtknoten. Im Gegensatz zu den Nacktsamern gehen diese Bedecktsamer (Angiospermen) nicht so leichtsinnig mit ihrem Nachwuchs um. Der Fruchtknoten entspricht der Plazenta; es ist eine weitere »Verinnerlichung« der Fortpflanzung.

Die Fortpflanzung der Nacktsamer ist besonders energieaufwendig. Wenn zum Beispiel ein Kiefern- oder Fichtenwald »im Liebesrausch« ist, entlässt er Tausende Tonnen gelben Blütenstaubs. Allein ein einziger männlicher Blütenzapfen der Fichte erzeugt rund 200.000 Pollen. Ganze Wolken mit diesem Staub ziehen über Wald, Wiesen und Ortschaften und bedecken Tümpel und Pfützen mit einem gelben Film, sodass man heutzutage von »Schwefelregen« spricht; manche glauben irrtümlich, es sei Staub aus der Sahara. Und die armen Allergiker leiden. Hochwertige Eiweiße und Nährstoffe gehen mit diesen gelben Wolken verloren. Nur ganz wenige der Pollen können ihren vorgesehenen Zweck erfüllen, der Rest wird lediglich zu Dünger für den Waldboden und andere Pflanzen. Was für ein Verschleiß der Lebensenergie! Es dauert vier bis sieben Jahre, bis sich ein Fichtenwald so etwas wieder leisten kann.

Gegen Ende des Jura und im Kreidezeitalter lernten bestimmte Pflanzen, nicht so verschwenderisch mit ihren Pollen umzugehen. Sie überließen die Bestäubung den Insekten, zuerst den sudelnden, krabbelnden Käfern, die zwar gierig von dem nahrhaften Pollen fraßen, diesen aber zugleich ohne Absicht auf die wartenden, empfänglichen Narben übertrugen. Im Kreidezeitalter waren es dann schon Bienen und Schmetterlinge, die diese Aufgabe auf viel elegantere Weise ausführten. Und die Blüten wurden bunt und nektarreich.

Auch was die Verteilung der Samen betraf, waren die Blütenpflanzen (Angiospermen) den Nacktsamern weit voraus. Letztere lassen die Samenkörner meistens einfach auf den Boden fallen. Kiefern und Fichten senden zwar beflügelte Samen in die Welt, die Blütenpflanzen jedoch perfektionierten diese klugen Strategien. Sie gaben ihren Samen – wie etwa beim Ahorn, bei Weiden und Pappeln – Flügel oder auch federleichte Schirmchen, die vom Wind weit verweht werden; oder sie bemäntelten ihre Samen mit süßem, saftigem Fruchtfleisch, sodass sie von Vögeln oder anderen Tieren gefressen werden, den Darm passieren und dann mit einem Düngerpaket versehen irgendwo wieder ausgeschieden werden. Andere wiederum erzeugen Samen mit klebriger oder borstiger Hülle, die dann wie Kletten am Fell vorbeistreifender Tiere hängen bleiben und sich so verteilen. (Pelt 1982:105)

Im Laufe der Kreidezeit (vor 136 bis 65 Millionen Jahren) brach der Urkontinent weiter auseinander, die Platten verschoben sich und wurden allmählich zu den Kontinenten, die wir heute kennen; das Klima blieb allgemein feucht und heiß. Es gab zwar zwischendurch kältere Perioden, aber die Pole waren noch nicht mit Eis bedeckt. Fossilienfunde aus der Oberen Kreidezeit zeigen eine zunehmende Differenzierung der Flora: Es erscheinen Eichen, Esskastanien, Platanen, Gagelsträucher, Silberbaum, Tulpenbaum und andere Waldbäume, die auch heutzutage anzutreffen sind.

EIN DRITTES ZEITALTER BEGINNT

Ebenso wie das Erdaltertum knapp 200 Millionen Jahre zuvor mit einem Massenaussterben endete, so endete auch das Erdmittelalter. Ganz plötzlich, vor 65 Millionen Jahren, schlug ein gewaltiger Asteroid oder Komet mit mehreren Hunderttausend Stundenkilometern und der Kraft von drei Milliarden Hiroshima-Bomben in Yucatan (Mexiko) ein. Zugleich kam es zu riesigen vulkanischen Eruptionen im indischen Dekkan, dem südlichen Teil des indischen Subkontinents. Die Vulkane spuckten dichte Staubwolken in die Atmosphäre, die monatelang den Himmel verdunkelten; die Temperaturen sanken, saurer Regen fiel und das Pflanzenwachstum stockte, was zur Folge hatte, dass die Riesenechsen, die Dinosaurier, schlagartig starben. Schätzungsweise 70 Prozent des Tier- und Pflanzenlebens wurde damals ausgelöscht. Die vorher dominierenden Nacktsamer erholten sich nie ganz.

Zwar überlebten einige Echsentiere – Warane, Krokodile, Alligatoren und Schildkröten – und passten sich den neuen Umständen an, aber ihre Zeit war vorbei. Nun übernahmen Säugetiere und Vögel die Herrschaft in dem aufdämmernden neuen, dritten Zeitalter, dem Tertiär. Die Nacktsamer, die ko-evolutiven Begleiter der überlebenden Reptilien, sind lediglich lebende Fossilien. Sie konnten mit den modernen Blütenpflanzen nicht mithalten. Im Vergleich zu den Bedecktsamern ist ihr Gefäßsystem ebenso ineffizient wie ihre Fortpflanzung. Obwohl die Nadelbäume heutzutage scheinbar omnipräsent sind und in Forsten überall angepflanzt werden, sind sie dennoch die großen Verlierer. Sie befinden sich auf dem Rückzug. Lediglich in Randgebieten, in den kalten borealen Wäldern des hohen Nordens oder oben im Gebirge, finden sie ihr Revier. Die günstigeren Landschaften sind fest im Griff der Laubbäume und Blütenpflanzen. Es gibt nur noch 700 Arten von Nadelgehölzen, die erfolgreichen Bedecktsamer bringen es auf über 250.000 Arten.

LEBENDE FOSSILIEN

Die größten Bäume der Welt – über 100 Meter werden sie hoch und können über 1500 Jahre alt werden –, die Sequoias oder Mammutbäume, ehemalige Zeitgenossen der Dinosaurier, gibt es nur noch in Restbeständen in Nordkalifornien.

Der Urweltmammutbaum (*Metasequoia glyptostroboides*), der im Erdmittelalter und im frühen Tertiär von Amerika bis Ostasien weit verbreitet war – auch in Grönland wuchs er –, war nur als Fossil bekannt. Zumindest bis 1941, als einige wenige Exemplare in einem abgelegenen Bergwald in Sichuan (China) entdeckt wurden. Diese sommergrüne Konifere, die bis zu 50 Meter hoch wachsen kann, feiert inzwischen weltweit eine Renaissance in Parks und botanischen Gärten.

Lebende Fossilien aus Dinosaurierzeiten sind auch die Araukarien. Diese langlebigen, zweihäusigen, mit spitzen, stacheligen, immergrünen Blättern übersäten Koniferen wuchsen einst im Gondwanaland, im Süden des großen Urkontinents Pangäa. Nachdem dieser auseinanderdriftete, verbreitete sich die Gattung in Australien, Neuguinea und vor allem in Patagonien. Am bekanntesten ist die auch Schlangenbaum, Schuppentanne oder Affenschwanzbaum genannte Andentanne, die inzwischen überall als Ziergewächs in den Subtropen und auch im Mittelmeerraum angepflanzt wird. Der Baum hat etwas reptilisch Starres an sich; seinen dolchartigen, stacheligen Blättern verdankt er seinen englischen Namen *monkey puzzle,* denn für Affen wäre es eine unlösbare Aufgabe, ihn zu erklettern.

Die Zimmertanne (Norfolk-Tanne) gehört übrigens auch zu dieser archaischen Pflanzenfamilie. Einer der interessantesten der fossilen Bäume ist der Ginkgo.

GINKGO, DER MÄDCHENHAARBAUM

Der Ginkgobaum (*Ginkgo biloba*), der über 1500 Jahre alt werden kann, aber im Gegensatz zu den Mammutbäumen nur etwa 30 Meter Höhe erreicht, gehörte einst zur Nahrung der Dinosaurier. Den Ginkgo gab es im Tertiär sogar noch in Europa, ehe ihm die Eiszeiten den Garaus machten. Lange Zeit galt dieser Urbaum als ausgestorben. Allein in China gab es ihn noch, er wurde sogar von den Chinesen kultisch verehrt, aber das wusste man im Westen nicht. Erst der deutsche Arzt und Botaniker Engelbert Kaempfer (1651–1716), der für die Holländische Handelsgesellschaft arbeitete, entdeckte den Baum während seiner Zeit in Japan. Er wagte es, einige Samen aus Japan herauszuschmuggeln, obwohl darauf die Todesstrafe stand. Einer der aus diesen Samen entstandenen Sämlinge wurde in Utrecht in Holland im Jahr 1730 gepflanzt. Diesen *Japanse notenboom* (Japanischen Nussbaum), der erste Ginkgo in Europa, kann man noch immer bewundern.

Das lebende Fossil wurde selbstverständlich zur Sensation. Goethe veranlasste, dass in Weimar ein Ginkgo gepflanzt wurde, und schrieb sogar ein Gedicht über diesen Baum:

> *»Dieses Baumes Blatt, der von Osten*
> *meinem Garten anvertraut,*
> *gibt geheimen Sinn zu kosten,*
> *wie's den Wissenden erbaut …«*

Dem lebenden Fossil, dem man viele Namen gab – Mädchenhaarbaum, Fächerblattbaum, Elefantenohrbaum, Entenfußbaum, Weltenbaum, Goethebaum –, begegnet man heutzutage in fast jeder Stadt. Er ist nicht nur schön, sondern kann auch allerlei Ungemach aushalten: So ist er resistent gegen Pilzbefall, Viren und

Bakterien, er widersteht Insektenfraß, dicker Stadtluft, Feinstaub und dem winterlichen Streusalz.

Inzwischen hat ihn die Pflanzenheilkunde neu entdeckt. Ginkgo-Blätter als Tee oder deren Auszüge sind bei älteren Menschen beliebt als Hirntonikum, als Hilfe bei Ohrensausen (Tinnitus), Durchblutungsstörungen und Gedächtnisverlust (Demenz). Ein geriatrischer Baum gegen geriatrische Beschwerden!

Der Baum ist zweihäusig, das heißt, es gibt männliche Bäume, die Spermatozoen ausschicken, und weibliche, die Samenanlagen bilden. Diese weiblichen »Eier« sind Megasporen, sie sehen aus wie Mirabellen – deswegen der japanische Name »Silberaprikosen« (*gin kyo*). Noch vor der Befruchtung bilden diese Megasporen Nahrungsreserven für ihre Embryos; aus der Sichtweise der Bedecktsamer, die ihre Samen mit einer Speisekammer erst *nach* der Befruchtung bilden, ist das eigentlich eine doofe Verschwendung kostbarer Nährstoffe. Die »Eier« können durch Windbestäubung direkt noch am Baum oder, wenn sie herunterfallen, auch auf dem Erdboden, von den mit Geißeln (Flagellen) versehenen männlichen Pollen befruchtet werden. Der Boden selber ist dann sozusagen das Hochzeitsbett. Einmal bei der Megaspore angekommen, dauert es noch 120 Tage, bis der Pollenschlauch die Befruchtung vollzieht.

In der westlichen Welt werden vor allem männliche Ginkgo-Bäume gepflanzt. Denn die reifen Eier der weiblichen Pflanze, die »Silberaprikosen«, werden glitschig, wenn sie auf die Erde fallen und aufplatzen, und verbreiten einen fürchterlichen Gestank, wie nach Ziegenbock und ranziger Butter. In Ostasien pflanzt man gerne auch die weiblichen Bäume, denn aus den Früchten macht man verschiedene Heilmittel, und die gerösteten Samen, in Maßen gegessen, gelten als Delikatesse.

In Ostasien gilt der Ginkgo als heilig. Er wird vor allem an Kultorten besonders in den buddhistischen Tempelanlagen und in heiligen Hainen angepflanzt. Er gilt als Symbol der Langlebigkeit, des Glücks und des gesunden hohen Alters. Buddhistische Mönche kauen die Blätter, um alt zu werden und geistig fit zu bleiben. Der zweihäusige Baum mit dem gespaltenen Blatt ist ein passendes Symbol für das *Yin-Yang*, das Zusammenspiel der beiden Urkräfte (hell/dunkel, männlich/weiblich, Feuer/Wasser und so weiter). Frauen suchen den Baum auf, um Kindersegen zu erlangen, Mütter, damit sie genügend Milch für ihre Kleinen haben. Die Haartracht der Sumo-Ringer soll das Ginkgo-Blatt nachahmen und dem Ringer Kraft geben.

Am 6. August 1945 wurde eine Atombombe auf Hiroshima abgeworfen, die innerhalb einer Minute alles Leben, darunter das von 80.000 Menschen, auslöschte. Im Epizentrum befand sich auch ein Tempel mit einem Ginkgo-Baum, von dem nur ein schwarz verkohlter Stumpf übrigblieb. Als dieser Stumpf im Frühjahr darauf austrieb, galt das als ein Wunder. Der Baum wurde zum Symbol des Friedens.

Da man lange keine wild wachsenden Bestände des Ginkgo-Baumes fand, sondern nur die in Tempelgärten und heiligen Hainen gepflanzten kannte, glaubte man, dass dieser Urzeitbaum nicht mehr wild vorkommt, sondern nur mithilfe der Menschen überlebt hatte. Inzwischen hat man jedoch kleine Bestände wild wachsender Ginkgos in abgelegenen Bergtälern in Südwest-China (Provinz Guizhou) entdeckt, wobei man sich nicht ganz sicher ist, ob auch sie nicht einst von Menschenhand gepflanzt wurden. Die Ginkgos in Japan sind einst wohl durch buddhistische Lamas aus China nach Japan gebracht worden.

UNSERE VORFAHREN: HERRENTIERE DER URZEITWÄLDER

Die Erdneuzeit, die nach dem Massensterben der Dinosaurier beginnt, nannte man bis vor kurzem das Dritte Zeitalter oder Tertiär. Heute sprechen die Geologen lieber vom Känozoikum, das vor 65 Millionen Jahren begann und bis in die Gegenwart reicht.[14]

In den ersten Phasen der Erdneuzeit kam es zur Auffaltung der Alpen, des Himalaja, der Rocky Mountains und der Anden; sprunghaft entwickelten sich Säugetiere und besetzten alle leer gewordenen ökologischen Nischen. Auch die Vogelwelt wurde vielfältiger und besiedelte neue Lebensräume – auch die Bäume, wo sie ihre Nester bauten. Unter den gefiederten Lebewesen befanden sich auch große flugunfähige, fleischfressende Laufvögel, wie der mit den Gänsen weitläufig verwandte, zweieinhalb Meter große Diatryma oder Gastornis. Richtige »Terrorvögel« waren das, die mit spitzen Krallen und Tomahawk-ähnlichen Hackschnäbeln Jagd auf die kleinen Säugetiere machten.

Im Paläozän (vor 65 bis 56 Millionen Jahren) und dem Eozän (vor 56 bis 34 Millionen Jahren) war es feucht und heiß, mit einer globalen Durchschnittstemperatur von 25 bis 30 Grad Celsius[15]. An den Polen gab es kein Eis und drei Viertel der Erde waren mit tropischem Regenwald bedeckt. In dem Baumbiotop konnten sich die damals katzen- oder eichhörnchengroßen Primaten gut entwickeln. In den Kronen der Laubbäume fanden sie Schutz vor Raubtieren und Terrorvögeln und zugleich einen gut gedeckten Tisch, mit unzähligen proteinreichen Insekten, Vogeleiern, zarten Blättern, den Rinden junger Zweige und – vor allem – süßen, energiereichen Früchten.

Sehr bald spalteten sich die Frühprimaten, zu denen unsere Vorfahren gehören, von den oft nachtaktiven Insektenfressern ab und passten sich immer mehr an das Leben in den Bäumen an. Ihre Augen verschoben sich immer weiter nach vorne, sodass sich die Gesichtsfelder überschneiden und das Tiefensehen immer präziser wurde. Sie entwickelten gespreizte Daumen, mit denen sie besser greifen konnten, wenn sie wie auf einem Laufsteg die Zweige entlangliefen – hangeln konnten sie damals noch nicht – oder wenn sie mit den Händen die Nahrung zum Mund führten. Diese Frühprimaten waren auch die Ersten, die beim Essen eine Sitzhaltung einnahmen.

Im Laufe des sogenannten Oligozäns, vor 34 bis 23 Millionen Jahren, kühlte das Klima allmählich ab, die Durchschnittstemperatur der Erde sank auf rund 15 Grad Celsius; die Eiszeiten kündigten sich an. Gegen Ende dieser Zeitepoche spalteten sich die Menschenaffen von den Altweltaffen ab.

Im folgenden Miozän, vor 23 bis 5,3 Millionen Jahren, wurde es interessant. Im frühen Miozän, also vor 23 bis 17 Millionen Jahren, kam es zu einer regelrechten Blütezeit der Menschenaffen; sie besiedelten die Wälder Afrikas und Eurasiens. Insgesamt vierzehn Gattungen dieser Tiere machten die Wissenschaftler aus, darunter auch der Dryopithecus (der »Affe aus dem Eichenwald«), ein Baumbewohner, der auch in Europa heimisch war und vielleicht mit zu unseren Vorfahren gehört.

Die Menschenaffen des Miozäns waren allesamt Baumbewohner. Sie kletterten vierfüßig. Schwinghangeln und Knöchellaufen wie ihre Nachfahren, die Orang-Utans, Gorillas und zum Teil die Schimpansen, beherrschten sie noch nicht. Alle diese Hominiden – auch der gemeinsame Vorfahre Proconsul – sind schwanzlos, sie brauchen nicht wie andere Affen den Schwanz zum Steuern beim Springen und schon gar nicht, wie die Neuweltaffen, als fünfte Hand, um sich an Ästen festzuklammern. Im Vergleich zu anderen Tieren haben sie ein großes Hirn, eine relativ späte Geschlechtsreife und eine lange Jugendphase.

Vor 11 Millionen Jahren spalteten sich die Orang-Utans (Malai = Waldmenschen) von den afrikanischen Menschenaffen ab. Die Gorillas entwickelten sich vor ungefähr 10 Millionen Jahren zur eigenständigen Art.

SCHIMPANSEN

Unsere Menschenvorfahren (*Homini*) und die Schimpansen trennten sich vor rund fünf bis sechs Millionen Jahren. Schon aus diesem Grund ist uns kein Tier genetisch so nahe: Wir teilen mit den Schimpansen und Bonobos 98,4 Prozent der genetischen Erbanlagen. Aus gutem Grund spricht der Anthropologe Jared Diamond vom Homo sapiens als dem »dritten Schimpansen«. (Diamond 1994) Zwar beherrschen die Schimpansen nicht das Feuer oder das Kochen ihrer Nahrung, so wie es Menschen tun, dennoch benutzen sie echte Werkzeuge: Verhaltensforscher beobachten, wie sie Bienennester mit Stöcken aufbrechen oder damit die leckeren eiweißreichen Termiten aus Erdlöchern fischen. Sie benutzen zusammengeknüllte Blätter als Schwämme, um Wasser aus Baumlöchern aufzunehmen. Flache Steine werden als Hammer und Amboss zum Nüsseknacken verwendet, mit scharfkantigen Steinen brechen sie gezielt die Früchte des afrikanischen Brotfruchtbaums (Okwabaum) auf. Sie benutzen Stöcke als Waffen gegen Raubtiere. Mit gezielten Stockwürfen holten sie sogar einmal eine Drohne, mit der Forscher sie beobachten wollten, aus der Luft. Sie wurden gesehen, wie sie Spieße mit den Zähnen anspitzten, um damit kleine Halbaffen (Buschbabys, Galagos) in ihren Nestern zu töten.

Im Gegensatz zu den anderen Menschenaffen sind sie nämlich keine reinen Vegetarier, sondern organisieren sich immer wieder mal zu Gruppen, die Treibjagd auf kleine Waldantilopen, Buschschweine, Hasen, aber vor allem auf junge Paviane und Baumaffen machen. Dafür haben sie ausgefeilte, koordinierte Jagdstrategien entwickelt, wobei jeder Teilnehmer eigene Aufgaben hat. Wie bei den Menschen ist das Jagen vor allem Männersache. Die Beute wird geteilt, wobei die besten Jäger mit größeren Portionen belohnt werden. Weibchen bekommen weniger Fleisch und wenn, dann gegen Sex.

Vor einiger Zeit haben Primatenforscher wie Richard Wrangham und Jane Goodall bei den wild lebenden Schimpansen eine regelrechte Heilkräuterkunde entdeckt. Sie beobachteten, dass einige dieser Menschenaffen die stacheligen, bitter schmeckenden Blätter eines Korbblütlers (*Aspilia*) pflücken, falten und herunterwürgen. Offenbar schmecken ihnen diese Blätter nicht, sie ziehen Grimassen und müssen sich gelegentlich sogar übergeben. Die Forscher hielten das Verhalten zuerst für eine Schrulle einzelner Tiere, bis sie den Kot und auch die Pflanze untersuchen ließen. Die Aspilia enthält ein starkes Antibiotikum, ein schwefelhaltiges Öl (Thiarubrin A), und zwar nur in den ersten Morgenstunden. Genau zu dieser Zeit suchen sich die Schimpansen diese Pflanze. Zudem putzen die rauen Blätter rein mechanisch Darmparasiten und Fadenwürmer aus dem Darm.

Der Ethologe Michael Huffman beobachtete eine Gruppe Schimpansen im Regenwald von Tansania. In der Jahreszeit, in der die Tiere von Darmparasiten befallen werden, schälen sie die Stängel des sonst gemiedenen Bitterblattes (*Veronia amygdalia*) und saugen daran. Kotuntersuchungen zeigten, dass diese bittere Pflanze ein wirksames Anthelminthikum (Wurmmittel) ist.

Malariakranke Schimpansen in Uganda fressen die Blätter des Mahagonigewächses *Trichilia rubescens* und danach schlucken sie noch eine Handvoll Kaolinit-haltiger Erde. Untersuchungen haben ergeben, dass diese Kombination die Malaria-Plasmodien abtötet.

Das sind nur einige Beispiele. Inzwischen hat man 34 verschiedene Pflanzenarten entdeckt, die von den Schimpansen als Heilmittel eingesetzt werden. Wahrscheinlich sind es noch mehr. Interessant ist, dass es unter den elf Schimpansen-Populationen, die untersucht wurden, jeweils ganz unterschiedliche Traditionen gibt. Es handelt sich nicht um instinktives Verhalten, das allen Schimpansen gemeinsam ist. Was den Werkzeuggebrauch, die Jagdtechniken, die Anwendung von Pflanzen als Heilmittel betrifft, hat jede Gruppe ihre eigenen Methoden und Kenntnisse, die die Jungen durch Nachahmung von den Älteren lernen. Das ist eindeutig kulturelles oder wenigstens »proto-kulturelles« Verhalten! All das zeigt die Nähe der Schimpansen zu den Menschen.

DAS ERBE DER PRIMATEN

Es ist nicht wenig, was wir Menschen von den Primaten als Geschöpfen des Waldes geerbt haben. Hier ein kurzer Überblick:

- In den Bäumen entwickelte sich als Anpassung räumliches (stereoskopes), dreidimensionales Sehen. Die Augen wanderten immer mehr nach vorne auf die Vorderseite des Gesichts. Sie blieben nicht, wie bei Pferden, Hasen und anderen auf dem Boden grasenden Tieren, an der Seite des Kopfes, was eine Rundumsicht ermöglicht. Die Primaten haben stattdessen einen beweglichen Hals entwickelt. Kaum ein anderes Säugetier kann den Kopf so weit nach hinten drehen wie die Primaten. (Harrison 2008:103) In den Bäumen ist eine fokussierte Tiefenwahrnehmung wichtiger als ein Rundumblick. Wenn man durch die Äste springt, dann ist es absolut notwendig, den nächsten Ast genau zu orten.

- Den Primaten verdanken wir unsere greifenden Hände und den Daumen, der sich den anderen vier Fingern gegenüberstellen kann. Wenn im Geäst der Bäume die greifenden Hände nicht exakt mit dem räumlichen Sehen koordiniert wären und man danebengreifen würde, dann würde man – ganz im Sinne der darwinistischen Auslese – abstürzen und aus dem Genpool ausscheiden. Diese Fähigkeit hat sich in der Sprache erhalten: Um zu überleben, muss man *begreifen* können und die Dinge im *Griff* haben.
- Wir gehören zu den wenigen Tierarten, die ein breites Spektrum von Farben sehen können. Der Lebensraum in den Baumkronen, durch die sich die Primatenhorden bewegten, bestand aus vielen Nuancen und Schattierungen von Grün. Überlebenswichtig in dieser grünen Welt war es, Gelb und Rot gut zu erkennen, denn mit diesen herausstechenden Farben signalisierten die reifen Früchte ihr Dasein. Andere Säugetiere können das nicht. Hunde nehmen Grün und Blau wahr, aber kein Gelb, Orange oder Rot; ebenso Pferde, die weder Blau noch Rot wahrnehmen. Auch die Stiere in der Stierkampfarena können kein Rot sehen.[16] Nachtaktive Säugetiere sind farbenblind. Die meisten Vögel und Insekten, vor allem Bienen und Schmetterlinge, sehen Farben – sie sehen auch weiter ins Ultraviolette hinein –, da auch sie auf Blütenfarben oder Beerenobst angewiesen sind.

Wir bewegen uns zwar nicht mehr in den Baumkronen, aber im alltäglichen Verkehr sind die Primatenreaktionen noch gültig. Noch immer bedeutet für uns Menschen das Grün freie Fahrt – die grüne Welle –, bei Gelb werden wir aufmerksam und bei Rot halten wir.

- Als Anpassung an das Leben in den Bäumen verkümmerte der Geruchssinn immer mehr. Die Primaten brauchten nicht die mächtigen Riechorgane der vierbeinigen Pflanzenfresser, die ihnen sagten, welches Gras oder Kräutlein, das sich da unmittelbar vor der Schnauze befindet, bekömmlich ist; auch brauchten sie nicht die feine Witterung der Raubtiere, die sie eine heiße Spur auf dem Boden nachschnüffeln oder wissen lässt, dass Beute in der Nähe ist. Dagegen war für die Baumbewohner, wie schon erwähnt, das Sehen viel wichtiger. Unsere Nasen sind im Vergleich zu Kühen, Pferden, Bären, Ratten und anderen auf dem ebenen Boden lebenden Säugetieren stark vereinfacht, um nicht zu sagen verkümmert.
  Wir und die Menschenaffen hinterlassen auch keine Duftmarken mehr, um Botschaften zu vermitteln, und wenn wir einander begrüßen, dann von Gesicht zu Gesicht und nicht, wie bei Hunden und vielen anderen Säugetieren, durch Beschnüffeln des Hinterleibs.
- Wir Menschen verdanken dem Leben in den Wäldern auch die Fähigkeit zum aufrechten Gang. Das senkrechte Klettern in den Bäumen, das Greifen nach Früchten und das Sich-Hängen-Lassen von Ästen und Lianen stellten eine Art Voranpassung (Präadaption) für die spätere vertikale Körperhaltung der Hominiden dar. Der aufrechte Gang lässt die Hände frei zum Tragen von Gegenständen und zur Herstellung von Werkzeugen.
- Durch das Hängen und Klettern in den Ästen entwickelten die Primaten ein ausgeprägtes Schlüsselbein. Dieser S-förmige Knochen zwischen Brustbein und Schulterblatt, den wir von den Reptilien geerbt haben, ermöglicht es uns, mit unserem ganzen Gewicht an einem Ast zu hängen, ohne die Schultermuskeln in Mitleidenschaft zu ziehen oder das Schultergelenk auszukugeln. Mütter können so ihre Kleinen an den Armen hochziehen; wenn man das bei Haushunden oder Katzen tun würde, würden diese vor Schmerzen schrei-

en. Bei den meisten anderen Säugetieren hat sich diese *Clavicula* zurückgebildet oder ist, wie bei Pferden und anderen grasfressenden Steppentieren, völlig verschwunden.
Dank der Kletterübungen unserer Vorfahren können wir die Arme hochheben oder sogar auf dem Rücken verschränken; wir können mit ihnen in jede Richtung langen, wir können die Arme hängenlassen oder sie auch einzeln im Kreis herumschwingen; wir können die Handflächen nach oben und nach unten drehen oder sie uns auf die entgegengesetzte Schulter legen. Welche anderen Tiere können das?

- Wie wichtig das Greifen ist, zeigt sich im Klammerinstinkt der Säuglinge.
- Feuchte Hände, die wir bei Stress bekommen, gehen wahrscheinlich auf den Haftschweiß zurück, der besseren Halt beim Klettern ermöglicht.
- Eine Parklandschaft mit vereinzelten Bäumen löst in uns unbewusste Erinnerungen an die Baumsavanne aus, in der wir uns zur Gattung *Homo* entwickelt haben. Dem Unterbewusstsein erscheinen diese Bäume als mögliche Fluchtbäume, sie geben ein Gefühl der Sicherheit; der Herzschlag beruhigt sich messbar und der Blutzuckerspiegel sinkt. In der entspannenden Atmosphäre eines Parks spielen wir und machen gerne ein Picknick.
- Eine ausdrucksstarke Gesichtsmimik haben wir ebenfalls von den Primatenvorfahren geerbt. Unsere Hunde, jene Tiere, die uns am besten verstehen, können unseren Gesichtsausdruck ohne Weiteres gut deuten.
- Primaten gebären meistens nur ein Junges statt einen ganzen Wurf. Bei der Gattung *Homo* kommt es zu einer natürlichen Frühgeburt. Anstatt als instinktsicheres Tierwesen im Bauch der Mutter heranzureifen, wird das Kind noch in der spätembryonalen Phase in die sozial geprägte Außenwelt hineingeboren. Es folgt eine vergleichsweise lange Lernphase. Kulturelles Lernverhalten ersetzt das Programm der instinktiven Reaktion.

- Primaten sind vor allem Obst- und Früchtefresser. Unsere Liebe für Zucker und Süßes ist auch ein Erbe dieser Tiere.
- Auch das Sammelverhalten, wie es im Supermarkt, am Grabbeltisch oder bei der Schnäppchenjagd zum Ausdruck kommt, ist Erbe unserer Primatenvorfahren.

VERTREIBUNG AUS DEM MENSCHENAFFENPARADIES

Während des Miozäns schrumpften die tropischen Wälder. Endlose Savannen, offene Landschaften mit vereinzelt stehenden, zähen, widerstandsfähigen Sträuchern und Bäumen, wie etwa Affenbrotbäumen oder Akazien, entstanden. Im Gebiet der heutigen Saharawüste verdrängten Süßgräser die Bäume. Der Grund für den Wandel war die weitere Abkühlung des Klimas. Im vorhergehenden Oligozän war es noch feucht-heiß; die Temperaturen aber sanken allmählich und mit ihnen der CO_2-Gehalt der Atmosphäre, und zwar von 1000 ppm auf unter 500 ppm. Vor zehn Millionen Jahren, im mittleren Miozän, sank die Temperatur dann rapide. Der Kohlensäuregehalt in der Atmosphäre fiel auf unter 300 ppm.[17] In der Antarktis wuchs der Eisschild heran; die Eiszeiten kündigten sich an. Das Wasser, das nun zunehmend im Eis gebunden war, fehlte der Atmosphäre, deshalb wurde es trockener.[18] Wenn es kälter wird, sinkt die Aufnahmekapazität der Luft für Wasser.

Für die Vegetation war das eine Krise. Die Pflanzen des mittleren Miozäns standen unter hohem Selektionsdruck. Den Gräsern gab das einen starken Evolutionsschub, sie konnten mit den neuen ökologischen Bedingungen besser umgehen, denn sie hatten eine effizientere Methode der Lichtassimilation, eine Art »Turbo-Photosynthese«, entwickelt, nämlich den C_4-Weg. Die Baumvegetation und die meisten anderen Pflanzen kannten ihrerseits nur den herkömmlichen C_3-Weg. C_4-Pflanzen können CO_2 viel zweckdienlicher nutzen und besser speichern. Sie wachsen auch besser bei Wassermangel. Wenn – wie es oft in Dürreperioden vorkommt – Blitze einschlagen und Feuer über die endlose

Steppenlandschaft fegen, dann erholen sich die Gräser schneller als andere Gewächse. Mit der Ausbreitung der Grassteppen und Savannen kam es zu einem evolutionären Schub bei Antilopen, Gazellen, Zebras, Büffeln, Pferden und anderen grasfressenden Huftieren und deren Prädatoren, den großen Raubkatzen, auch bei den dickhäutigen Nashörnern und Elefanten sowie bei den Heuschrecken. Feuer und weidende Herdentiere waren ein wichtiger Faktor bei der Verhinderung und Hemmung des Nachwachsens der Bäume und anderen Gehölze.

Mit den schrumpfenden Tropenwäldern wurde es für die Hominiden eng. Nur die stärkeren, die Vorfahren der Gorillas, Schimpansen und verschiedenen inzwischen ausgestorbenen Hominiden-Arten, konnten sich in ihrem arborealen Habitat behaupten. Andere, zu denen unsere Vorfahren gehören, waren gezwungen, in Baumsteppen, Buschland und Savannen auszuweichen. Dabei gerieten sie unter starken Selektionsdruck.

Bei der Umstellung auf den neuen Lebensraum kam ihnen die in der Baumwelt entwickelte Voranpassung zur aufrechten Körperhaltung zugute. Die Savanne begünstigte die Auslese zur Langbeinigkeit. Sie vermochten so das Gräsermeer zu überschauen und entwickelten sich zugleich zu unermüdlichen Langstreckenläufern.

Allmählich verloren sie ihr Affenfell und entwickelten Schweißdrüsen, die ihren Körper in der trockenen Hitze der Savanne kühlten; das heißt, sie wurden zu »nackten Affen«, wie sie der britische Soziobiologe Desmond Morris bezeichnete. (Morris 1995) Die Einlagerung von Pigmenten in der Haut schützte sie gegen das Ultraviolett der äquatorialen Sonne.

Dank greifender Hände konnten sie Stöcke und Steine als »Werkzeuge« und auch ihre Kinder tragend mitnehmen. Da es in der Savanne kaum saftige Blätter oder Früchte gibt, mussten sie auch ihre Ernährungsgewohnheiten ändern. Sie wurden immer mehr zu Allesfressern und – so die Ansicht heutiger Paläoanthropologen – scheuten sich nicht, eiweißreiches, frisches Aas zu suchen. Schließlich entwickelten sie sich zu effizienten Jägern.

DAS ERBE DES »SÜDAFFENS«

Im mittleren Miozän, während die Tropenwälder schrumpften und die Savannen sich verbreiteten, besiedelten Koniferen immer größere Flächen der kühlen nördlichen Breitengrade, und weiter südlich, wo es wärmer war, bedeckten immergrüne Laubwälder mit Lorbeer- und Mahagonibäumen, Feigenarten und Rattanpalmen zusammen mit sommergrünen Bäumen wie Pappeln, Weiden und Eichen das Land. In diesen Wäldern, die den Lorbeerwäldern der heutigen Kanaren ähnelten, lebte auch der *Dryopithecus*, der »Affe aus dem Eichenwald«. Man nannte ihn so, weil seine Knochen zusammen mit Eichenresten gefunden wurden. Dieser Eichenaffe war aber nicht der einzige menschenähnliche Primat, der sich in den Wäldern tummelte.

Verschiedene Spezies von Menschenaffen kletterten schon vor 15 Millionen Jahren nicht nur in Afrika, sondern auch in Europa und Asien durch die Wälder. Um nur einige zu nennen: Da gab es den *Ouranopithecus* (gefunden in Griechenland), den *Oreopithecus* (Toskana), den *Pierolapithecus* (Katalonien) und den *Pliopithecus* (Frankreich); in Indien fand man die Fossilien des *Sivapithecus, Ramapithecus* und *Khoratpithecus* und in Ostasien den *Laccopithecus* und *Lufengpithecus*. All diese sind für uns nicht so interessant, sie spielen keine Rolle als Vorfahren in unserer Evolution. Der im südlichen Afrika beheimatete *Australopithecus*, der »Affe des Südens«, dagegen sehr wohl. Eigentlich ist er gar kein Affe, kein *-pithecus* (griechisch *pithekos* = Affe) mehr, sondern gehört schon der Gattung *Homo* an. Von seiner Sorte gab es mehrere verschiedene Arten, aber einer von ihnen war ein Vorfahr, der zur Linie des *Homo sapiens* führte. Folgendes verdanken wir diesen falsch benannten »Südaffen«:

- Zwar hatten die Australopithecinen anfangs Hirne, die kaum größer waren als die der heutigen Schimpansen, aber mit ihnen nahm ein exponentielles Wachstum des Neokortex seinen Anfang. Nach Ansicht einiger Anthropologen war es der zunehmende Fleischverzehr, der die Entwicklung des energiehungrigsten Organs im Körper, des Zerebrums, beschleunigte.[19] (Das Hirn macht bei uns zwei Prozent der Körpermasse aus, verbraucht aber 20 Prozent der Energie). Wegen der zunehmenden Kopfgröße des Neugeborenen kam es als evolutionäre Anpassung zu einem vergrößerten Geburtskanal. Zugleich wurden die Kinder – im Vergleich zu anderen Tieren – immer früher geboren. Noch heute verbringen die menschlichen Neugeborenen ein extrauterines Jahr als hilflose Säuglinge. Die Umwelt ist immer weniger der mütterliche Bauch, in dem die natürlichen Instinkte heranreifen können, sondern das kulturelle und soziale Umfeld der Gemeinschaft. Und dann folgt eine in die Länge gezogene Kindheit und Jugend, in der die kulturellen Einrichtungen und Gewohnheiten erlernt werden. All das nahm seinen Anfang mit diesen bipedalen, Faustkeil und Holzspeer tragenden Vormenschen. (Landmann 1969:159f)

- Australopithecinen konnten bei Gefahr noch immer gut klettern. Sie fühlten sich am wohlsten und sichersten in der Baumsavanne, wo es Schlaf- und Fluchtbäume gab und auch Nester mit leckeren Vogeleiern. Bis zum heutigen Tag bevorzugen Menschen Parklandschaften; sie mögen diese lieber als einen undurchdringlich dichten Wald oder baumlose Wüsten und Steppenlandschaften.[20]
- Bei den meisten Primaten wirkt ein gerötetes, geschwollenes Gesäß während der Zeit der Empfängnisbereitschaft des Weibchens als Schlüsselreiz der Sexualität und lädt die Männchen zum *coitus a tergo* ein. Für Augentiere, wie es die baumbewohnenden Primaten sind, ist das Sehen eben ein wichtigeres sexuelles Signal als der Geruch. Nachdem die Vormenschen den aufrechten Gang entwickelten, änderte sich auch ihr sexuelles Verhalten. Die intime Begegnung fand nun von Angesicht zu Angesicht statt.[21] Das Umarmen und Küssen spielte eine Rolle. Der britische Soziobiologe Desmond Morris macht in seinem Bestsellerbuch *Der nackte Affe* darauf aufmerksam, dass als evolutionäre Anpassung

nicht vorrangig das Gesäß, sondern nun auch die zwei auf der Brust befindlichen, durch zusätzliches Fettgewebe gewölbten Milchdrüsen erotisierend wirken. Im Gegensatz zu anderen Primaten sind die Brüste nicht allein dazu da, um den Neugeborenen Milch zu spenden. Auch die roten, leicht geschwollenen Lippen des Mundes wirken nun, analog zu den Schamlippen, für die Zweibeiner erotisch einladend.

- Wie bei den heutigen Menschen war die Paarungsbereitschaft der Vormenschen, der Australopithecinen, nicht nur auf Zeiten des Eisprungs begrenzt. Die Sexualität erschöpfte sich nicht in der Brunft, sondern wirkte als Kitt, der die Horde zusammenhielt.
- Den Australopithecinen verdanken wir den Übergang von einem Leben in den Bäumen zu einem Leben auf dem Erdboden, die Verwandlung vom Menschenaffen zum Menschen.

In der letzten Phase des Tertiärs, im Pliozän, vor fünf bis zwei Millionen Jahren, streiften Australopithecinen durch die Savannen Afrikas. Danach, im Pleistozän, wanderten einige von ihnen von Afrika nach Europa. Zu der Zeit wurde es kühler, Gletscher bedeckten den Nordpol. Eine gewaltige »Klimaschaukel« mit einem Wechsel zwischen warmen Zwischeneiszeiten und kalten Eiszeiten alle hunderttausend Jahre kam in Gang, ein Wechsel, der sich in den Tropen als Regen- und Trockenzeiten äußerte. Dieser Wandel übte Anpassungsdruck auf die Vormenschen aus. Aus den »Südaffen« wurden Frühmenschen, wie etwa der *Homo habilis* und später der *Homo erectus*, der zweckdienliche Schaber, Klingen, Speerspitzen zum Jagen und Faustkeile herstellte, mit denen sich Holz spalten und gegebenenfalls Bäume fällen ließen. Es war dieser *Homo erectus*, der irgendwann lernte, das Feuer zu beherrschen. Das erste bekannte Lagerfeuer, das über Monate hinweg von Menschenhand – wahrscheinlich vom *Homo erectus* – gehütet wurde, entdeckten Urgeschichtler in Cheswanya, Kenia. Die Feuerstelle wurde auf ein Alter von anderthalb Millionen Jahren datiert.

Indem der Frühmensch das Feuer nicht mehr, wie andere Tiere, fürchtete, überschritt er die Schwelle zum vollen Menschsein. Die Feuerstelle, um die sich die Menschengruppe seit jeher versammelte, wurde zum Mittelpunkt und Fokus (lateinisch *focus* = Feuerstelle) der menschlichen Gemeinschaft. Nun konnte das Nahrungsangebot erweitert werden, das Fleisch oder die Knollen wurden gebraten und gegart. Das Essen musste nicht mehr, wie bei Tieren, mühsam gekaut werden. Dadurch verkleinerte sich fortwährend das Gebiss, und die das Schädeldach nach unten ziehenden Kaumuskeln waren weniger beansprucht, sodass der Schädel sich ballonförmig aufblähte und das Hirn genügend Platz bekam, um sich optimal zu entfalten. Das Brennholz für das Feuer, das uns zu Menschen machte, ist letzten Endes auch ein Geschenk der Bäume.

Vom Homo erectus zum Homo sapiens (und zum Homo sapiens neanderthalensis) war es dann nur noch ein kleiner Schritt. Diese wunderbare Entwicklung kann nur verstanden werden, wenn man den ökologischen Kontext einbezieht, wobei der Wald und die Bäume wie auch der Verlust des Baumhabitats die Hauptrolle spielten.

Um einem Missverständnis vorzubeugen: Für mich besteht die Evolution nicht, wie man heute allgemein glaubt, aus einer Reihe blinder Zufälle ohne inneren Sinn. Man kann die Entwicklung auch als einen fortschreitenden Vorgang deuten, der es geistigen Urbildern erlaubt, sich schrittweise physisch zu verkörpern. Evolution ist sozusagen eine Involution, eine progressive Einkleidung der Seele und des Geistes in eine materielle Hülle. Der Wald war (und ist) bei unserer Entwicklung quasi der Mutterschoß und auch die Hebamme, die uns bei unserer Menschwerdung begleitete.

Habt Ehrfurcht vor dem Baum,
er ist ein großes Wunder,
und euren Vorfahren war er heilig.
Die Feindschaft gegen den Baum
ist ein Zeichen von Minderwertigkeit eines Volkes
und von niederer Gesinnung des Einzelnen.

Alexander von Humboldt (1769–1859)

III. EUROPÄISCHE KULTUR: VOM WALD GEPRÄGT

Vor zwei Millionen Jahren begann das »vierte Zeitalter«, das Quartär, in dem wir heute noch leben. Diese Zeit wurde geprägt von sechs großen Kälteperioden oder »Eiszeiten«, die in Wellen über den Erdplaneten kamen. Bis zu drei Kilometer dicke Gletscher breiteten sich großflächig über die nördliche Halbkugel aus, der Meeresspiegel sank über 100 Meter, in Äquatornähe wurde es, zum Nachteil der tropischen Wälder, trockener. Tundren und Kaltsteppen säumten den südlichen Rand der Eismassen, noch weiter südlich ging die Vegetation in Taiga-Wälder über, in denen lichtliebende Birken und Koniferen gediehen. Zwischen den Eiszeiten gab es immer wieder längere Warmzeiten (Interglaziale), in denen die subtropische Vegetation und die wärmeliebenden Tierarten, auch die Frühmenschen, wieder nach Norden rückten.[22]

In Warmzeiten – wie etwa in der Mindel-Riss-Interglazial (auch Holstein-Warmzeit) vor 320.000 bis 180.000 Jahren – lebten Flusspferde im Rhein, und wie in einem Safaripark streiften Löwen, Makakenaffen, Nashörner, Pferde, Riesenhirsche, Bisons und Wasserbüffel durch subtropische Landschaften. Homo erectus hinterließ in dieser Zeit seine Spuren in Europa, zum Beispiel in Bilzingsleben (Thüringen), und der Neandertaler erschien. Diese Neandertaler waren die ersten Menschen, die, als es dann wieder kälter wurde (Riss-Eiszeit vor 180.000 bis 120.000 Jahren), nördlich der Alpen und der Pyrenäen ausharrten und nicht nach Süden flüchteten. Sie passten sich an, trugen genähte Fellkleidung, lebten in Lederzelten und entwickelten sich zu meisterhaften Großwildjägern – sie jagten Mammuts, Saiga-Antilopen, Wollnashörner, Höhlenbären und, an der Côte d'Azur, Rentiere. Sie waren keineswegs primitive Dumpfbacken: Ihre Toten bestatteten sie oft mit Grabbeigaben und bemalten deren Gebeine oder die Schädel mit rotem Ocker. Auch verstanden sie sich schon auf die nicht ganz einfache

Herstellung von Birkenpech, mit dem sie die Feuersteinklingen an die Schäfte ihrer Jagdspeere hefteten.

Die Neandertaler kamen auch mit der letzten Zwischeneiszeit (Eem-Warmzeit) zurecht, als die Durchschnittstemperatur zwei bis vier Grad höher lag als heute, und boreale Nadelholzwälder bis weit über den Polarkreis hinaus gediehen – heute trifft man dort auf baumlose Tundra – und Hartholzwälder mit Haselsträuchern und Eichen bis nach Finnland reichten. In Holland fanden Archäologen einen 120.000 Jahre alten Jagdspieß aus Eibenholz, den ein Neandertaler zwischen die Rippen eines Waldelefanten gestoßen hatte.

Die jüngste Eiszeit (Würm-Glazial), die ihren Höhepunkt vor 20.000 Jahren erreichte, begann vor 70.000 Jahren. Vor 40.000 Jahren setzten die ersten modernen Menschen, die Cro-Magnon, aus Afrika kommend, ihren Fuß auf die eiszeitlichen Steppen Europas, wo sie 10.000 Jahre lang zeitgleich mit den Neandertalern lebten, ehe Letztere von der Bildfläche verschwanden.[23] In der weiten Kaltsteppe am Rande des Eises jagten sie wie die Neandertaler Rentiere, Wisente, Moschusochsen, Mammutelefanten, Fellnashörner und andere Großsäuger. Riedgräser und Süßgräser wuchsen dort, ebenso Beifuß, Hahnenfuß, Kreuzblütler, einige Strauchweiden, Moosfarne, Sanddornsträucher, Zwergbirken sowie kälteliebende Preiselbeeren, Bärentrauben und Krähenbeeren.

NACH DEM EIS: RÜCKKEHR DER WÄLDER

Die Nacheiszeit, das sogenannte Holozän, in dem wir heute leben, ist wahrscheinlich eine weitere Zwischeneiszeit. Wie lange sie andauern wird, weiß man nicht.

Das Wärmerwerden nach der massiven Vergletscherung verlief in Wellen, immer wieder mal kam ein Kälterückschlag. Eine sehr plötzliche, mithilfe der Eisbohrkerne nachweisbare Erwärmung von mindestens zwei bis drei Grad in weniger als einem halben Jahrhundert fand vor 12.000 Jahren statt. (Müller-Beck 2005:114) Dabei kam es weltweit zu Flutkatastrophen, der Meeresspiegel stieg rasch an und die Landverbindungen zwischen Nordamerika und Sibirien, Indien und Sri Lanka, Afrika und Madagaskar, Neuguinea und Australien wurden überflutet. Die Sintflut-Mythen, die fast jede Kultur kennt, sind lediglich Erinnerungen an die damals entfesselten Wasserfluten. Daraufhin kühlte sich das Klima vorübergehend wieder ab.

Vor 9000 Jahren dann, in der sogenannten Vorwärmezeit, gab es dank erhöhter Sonnenaktivität noch einmal eine kräftige plötzliche, vorübergehende Erwärmung von bis zu sieben Grad innerhalb von 100 Jahren. (Behringer 2011:62) Skandinavien wurde vor 8500 Jahren eisfrei.

Ein feuchtes, warmes Klima-Optimum, das sogenannte Atlantikum, setzte ein und hielt ungefähr 3000 Jahre an. Die Durchschnittstemperatur stieg auf einen Wert, der mindestens 2,5 Grad höher war als heute. Die Baumvegetation kehrte rapide zurück, zuerst die lichthungrigen Pioniere, Birken, Kiefern, Wacholder, samt lichtliebender Kräuter und Sträucher wie Sanddorn, Sonnenröschen, Beifuß, Gänsefüße, Seggen, Meerträubel, Wiesenraute, Silberwurz und arktischer Mohn; in den Wäldern der Taiga erschienen Rosmarin-, Glocken- und Besenheide, Moosbeeren, Binsen und Wollgras. Und bald rückten Laubbäume nach und – in den Tälern – Weiden, Erlen und Pappeln. In den Alpen stieg die Baumgrenze 300 bis 400 Meter höher, als es heute der Fall ist. Bald bedeckten dichte Mischwälder – Eichen, Erlen, Ulmen, Linden, Eschen, Ahorn, Faulbäume und andere Bäume, die wir heute kennen – weite Flächen Mitteleuropas.

Die unendlichen Weiten der Eiszeitsteppe gehörten der Vergangenheit an. Mit den Herdentieren, die sie einst bevölkerten, war es vorbei. Verschwunden, nach Nordosten abgewandert, waren Rentiere, Saiga-Antilopen, Mammutelefanten, Wollnashörner, Riesenhirsche, Wildpferde und Moschusochsen, verschwunden auch die nomadischen Großwildjäger, die ihnen wie die Wölfe unermüdlich folgten. Die Nomaden lebten im Sommer in leicht aufzustellenden Stangenzelten (Tipis) und in den eisigen Wintern harrten sie in halb in den Boden versetzten Grubenhäusern aus.

Ein neues Zeitalter hatte begonnen, ein Zeitalter, in dem dichte Wälder den Gang des Lebens und die menschliche Kultur wieder vollkommen bestimmten. Die Alte Steinzeit (Paläolithikum) war zu Ende gegangen. Die neue Kulturepoche, die nach der Eiszeit ihren Anfang nahm, wird von den Kulturanthropologen Mittlere Steinzeit oder Mesolithikum genannt. Sie dauerte von ungefähr 8000 bis 4000 vor unserer Zeitrechnung.

MITTELSTEINZEIT: NEUE LEBENSBEDINGUNGEN

Die Menschen der Mittelsteinzeit in Mittel- und Nordeuropa gehörten ganz dem Wald. Typische Vertreter waren die Maglemose-Menschen, deren Kultur sich zwischen 8300 und 6000 v. u. Z. von England aus entlang der Nordsee- und der Ostseeküste bis Nordrussland erstreckte. Auch auf der Doggerbank, die damals noch nicht in den Meeresfluten versunken war, siedelten die Maglemose-Leute. Sie lebten in kleinen Gruppen in Waldlichtungen, vor allem aber an den Ufern von Seen und Flüssen, in Küstennähe oder am Rand der Moore. Ihre Umwelt bot einen Überfluss an Nahrung, sodass sie mehr oder weniger sesshaft leben konnten. Auch im südlichen Europa gab es Mittelsteinzeit-Menschen, die durch die lichten Wälder streiften, aber feste Basislager besaßen.

Diese Waldmenschen bauten sich rechteckige, gelegentlich auch runde Hütten, manchmal mit Feuerstellen in ihrer Mitte. Die Hüttenböden bestanden aus ineinandergeflochtenen Rindenstreifen und gespaltenen Birken- oder Kiefernstämmen. In einer Siedlung am Duvenseer Moor (Schleswig-Holstein) fand man zwischen den Bodenlagen Millionen von Haselnussschalen, die als Isolation gegen die Bodenkälte wirkten. (Hoffmann 1999:247) Die Hüttendächer wurden mit Birkenrinde oder mit Schilf gedeckt.

Zwar spielte das Jagen noch eine Rolle, aber es war bei weitem nicht mehr so wichtig wie in der Altsteinzeit. Das Sammeln der

Gaben des Waldes, der Beeren, Wildfrüchte, Nüsse, von essbaren Wurzeln und Wildgemüse, wahrscheinlich auch von Honig und Pilzen im Herbst, gewann an Bedeutung. Das Erbeuten von Muscheln und Schalentieren und vor allem der Fischfang wurden zu einer maßgeblichen Eiweißquelle. Aus dem Bast verschiedener Bäume, vor allem der Linde, aber auch von Weide, Ulme und Eiche, und aus den Fasern der Brennnessel drehten sie Schnüre und Stricke, aus denen sie Trag- und Fischnetze knüpften. Die Worte Netz (englisch *net*) und Nessel (englisch *nettle*) gehen übrigens auf das Ur-Indogermanische **ned* zurück, mit der Bedeutung »zusammendrehen, knüpfen«. Solche Stricke eigneten sich auch gut, um Schlingen zum Fang kleiner Tiere wie Hasen herzustellen. Schwimmer für die Fischnetze fertigte man aus der leichten Kiefernborke, Steine dienten als Senker.

Die fleißigen Wildbeuter bauten auch Fischreusen und Fischzäune aus Haselgerten, die mit Weidenzweigen quer verflochten waren. Aus Geweih oder Knochen schnitzten sie Angelhaken, mit denen sie vor allem Barsche und Hechte angelten. Harpunen, also Wurflanzen mit Widerhaken (aus Hirschhorn), setzten sie ebenfalls für den Fischfang ein.

An verschiedenen Seen und am Meer, an dessen Gestaden die Mittelsteinzeit-Menschen siedelten, fand man mit Feuer ausgehöhlte Einbäume, einen davon über neun Meter lang. Flöße aus zusammengebundenen Baumstämmen und Katamarane[24] kannten sie auch. Die Paddel dafür waren meist aus Eschenholz geschnitzt. Zum Fällen und zur Bearbeitung der Baumstämme benutzten sie Beile aus Hirsch- oder Elchgeweih oder auch geschliffene, mit Tüllen versehene Steinbeile mit Stiel. Überhaupt entwickelten diese Waldkulturen eine beeindruckende Auswahl an Werkzeugen zur Holzbearbeitung: Drillbohrer, Spaltbeile, Meißel und Sägen. Die Sägen bestanden aus aufgespaltenen Stielen aus Holz oder Geweih mit längs eingesetzten, daumengroßen, dreieckigen, scharfkantigen Mikrolithen (griechisch *mikro* = klein, *lithos* = Stein). Neben Einbäumen sind auch Schlitten mit Kufen bekannt, damit konnten die mittelsteinzeitlichen Jäger schwere Jagdbeute befördern. Vielleicht hatten sie ihren Hunden beigebracht, die Schlitten zu ziehen.

KOCHEN MIT STEINEN

Die Mittelsteinzeit-Menschen rösteten oder brieten ihre Nahrungsmittel nicht nur auf offener Glut, sondern kochten sie auch. Sie kannten noch keine Keramiktöpfe, geschweige denn Metallbehälter. Als Kochgefäße benutzten sie wasserdichte Tiermägen, Rentierblasen und Birkenrindengefäße. Diese »Töpfe« wurden in Mulden in den Boden eingelassen und dann mit Wasser, Fleisch, Gemüse, Vogeleiern, Wurzeln und anderen Zutaten gefüllt. Zum Sieden und Garen verwendete man sogenannte Kochsteine. Diese wurden in einem Feuer erhitzt, bis sie rotglühend waren, und dann vorsichtig mit Astgabeln, Hirschgeweihen, Elchschaufeln oder Schulterblättern von Tieren in die Kochbehälter eingelassen. Das Prinzip war das eines Tauchsieders.

Zu den Gemüsen, die auf diese Weise gegart wurden, gehörte die leckere Wassernuss (*Trapa natans*), die man heutzutage noch überall in Ost- und Südasien auf den Bauernmärkten findet und auch noch bei uns zur Zeit Hildegard von Bingens auf den Speiseplan kam.[25] Paläoarchäologen fanden bei den frühmesolithischen Beuronien-Menschen (Baden-Württemberg) neben Muscheln, Schalen von Vogeleiern und Weinbergschnecken, Fischgräten, Vogel- und Säugetierknochen auch Reste von Schildampfer (*Rumex scutatus*) und Bärlauch. (Probst 1999:180) Sicherlich wurden auch die nahrhaften Körner der Schwaden (*Glyceria*) gesammelt, eines Rispengrases, das an sumpfigen Stellen wächst. Weiterhin ernteten sie die stärkereichen Wurzeln (Rhizome) des Adlerfarns – für die Maori in Neuseeland, die Guanchen auf den Kanaren und die Indianer der amerikanischen Nordwestküste waren diese ein Hauptnahrungsmittel –, die Rhizome des Schilfrohrs (*Phragmites*), des Rohrkolbens (*Typha*), des Pfeilkrauts (*Sagittaria*), die Knollen verschiedener Liliengewächse und viele andere Wildgemüse, die es heute noch gibt. (Zeist 1981:13)

In der Mittelsteinzeit wuchsen Haselnusssträucher in viel größeren und dichteren Beständen als heute. Nachdem die Birken- und Kiefernwälder im Zuge der Klimaerwärmung zurückgedrängt worden waren, kam es zu einer so schnellen, ja geradezu explosiven Verbreitung der Hasel, dass man annehmen kann, dass nicht allein Eichelhäher, Kleiber und Eichhörnchen dafür verantwortlich waren. Es kann gut sein, dass die Menschen die Nüsse absichtlich aussäten. Die fett- und proteinhaltigen Samen wurden praktisch zum Hauptnahrungsmittel der Menschen. Urgeschichtler sind der Ansicht, dass vor allem die Haselnüsse es den mittelsteinzeitlichen Menschen ermöglichten, sesshaft zu werden. In ihren Lagern fand man nämlich ganze Halden »Nussmüll«. Die Nüsse wurden geröstet und konnten auf Vorrat gelagert werden. Man fand Röstanlagen und Reibsteine, die dazu dienten, Haselnussmehl zu machen. (Holst 2009) Vermutlich spielten Eicheln ebenfalls eine Rolle bei der permanenten Ansiedlung der nomadisierenden Waldvölker. Diese Samen enthalten zwar bittere Gerbstoffe, die man aber durch Einwässern des Eichelmehls und durch Rösten neutralisieren kann.

Urgeschichtler vermuten, dass die Früchte des Ölbaums, die Oliven, eine ähnliche Rolle beim allmählichen Sesshaftwerden der herumstreifenden Jäger und Sammler im Mittelmeerraum spielten wie die Hasel in Mitteleuropa. Auch andere Bäume wie Eiche, Pistazie, Johannisbrotbaum, Zürgelbaum und Esskastanie trugen dazu bei. Der Olivenbaum hat lange die Menschen rund ums Mittelmeer begleitet, deswegen wird er von zahlreichen Mythen und Sagen umrankt und spielt in der Spiritualität der dort lebenden Völker eine zentrale Rolle: Man salbte heilige Steine und Götterbilder mit dem Öl, später auch Priester und Könige. Die katholische Kirche kennt die Salbung bei der Priesterweihe und als Sterbesakrament. Der Name Christus bedeutet übrigens »der (mit Olivenöl) Gesalbte«. Ein Olivenzweig bedeutet Frieden. Die alten Griechen weihten den Ölbaum der Göttin der Weisheit, Athene, und für die Araber ist das Öl des Baumes noch heute voller Segenskraft (*baraka*).

WAS DAS JAGEN BETRIFFT

Es waren nicht mehr die großen Herden der weiten Mammutsteppe, denen die Jäger jetzt nachpirschten, sondern die Tiere der Wälder, Wiesen und Flussauen – Wildsau, Hirsch, Reh, Elch, Wildrind, Bär, Dachs, Otter, Murmeltier, Hasen, Enten und andere Vögel – Tiere, denen wir heutzutage noch in der freien Natur begegnen und die bis heute unsere Märchen, Sagen und Legenden bevölkern.

Das Jagen der im dichten Laub gut getarnten, schüchternen Waldtiere, die oft Einzelgänger sind oder in kleinen Rudeln leben, erforderte neue Jagdtechniken. Die Maglemose-Leute tauschten die eiszeitlichen Speerschleudern gegen Pfeil und Bogen. Die in der ausgehenden Eiszeit erfundene Speerschleuder verlängert den Wurfarm und kann das Projektil auf über 150 Stundenkilometer beschleunigen. Das ist höchst effektiv, um ein Mammut oder schnell rennendes Wildpferd umzulegen, aber beim Heranpirschen an das Standwild im Wald sind Pfeil und Bogen besser geeignet. Die Bögen wurden vorzugsweise aus Ulmenholz oder Eberesche geschnitzt, die Pfeilschäfte aus Haselruten oder Kiefernholz. Die Pfeilspitzen bestanden auch nicht mehr aus den großen Klingen, wie sie die Jäger der jüngeren Altsteinzeit verwendeten, sondern aus kleinen sogenannten Mikrolithen, hergestellt aus Feuersteinsplittern. Diese Pfeile mit den kleinen, teilweise auch stumpfen Spitzen eigneten sich besonders für die Vogel- und Kleintierjagd. Für Lanzen wurden vielfach Horn oder angespitzte Knochen als Spitzen verwendet. Die Steinklingen oder Hornspitzen wurden mit Birkenpech oder Kiefernteer an den Schäften befestigt.

Stämme, die an der Nordseeküste siedelten, wie die spätmesolithischen Ertebölle-Leute, fingen Seefische und jagten Robben und sogar Wale. Die Abfallhalden – *Kökkenmöddinger* (»Küchenabfallhaufen«) – voller Muscheln und Schneckenschalen waren so groß, dass diese Menschen teilweise ihre Toten darin bestatteten. Auch sie stellten dem im Wald vorhandenen Wild, den Hirschen, Wildrindern, Rehen, Wisenten und Wildschweinen, mithilfe ihrer Hunde nach.

JAGDZAUBER

Sicherlich kannten diese Wildbeuter auch Jagdrituale, um die Tiere anzulocken und zu versöhnen, um der »Tiermutter« oder dem »Tierherren« – der Gruppenseele – zu danken. Naturnahe, indigene Jagd betreibende Völker auf der ganzen Welt kennen solche Riten. Oft tanzten sie, Tiermasken tragend, wie es Indianer, Aborigines und andere Indigene taten, sogenannte Tiertänze, wobei sie Bewegungen, Körperhaltungen und Stimmen der Beutetiere tanzend genau nachahmten und sich in Resonanz mit den Tierseelen brachten. Dabei schwand das Alltagsbewusstsein, sie gerieten in Trance. Selber in Tiere verwandelt, betraten sie den magischen Raum, in welchem sie der Herrin der Tiere begegneten und sie bitten konnten, eines oder mehrere ihrer Kinder freizugeben. Bei manchen Völkern tanzte die ganze Gruppe in magischer Partizipation, bei anderen nur der Schamane.

Nur wenn die Tänzer oder der Schamane rituell rein, aufrichtig und ohne Tadel waren, würden sie Erfolg haben. Das bedeutete vielleicht eine Periode sexueller Enthaltsamkeit, Fasten, Räuchern mit Beifuß und anderen heiligen Kräutern oder auch ein Schwitzbad. Ohne das Einverständnis der Tierherrin, des Tierherrn oder des Archetypus der jeweiligen Art wurde kein Tier gejagt. Erst wenn diese »Gottheit« ihre Erlaubnis erteilte und eventuell den Jägern sogar mitteilte, wo die zu erbeutenden Tiere anzutreffen waren, konnte die Pirsch beginnen.

Auf die erfolgreiche Jagd folgten Rituale der Versöhnung. Es kann gut sein, dass die mesolithischen Europäer wie ihre Verwandten im sibirischen Raum die Knochen des getöteten und verspeisten Wilds gesammelt, sorgfältig wieder zusammengesetzt und im Wald unter die Bäume gelegt haben, damit das getötete Tier wiedergeboren werden konnte. Alte europäische Märchen deuten das an. (Storl 2014c:159) Vielleicht benutzten sie die surrenden Schwirrhölzer, die man in ihren Siedlungen fand, bei solchen Handlungen; vielleicht hatten auch die Körperbemalung mit rotem Ocker und ihre »Schmuckstücke«, wie die durchbohrten Schneidezähne von Rotwild, die Eckzähne von Wölfen, Füchsen und Fischottern, mit Jagdzauber zu tun. Wir wissen es nicht, denn die geistige Kultur hinterlässt selten materielle Spuren.

Die Jagd und das Nehmen des Lebens unserer animalischen »Brüder« und »Schwestern« waren niemals nur ein materielles Geschehen, sie hatten immer auch eine numinose Dimension. Das ist sogar in der heutigen Zeit der Fall, wo das Jagen keine Notwendigkeit mehr ist für das Überleben der Gemeinschaft. Trotz rationell-sachlicher Gründe – etwa Regulierung der Wildtierpopulation, Verminderung von Wildschaden oder kommerzielle Nutzung von Wildbret, Fellen, Leder oder Geweihstangen – haftet dem Jägertum noch immer allerlei Zauber und Aberglauben an. Dem getöteten Hirsch oder der Gämse legt man zur Versöhnung einen grünen Zweig (Bruch) als »letzten Bissen« zwischen die Zähne und bläst ein Halali mit dem Horn. Der Schütze steckt sich einen kleinen Zweig (»Schützenbruch«), benetzt mit dem Blut des erlegten Tieres, an die rechte Seite seines Hutes. Wer zum ersten Mal an einer Jagd teilnimmt und einen Hasen geschossen hat, wird über zwei zusammengestellte Sessel gelegt und vom Ältesten durch den »Jägerschlag« mit einer Haselrute zum »weidgerechten Jäger« geschlagen. (Beitl 1974:401) Wer weiß, wie alt diese Bräuche sind?

Beim Betreten des Waldes soll der Jäger »Woi, woi« rufen, sonst riskiert er, dass sein Gewehr verhext ist oder seinen Hunden etwas zustoßen würde. (Müller-Kaspar 2007:360) Wie bei den ursprünglicheren Naturvölkern achtet der Jäger noch immer auf den Angang: Welche Tiere oder Menschen begegnen ihm da als erstes? Eine alte Frau oder ein Pfaffe, auch Hasen, Rebhühner und andere ängstliche Tiere verhindern Weidmannsheil, da kann er gleich wieder nach Hause gehen; ein schönes junges Mädchen, ein Wolf, Fuchs oder singende Vögel gelten dagegen als günstig. Auch sollte ihm niemand Glück wünschen oder ihn mit einem »Guten Tag!« begrüßen, sondern mit dem Gegenteil: »Brech' dir Hals und Bein!«, »Unglück und Pech!« oder »Geh im Namen der drei Teufel!«. (Bächtold-Stäubli, Band 4, 1987:581) »Weidmanns Heil« geht aber auch.

Einem Wildschütz oder verwegenen Jäger, der treffsicher schießt, als hätte er magische Kugeln, oder einem, der unerklärliche Macht über das Wild zu haben scheint, sagt man nach, er hätte einen Bund mit dem Teufel geschlossen oder er sei teuflischem Zauber verfallen. Ein solcher, glaubte man, würde bis zum Jüngsten Tag durch die Wildnis geistern müssen; er würde Teil der Wilden Jagd werden. Der wilde Jäger, der Anführer dieser Schar Sturmgeister und ruheloser Toter, ist in diesem Fall kein anderer als der alte Schamanen- und Totengott Wodan. Manchmal erscheint der Waldteufel höchstpersönlich in grüner Jägerkleidung; er trägt eine Hahnenfeder am Hut und hat einen Tierhuf als Fuß.

Wenn hier vom Teufel die Rede ist, dann hat es absolut nichts mit dem Satan, dem Antichrist oder dem blendend schönen Luzifer aus der Bibel zu tun, einem gefallenen Engel. Der Waldteufel ist einer der vielen alten, wilden, hörnertragenden Naturgeister, die hellsichtigen Menschen schon immer in der Waldeinsamkeit begegnet sind. Diese knarzigen, ungezähmten Wesen verkörpern die Kraft der wilden Natur und des natürlichen Instinkts. Hinter den hörnertragenden »Teufeln« verstecken sich oft alte paläolithische Tiergottheiten (siehe Seite 112ff).

Nicht nur die Tiere, sondern auch Pflanzen und sogar Steine erleben die naturnahen Wildbeuter als durchaus beseelt und ansprechbar.[26] Weltweit kennen naturnahe Ethnien Rituale, die der Kommunikation mit den Naturwesen dienen. Das war bei den Maglemose-Leuten sicherlich nicht anders.

Alte Bäume gelten überall als die Träger besonders starker Geister. Man betrachtet sie als Helfer und Beschützer der Menschen. Ihr Holz verwendeten unsere mesolithischen Vorfahren nicht nur zum Bau ihrer Hütten und zur Herstellung von Werkzeug, sie benutzten nicht nur ihre Blätter, Rinden und Rhizome als Heilmittel, die wir in unserer Volksheilkunde noch immer verwenden – sondern die Baumgeister schenkten Ihnen auch Visionen und Eingebungen. Spiritualität entsteht nämlich nicht in einem Vakuum oder durch abstraktes Denken, sondern wird –

wie auch der große Kulturanthropologe Claude Lévi-Strauss hervorhob – von der unmittelbaren Natur, von der Einbettung im lokalen Ökosystem erschaffen.

Noch heute nähren die bunten, vielschichtigen Bilder, die der Wald unseren Ahnen schenkte, unsere Seelen und prägen unsere Symbolik, unsere Folklore, Sagen, Märchen, Lieder und Gedichte. Was gibt es nicht alles über Eichen, Holunder, Buchen, Haseln und anderen einheimische Gehölze zu erzählen! Der Wald hat unsere innere Bilderwelt bis in die Sprache, bis in unser kollektives Unterbewusstsein geprägt.

BÄUME, DIE UNS WENIG ZU SAGEN HABEN

Ganz anders verhält es sich bei den Bäumen, die erst seit der Reise des Kolumbus und des weltüberspannenden Warenhandels aus allen Erdteilen zu uns gekommen sind! Diese Neophyten wachsen nun freudig in unserer Landschaft und rufen bei verbissenen Umweltschützern – den »Gehölzrassisten« und »Fremdenkräuterhassern«, wie der Neophyten-Forscher Volkmar Weiss sie nennt – oft heftige Abwehrreaktionen hervor. (Weiss 2017:97). Dennoch stellen sie eine Bereicherung unserer Flora dar, die während der Eiszeit stark dezimiert wurde; außerdem sind sie eine Augenweide – etwa die Roteiche mit ihrem scharlachroten Herbstlaub –, die das Herz erfreuen kann.[27]

Wer aber kennt die neu zu uns gekommenen Bäume wirklich? Wer kennt den amerikanischen Trompetenbaum (*Catalpa bignonioides*) mit seinen spektakulären, bienenfreundlichen Blüten und den langen Früchten, die wie grüne Bohnen aussehen? Wer kennt die Späte Traubenkirsche (*Prunus serotina*), die nun in unseren Kiefernwäldern als Unterholz prächtig gedeiht? Wer kennt die Robinie (*Robinia pseudoacacia*), einen Pionierbaum aus dem Appalachen-Gebirge, der nun auf Brachstellen und entlang der Eisenbahnböschungen wächst und ebenfalls eine Bienenweide ist? Oder den Hirschkolben-Sumach (*Rhus typhina*), dessen trockene rote Früchte säuerlich wie Zitronen schmecken und für die Waldindianer eine Vitamin-C-Quelle und ein ganz wichtiges Heilmittel waren? Oder den Eschenahorn (*Acer negundo*), dessen Holz die Prärieindianer für ihre sakralen Feuerzeremonien verwendeten und aus dessen Saft sie Zucker gewannen. Oder die Mahonie (*Mahonia aquifolia*) aus den Nebelwäldern des pazifischen Nordwestens. Oder die stolze, schnellwüchsige Douglastanne aus Oregon, die eine wertvolle Ergänzung unserer Wälder wäre – sie war ja vor den Eiszeiten hier schon mal heimisch gewesen –, der aber einige engstirnige Naturpuristen feindselig gegenüberstehen: »Das Fremdgehölz gehört nicht in unsere Wälder!«

Die Liste der neophytischen Bäume könnte beliebig weitergeführt werden. Wir kennen diese Einwanderer aus den nordamerikanischen Wäldern kaum. Die botanische Beschreibung oder eine Analyse ihrer Inhaltsstoffe und Holzqualität stellt noch lange kein wirkliches Kennen dar; einen Menschen kann man ja auch nicht anhand einer stofflichen und biometrischen Analyse wirklich kennen. Und wer kennt diese Bäume? Die Indianer Nordamerikas, die seit Tausenden von Jahren mit ihnen in seelischer Resonanz leben. Sie kennen ihren praktischen Nutzen wie auch die Geister und Gottheiten, die in ihnen leben und wirken. Die Indianer müsste man fragen – was übrigens eine lohnende Aufgabe für junge Ethnobotaniker wäre.

Und es sind nicht nur die herrlichen Bäume aus Nordamerika, sondern auch solche aus anderen Weltregionen, die sich nun hier zu Hause fühlen, wie der spektakulär blau blühende Blauglockenbaum (*Paulownia tomentosa*). Oder der überall in den Städten wachsende Götterbaum (*Ailanthus altissima*) mit seinen übelriechenden Blättern. Oder der Sommerflieder (*Buddleja davidii*), den die Schmetterlinge lieben. Bei all diesen müsste man die Chinesen fragen, denn diese Gewächse kommen aus China, ebenso wie der Ginkgo oder der Urweltmammutbaum (*Metasequoia*).

Das Kennenlernen ist ein langer Prozess, und manchmal dauert es viele Generationen, bis unbekannte Pflanzen ihren Platz in Symbolik, Brauchtum und Heilkunde einer Kultur finden. Der türkische Flieder (*Syringa vulgaris*) etwa, der mit seiner lila Blütenpracht und dem betörenden Duft erst im späten 16. Jahrhundert aus Kleinasien nach Europa kam, wurde relativ schnell als Symbol des Frühlings und des Liebesrausches, im Gesang und Gedicht, in die Kultur aufgenommen: »Der Flieder duftet berauschend weich; ich küsse den Mund dir liebesheiß ...« (Otto Julius Bierbaum). Auch der Ginkgo fand schnell Eingang in unsere Kultur – er ist wenigstens für ältere Leute mit Tinnitus und Durchblutungsstörungen kein Fremdling mehr.

WAREN WIR NICHT AUCH MAL »INDIANER«?

Wenn man sich die Lebensweise unserer Vorfahren, der mesolithischen Wildbeuter, vor Augen hält, dann kommen einem die Indianer in den Sinn. Vor allem die Jäger und Sammler Kaliforniens und der Nordwestküste Nordamerikas, die – noch vor 200 Jahren – ganz ähnlich lebten. Auch sie waren Waldvölker und ihre Umwelt bot ihnen Nahrung im Überfluss, sodass sie gut leben konnten, ohne den Wald zum Anlegen von Äckern und Gärten roden zu müssen.

Kalifornien und Südoregon bestanden ursprünglich größtenteils aus einer Parklandschaft aus grünen Wiesen und Eichenhainen, die an den Berghängen und Hügeln in einen Mischwald aus Koniferen, Erdbeerbäumen, Manzanita-Gehölzen aus der Familie der Heidegewächse, Lorbeer und anderen Bäumen übergeht. Im Spätsommer ist es trocken, die Grasflächen färben sich braungelb, der Wald knistert vor lauter Trockenheit. Im Spätherbst setzt die Regenzeit ein, der Wald wird grün, dicke Moose und lange, graugrüne Bartflechten schwellen an, und unzählige Pilze sprießen aus dem verrottenden Laub des Waldbodens. Das Land war einst ein Bärenbiotop, und die Indianer, die es mit den Bären teilten, waren ein einfaches Volk – nicht unähnlich den Mittelsteinzeit-Menschen. Sie aßen fast dasselbe wie die Bären.

Südoregon und Nordkalifornien waren, ehe die »Zivilisierten« kamen, dermaßen reich an Sammelpflanzen, Fisch und Wildbret, dass die Eingeborenen nicht nomadisierend herumziehen mussten. Es waren nicht, wie bei den Maglemose-Menschen, Haselnüsse, die als Grundnahrungsmittel zur Verfügung standen, sondern die Eicheln verschiedener *Quercus*-Arten. Eichelnsammeln war viel einfacher und weniger aufwendig, als den Wald zu brandroden und Mais, Kürbis und Bohnen anzubauen, wie es die Indianer im Mittelwesten taten. Verschiedene Arten von Eicheln wurden im Herbst gesammelt, getrocknet, geschält und gemahlen und dann in einem wasserdurchlässigen Korb im fließenden Wasser so lange ausgelaugt, bis das Mehl keine Bitter- und Gerbstoffe mehr enthielt und gut schmeckte. Verschiedene getrocknete Beeren ergänzten den Eichelmehl-Fleisch-Eintopf. Beliebt waren die leckeren, lachsroten, mehligen Beeren des Manzanita-Busches (*Arctostaphylos manzanita*), die Früchte des Erdbeerbaumes (*Arbutus menziesii*), die Salal-Beeren (*Gaultheria shallon*), Felsenbirnen, Brombeeren, Heidelbeerarten, Himbeeren, Preiselbeeren, um nur einige zu nennen. Geröstete Heuschrecken galten als Leckerbissen. Gekocht wurde, wie in unserer Mittelsteinzeit, mithilfe von glühend heißen Kochsteinen in Ledertöpfen oder engmaschig geflochtenen Körben. Die viereckigen, aus Holz gebauten Wohnhütten waren mit duftenden Gräsern und Kräutern ausgelegt. In der Mitte befand sich die Feuerstelle. Als Beleuchtung dienten Lämpchen mit dem Öl ausgepresster Aale. (Steinlämpchen mit Fett als Brennstoff sind auch aus dem europäischen Mesolithikum bekannt.) Unter der Decke hingen im Winter randvoll gefüllte Netze und Körbe mit getrocknetem, geräuchertem Fleisch, Eicheln, Beeren und Nüssen. Es heißt, die Indianer hatten immer einen Topf mit Eichelmus und Rehfleisch bereitstehen, sodass der wiederkehrende Jäger oder der hungrige Gast sich zu jeder Zeit etwas zu essen nehmen konnte.

Diese Indianer, zu denen auch die Takilma gehörten, die einst in kleinen Gruppen am Rogue River in Südoregon lebten, praktizierten Schamanismus; der Urschamane wurde in Gestalt eines schelmischen Steppenwolfs verehrt, und der Große Geist nahm manchmal die Gestalt eines Bären an. (Storl 2015:184f)

Ähnlich leb(t)en die Indianer in den nebligen nordischen Regenurwäldern an der Nordwestküste Nordamerikas (Nordoregon, Washington State, British Columbia). Das sind magische Wälder, in denen der Boden knöcheltief mit weichem Moos bedeckt ist; darüber wachsen riesige Farne, mannshohe Beerenbüsche und kleine Bäumchen, die ihrerseits noch einmal von flechten-, farn- und moosbehangenen Baumriesen, von 100 Meter hohen Fichten, Zedern, Douglasien und Tannen überdacht sind. Kein blauer oder wolkengrauer Himmel ist zu sehen, sondern nur verschiedene Schattierungen sanften grünen Lichtes. Nebelschwaden durchziehen die Waldeshallen; es tropft ständig. Dicke Nacktschnecken, Käfer und Tausendfüßler kriechen umher; hier und da flattern Vögel, gelegentlich springt ein Reh auf, ein Bär brummelt durch das leuchtende Grün oder ein Weißkopfadler schwebt geräuschlos vorbei. Das Meer ist immer in der Nähe; die Strände und Fjorde sind voller Hummer, Krebse, Muscheln, Austern und anderen Krustentieren. Seevögel jeder Art gibt es da und eine Fülle von Fischen, Robben, Seelöwen, Seekühen, Delphinen und Walen. Und jedes Jahr ziehen fette Lachse die Flüsse hoch zu ihren Laichplätzen.

Wegen des Reichtums an Fischen, Muscheln, Hummer, Wildbret, Beeren, essbaren Pflanzen und vor allem den Lachszügen in den Flüssen konnten die Indianer dieser Region in dauerhaften, festen Siedlungen leben, ohne das Land brandroden und mühselig beackern zu müssen. Diese Indianer, die uns vor allem durch ihre bunt bemalten, mit Tierschnitzereien versehenen Wappen- oder Totempfähle (*totem poles*) bekannt sind, lebten dank ihrer Umwelt in solchem Überfluss, dass sie immer wieder verschwenderische Potlatch-Zeremonien veranstalteten. Dabei luden sie Nachbarn ein, um mit ihrem Reichtum zu prunken und die Gäste mit überwertvollen Geschenken zu beschämen. Die Zeremonien arteten oft aus, als die Gastgeber stapelweise Decken, Felle, Kisten mit Nahrungsmitteln und Öl, geräucherten Lachsen und anderen Wertgegenständen im Feuer verbrannten – so konnten Sippen zeigen, wie mächtig und wohlhabend sie waren. Die Kolonialherren waren so entsetzt über diesen Brauch, dass sie ihn gesetzlich verboten.

Die Kultur dieser Indianer – die Tsimshian, Nootka, Kwakiutl, Haida, Tlingit und wie sie alle hießen – war eine richtige »Holzkultur«. Sie bauten ihre mit Feuerstellen und manchmal mit einem Schwitzraum ausgestatteten Häuser aus dicken Zedernstämmen. Für den Bau fällten sie die riesigen Bäume mit Steinbeilen – bis sie später die Stahläxte der weißen Händler gegen Pelze eintauschten – und spalteten die Bretter mit Hartholzkeilen heraus. Sie bauten auch Einbaumboote aus den Baumgiganten, die – bis zu 20 Meter lang – 50 Leute tragen konnten und seetüchtig waren. Mit ihnen ging man auf Walfang. Wie die mittelsteinzeitlichen Europäer stellten sie Netze, Angelhaken, Harpunen und Reusen für den Fischfang her.

Sie schreinerten ihre Vorratskisten mit großer Sorgfalt und verbanden sie mit Holzstiften. Die Handwerker ließen sich Längenmaße auf den Unterarm tätowieren, sodass sie exakt messen konnten. In diesen Kisten legten sie im Öl von Kerzenfischen konserviertes Fleisch, Beeren und Früchte ein. Diese zu den Stinten gehörenden, auch Eulachon (*Thaleichthys pacificus*) genannten Kerzenfische waren nicht nur eine wichtige Fettquelle. Getrocknet und mit einem Docht versehen dienten sie als Lichtquelle – als Kerzen – in den düsteren Blockhäusern. Kinderwiegen, Schüsseln und Löffel wurden aus Holz gemacht. Tragkörbe zum Beeren- und Muschelsammeln bestanden aus Ahornbast. Wie bei den mesolithischen Europäern wurde in den sorgfältig geflochtenen, wasserdichten Körben mithilfe glühender Kochsteine gekocht. Matten wurden aus Wurzelfasern, Bast, Schilf, Binsen oder Weidenrinde gewoben.

Bis in den Tod gehörten die Nordwestküsten-Indianer den Bäumen: Sie wurden in hölzerne Kisten gebettet und auf Bäumen oder Holzpfosten bestattet. Bei manchen Stämmen hat man den Sarg in Form eines Kanus gezimmert, damit der Verstorbene gut den Totenfluss überqueren konnte. Man kannte – wie auch in der europäischen Jungsteinzeit – eine Zweitbestattung: Die Knochen kamen nach einer Weile in einen neuen Sarg und der Schädel in eine Nische im Haus. Erinnerungspfähle mit totemischen

Tierfiguren wurden aufgestellt. Da man ruhelose, umgehende Totengeister fürchtete, wurde der Leichnam nicht durch die Tür hinausgetragen, sondern durch ein neues Loch in der Wand oder der Decke; tote Schamanen wurden durch das Rauchloch des Hauses auf den Geisterpfad geschickt.

Wie bei den europäischen Waldvölkern nahmen die Gottheiten und Geister oft die Gestalt der Waldtiere, auch der Meeressäuger und Vögel, an. Der Rabe war besonders wichtig, er war eine Art Schöpferwesen, der die ersten Menschen aus einer Muschel hervorholte. Der Wolf wurde als zauberkräftiges Wesen verehrt. Die Tiere, sagte man, können auch gelegentlich menschliche Gestalt annehmen, und jeder Schamane hatte irgendwelche Tiere als Gehilfen oder »Familiare«[28].

Selbstverständlich war die Kultur dieser Indianer anders als die der mesolithischen Europäer. Sie war auch im gewissen Sinn weiterentwickelt. Dennoch ist der Vergleich gestattet und hilft uns, unsere mittelsteinzeitlichen Vorfahren und ihre Lebenswelt besser zu verstehen.

DIE HASELNUSSSTAUDE

> *»Zum Hügel ging ich*
> *ins tiefe Holz,*
> *Zauberruten zu finden,*
> *Zauberruten fand ich …«*
> *Edda, Skirnisför, Zeile 32*

Es steckt so viel uralter Zauber und Aberglaube in der Haselnussstaude, dass es ein ganzes Buch füllen würde, wollten wir hier alles erzählen.

Seit jeher haben die Europäer die Haselgerte als Zauberstab verwendet. Denn der in den Händen gehaltene Stab kann das feine Fühlen, die »ätherische Energie«, bündeln, sodass man in verborgene Dimensionen hineinspüren kann. So kann man etwa mit einer Wünschelrute aus Hasel unterirdische Wasser- oder Erzadern, verborgene Schätze oder Diebesgut ausfindig machen. Die Haselrute galt für unsere Vorfahren als Brücke zur unsichtbaren Welt. Der Zauberer (Schamane) kann damit Dinge in der Dimension jenseits der alltäglichen Sinne bewegen. Man war auch überzeugt, dass Fernbehandlung mit dem Haselstab möglich sei; so konnte man etwa eine fern vom Ort wohnende Hexe verprügeln, indem man mit der Gerte auf einen Sack eindrosch.

Der Fluss der Energie kann aber auch in die andere Richtung gehen. Die Andersweltlichen, auch die Ahnengeister, können über die Rute wie über eine Brücke in die hiesige Welt eintreten oder hineinwirken. Das kommt im Märchen vom Aschenputtel zum Ausdruck, wo der mütterliche Segen dem verwaisten Mädchen über den Haselstrauch, der am Grab der Mutter wuchs, übermittelt wird. Die junge Frau muss nur dreimal den Spruch: »Bäumchen, rüttle dich und schüttle dich, wirf Gold und Silber über mich«, rufen, um gesegnet zu werden. Auch sitzen die weissagenden Täubchen auf dieser Hasel und warnen den Königssohn: »Rucke di guck, rucke di guck, Blut ist im Schuck; der Schuck ist zu klein, die rechte Braut sitzt noch daheim.« (Storl 2014c:190)

Weil diese Verbindung besteht, trägt der aus dem tiefen Wald kommende Weihnachtsmann neben einem Sack voller Haselnüsse, Äpfel und süßem Backwerk – das ist eigentlich das traditionelle Speiseopfer für die Ahnengeister – auch noch in der linken, herznahen Hand ein Bündel Haselruten. Diese Ruten sind nicht dazu da, um unartige Kinder zu züchtigen, wie es in der verstockten Biedermeier-Zeit – in der etwa auch der Struwwelpeter verfasst wurde – hieß, sondern, um damit den jungen Frauen einen Streich zu versetzen. Es war ein Fruchtbarkeitsritus, denn so konnten die Ahnengeister vom Jenseits aus die Haselrutenbrücke überqueren und wiedergeboren werden. Ihr Lebensfunke konnte so auf die junge Frau hinüberspringen.

In früheren Zeiten waren die Leute weniger gesprächig als heute, vieles teilte man einfach mit, indem man sich eine Blume oder einen Zweig an den Hut steckte oder an den Kragen knüpfte. Um zum Beispiel zu zeigen, dass sie schwanger war, trug eine junge Frau einen Haselzweig mit Nüssen. Überhaupt hat die Hasel mit Fruchtbarkeit und Kindersegen zu tun. »In die Haseln gehen« hatte eine ähnliche Bedeutung wie der Vorschlag heute, »einen Kaffee zusammen zu trinken«. Der Volksmund wusste auch: »Gibt's viele Haselnüsse, dann werden die Wiegen teuer«. Einem »leichten« Mädchen steckten die Burschen in der Walpurgisnacht einen Haselzweig vor die Tür. Von einem unehelichen Kind sagte man, es sei »aus einer Haselstaude gesprungen«. Allgemein heißt es, der Schlag mit der Rute mache fruchtbar, zeugungsfähig und milchreich – weswegen es auch einen Haselzauber zum Schutz der Euter der Kühe gab.

Bei den Kelten galt der regierende König nicht nur als der Gatte einer menschlichen Königin, sondern er war zugleich auch mit der Göttin des Landes vermählt. Er war verantwortlich dafür, dass in seinem Reich die Weiden, die Äcker und das Vieh gut gediehen und fruchtbar blieben. Nur wenn er in seiner vollen Manneskraft war, konnte er dieser Verantwortung gerecht werden. Wenn die Haselbüsche mehrere Jahre keine Nüsse hervorbrachten, dann galt das als sicheres Zeichen, dass er die Göttin nicht befriedigen konnte und auf den Thron verzichten musste.

Die irischen Kelten hatten übrigens sogar einen Haselgott, der Mac Coll oder Mac Cool (»Sohn des Haselnussstrauchs«) hieß und als einer der ersten Herrscher der Insel galt. (Ranke-Graves 1985:211)[29]

DER TEUFELSBAUM

Die Assoziierung von Hasel und Sexualität war der Kirche nicht ganz geheuer. Was für die Druiden ein Baum der Weisheit war, war für christliche Missionare ein Teufelsbaum: nicht nur, dass die Heiden, wie schon erwähnt, das Bäumchen auf die Sexualität bezogen, es spielte auch bei den Schamanen (Hexen und Zauberer) eine Rolle. Wahrscheinlich zauberten die Schamanen und Schamaninnen mit Haselstäben seit der Mittelsteinzeit, um das Wetter zu beeinflussen, um mit der Berührung des Steckens zu heilen oder die Fruchtbarkeit zu fördern; sie setzten sie als Wünschelrute ein, zur Abwehr von Blitzschlag und der üblen Machenschaften anderer Zauberer. Man glaubte zum Beispiel, man könne damit durch Fernwirkung Feinde schädigen. All diese Praktiken mit der Haselstaude wurden Anfang des 7. Jahrhunderts in den Ribuarischen Gesetzen (*Lex Ribuaria*) ausdrücklich verboten. Diese Gesetze dienten dazu, den Alltag der halbheidnischen Bevölkerung in Rheinfranken zu regeln.

Als die Eingeborenen von derartigen Bräuchen nicht abließen, war die Kirche schließlich gezwungen nachzugeben. Sie vereinnahmte diese teilweise. Irgendwann erfand ein fabulierfreudiger Mönch die süßliche Geschichte von der Muttergottes, die, als sie gerade Erdbeeren pflücken wollte, von einer bösen Natter erschreckt wurde. Hastig verbarg sie sich hinter einem Haselstrauch. Seither, so heißt es, sind Haselzweige der beste Schutz gegen Schlangen.

Was Wetter- und Blitzzauber betrifft, da erzählt eine christliche Mär Folgendes: Als Maria sich auf den Weg machte, um ihrer Base Elisabeth von ihrer Schwangerschaft zu erzählen, zog ein starkes Gewitter auf. Die Gottesmutter suchte Schutz unter einem Haselstrauch. Seither wird die Hasel nicht mehr vom Blitz getroffen. Aus diesem Grund schneiden die Bauern in Tirol am Tag Mariä Heimsuchung (2. Juli) einen Haselzweig und stecken ihn gegen Blitzschlag ans Fenster.

Richtigen Frieden mit dem heidnischen Gehölz machte die Kirche eigentlich nicht. Bei der Benediktineräbtissin Hildegard von Bingen hieß es noch: »Der Haselbaum ist ein Sinnbild der Wollust, zu Heilzwecken taugt er kaum.« Und in der Waldverordnung der Speyerer Bischöfe (1482) gilt der Haselstrauch als wertloses »Unholz«.

Auch während der Inquisition und Hexenverfolgung kommt die Ablehnung des Strauches zum Ausdruck. In einer Hexenprozessakte aus Tirol kann man lesen: »Ein Hexenbub peitschte mit einer Haselgerte das Wasser einer Pfütze, bis ein Wölkchen davon aufstiegt. Nicht lange darauf ging ein Gewitter nieder und der Hagel richtete großen Schaden an.« Ähnliches steht in einer Prozessakte aus der Schweiz: »Ein Teufel überreichte einer Hexe einen Haselstab und heißt sie, damit in den Bach zu schlagen, worauf ein Platzregen erfolgte.«

SCHLANGEN, SALME UND HASELWÜRMER

Hermes, der griechische Schamanengott, der Herr der Händler, Gauner und Ärzte, der leichtfüßig alle Grenzen überschreitet, auch die Anstandsgrenzen und die Grenze zur Totenwelt, trägt als Zauberstab den *Caduceus*, einen von einer oder zwei Schlangen umwundenen Haselstecken. Dieses Schamanenzepter wurde als Äskulapstab zum Symbol der Ärzteschaft und der Pharmazeuten. Auch das Dollarzeichen ($) als Symbol des grenzüberschreitenden Handels geht darauf zurück.

Die griechische Sage erzählt, dass die Urmenschen einst in Streit und Zwietracht lebten, schrien und grunzten. Da stiegen Apoll und Hermes mit Lyra und Haselstab herab auf die Erde. Als Hermes die Menschen mit dem Haselstab berührte, wurden sie ruhig und entdeckten zugleich die Sprache, welche Weisheit und Diplomatie ermöglicht. Das bringt uns zur nächsten Assoziation mit der Hasel, nämlich der Weisheit. »Harte Nüsse knacken« bedeutet, schwere Rätsel zu lösen, und eine Kopfnuss – ein leichter Schlag mit dem Fingerknöchel auf den Kopf – soll die Denkfähigkeit erhöhen.

Man sagt, unter einer alten Haselstaude, besonders einer, auf der eine Mistel wächst, lebt oft eine alabasterweiße Schlange mit einer goldenen Krone. Es ist der Haselwurm. Wer ihn fängt und von seinem Fleisch isst, der wird die Zukunft sehen können, die Sprache der Tiere verstehen und die Heilkraft jeder Pflanze sofort erkennen. Das Märchen der Gebrüder Grimm »Die weiße Schlange« erzählt von einem alten, für seine Weisheit bekannten König. Jeden Tag musste ihm sein Diener ein geheimes, unter einer Glocke verborgenes Gericht bringen. Es war das Fleisch einer Haselschlange. Der junge Diener war neugierig und kostete das weiße Fleisch – und seine Abenteuer begannen.

Den Haselwurm zu fangen ist selbstverständlich nicht einfach: Man muss den richtigen Zauberspruch sprechen, um den Wurm zu beschwören, und dann soll man ihn mit getrocknetem Beifußkraut bestreuen, damit er nicht flieht.

Die weiße Schlange mit der goldenen Krone erinnert an die Kundalini-Schlange der indischen Mythologie, welche die indischen Yogis und Weisheitssucher zu erwecken versuchen. Sie erinnert auch, physiologisch gesehen, an Rückenmark und Hirnstamm – das Reptilienhirn –, den ältesten und am tiefsten liegenden Teil des menschlichen Gehirns, das mit unseren Urinstinkten zu tun hat.

Die mittelalterlichen Theologen spekulierten, ob die Haselschlange nicht etwa die Teufelsschlange war, die im Paradies Eva dazu verführte, die verbotene Frucht zu kosten, und ihnen göttliche Weisheit versprach: »Ihr werdet wie Gott und erkennt Gut und Böse.«

Bei den Inselkelten ist es nicht die weiße Schlange, die der Träger der Ur-Weisheit ist, sondern der Lachs. In der Mitte von Irland befindet sich, versteckt in einem Wald, eine von neun Haselsträuchern umstandene Quelle. In dem Wasser lebten fünf »Salme der Weisheit«, die sich von herunterfallenden Haselnüssen ernährten. Jedes Mal, wenn einer der Fische eine Nuss schnappte, gewann er an Weisheit und ein weiterer roter Punkt erschien auf der Fischhaut. Ein alter Druide versuchte über Jahre hinweg, diesen Fisch zu fangen. Er übte sich in strenger Askese, die ihm diesen Fang ermöglichen würde. Schließlich gelang es ihm. Ein junger Bursche, den er in die Lehre genommen hatte, sollte den Fisch braten, aber unter keinen Umständen davon kosten. Beim Braten spritzten dem Jungen drei Tropfen des heißen Öls auf den Daumen. Um ihn abzukühlen, steckte er den Daumen in den Mund; sofort durchflutete ihn das Licht übernatürlicher Weisheit, die Geheimnisse dieser Welt und der Anderswelt lagen offen vor seinen Augen. Der alte Druide war ihm nicht böse, sondern erkannte gelassen die Macht des Schicksals.

Wir sehen, dass die Haselstaude und ihre Frucht immer wieder mit hohem Wissen in Verbindung gebracht wird. Wohl aus diesem Grund trugen die keltischen Richter – sie gehörten dem Druidenstand an – geschälte Haselstäbe. Noch im Mittelalter diente die Haselrute als Richterstab und zum Abstecken des Gerichtsplatzes (auch des Kampfplatzes beim Gottesgericht, wenn sich zwei Kontrahenten gegenüberstanden). Geschälte, weiße Haselruten bedeuteten auch Waffenstillstand und Friedensverhandlungen – sie sind der Ursprung der weißen Fahne, die noch heute für Aufgabe oder Kapitulation steht. (Pennick 1997:65) Auch zum Loswerfen verwendeten die Kelten die Hasel.

Dass der Haselstrauch immer wieder mit dem Natterngeschlecht in Verbindung gebracht wird, kommt nicht von ungefähr. Wenn man unter einer Hasel in die meditative Versenkung geht, dann erscheint häufig das Bild einer Schlange. Wenn man in diesem Zustand einen Haselschössling mit den Händen fasst, spürt man die pulsierende, auf- und absteigende merkuriale Energie – es fühlt sich an, als halte man eine Schlange in der Hand.

Die Schlange hat mit der Erneuerung des Lebens und mit der Fruchtbarkeit zu tun; sie ist das Symbol für Unsterblichkeit und Wiedergeburt. Das glaubte man, weil die Schlange sich häutet und scheinbar so dem Tod entgeht. Genauso ist es mit dem Haselstrauch; man kann nicht wissen, wie alt er ist, denn wenn man ihn abschneidet oder wenn die alten Triebe absterben, treibt er aus dem Stock immer wieder neu aus. Das besingt das alte Volkslied »Es wollt ein Mägdlein tanzen gehen«:

»Hüt dich, hüt dich, Frau Haselin, und tu dich wohl umschauen,
Ich hab daheim zween Brüder stolz, die wollen dich umhauen.«
»Und hau'n sie mich im Winter ab, im Sommer grün ich wieder,
Verliert ein Mägdlein seinen Kranz, den findt sie nimmer wieder.«

Die Hasel hat etwas Schlangenhaftes an sich, dennoch heißt es, mit dem Haselstecken ließen sich Nattern und Vipern vertreiben. Die irische Legende erzählt, dass der heilige Patrick mit einer Haselrute alle Schlangen aus Irland vertrieb.

Bei den Germanen war es der Donnergott Donar (Thor), der Bezwinger des Lindwurms und Feind des ganzen Natterngezüchts, dem die Hasel geweiht war. Er macht mit Blitz und Gewitterregen die Erde fruchtbar und segnet auch Mensch und Vieh mit Fruchtbarkeit. Wenn sich die Menschen zum Stammes- oder Dorfrat beim mit geschälten Haselruten abgesteckten Thingplatz unter der Eiche versammelten, ist er es, der den Blitz der Einsicht schenkt. Die Hasel als Zauberstab gehörte aber auch dem Wodan.

»Unter Haselsträuchern kann man sich leicht mit freundlichen Naturgeistern in Verbindung setzen«, erklärt der pflanzenkundige Alchemist Dr. Max Amann. Andere meinen, dass man darunter dem Teufel begegnen könne. Schläft man unter einem solchen Busch, hat man zukunftsweisende Träume.

BOTANIK UND HEILKRAFT

Die Hasel (*Corylus avellana*), die zur Familie der Birkengewächse gehört, ist wie das Schneeglöckchen ein Vorfrühlingsanzeiger. Jeder kennt die »Kätzchen«, die männlichen Blüten, die zum Leidwesen der Allergiker ganze Pollenstaubwolken in die Luft entlassen. Dieser Blütenstaub ist übrigens eine wichtige Nahrungsquelle für Bienen! Nur wenige Zeitgenossen kennen dagegen die recht unscheinbare, kleine, rote, sternförmige weibliche Blüte – um diese bewundern zu können, muss man ganz genau hinschauen.

Die Blütenkätzchen wirken schweißtreibend und kommen oft mit Holunderblüten zusammen bei Erkältung in den Schwitztee. Die Nüsse geben Energie, sie erhöhen den Blutdruck und sollen der männlichen Potenz helfen.

Die Geschichten sind wie eine Folge von Träumen,
und wie einer bedeutsame Träume
lebenslang nicht vergisst,
ja, sie immer wieder träumt,
so bewahrt das Gedächtnis eines Volkes
solche Geschichten,
als wären es seine Träume:
Schauerlich und lieblich sind sie
wie Träume sinngewaltig genug,
um immer wieder neu bedacht,
neu geträumt und gedeutet zu werden.

Heinrich Zimmer (1860 – 1943)

IV. DAS WELTBILD DER STEINZEITMENSCHEN

Ideen, Imaginationen entstehen, wie gesagt, nicht im luftleeren Raum. Die natürliche Umwelt, in der die Menschen leben, liefert ihnen die Bilder und Imaginationen, in die sie ihre spirituellen Empfindungen einkleiden und mit denen sie denken. Im heutigen Zeitalter der Maschinen, Elektronik und Raumfahrt entfallen die altüberlieferten Bilder. Imaginationen von Engeln, Zwergen, Elfen und Göttern wurden von agnostischen oder atheistischen Wissenschaftlern ebenso wie von kritischen Theologen[30] gründlich entmythologisiert, entzaubert und bestenfalls psychologisiert. Derweil bildete sich beim einfachen Volk eine Ersatzmythologie heraus, in der es von Science-Fiction-Wesen, Außerirdischen, Chimären und Cyborg-Maschinenmischwesen nur so wimmelt. Für jemanden wie Erich von Däniken kommen die »Götter« in UFOs und Raumschiffen mit hochentwickelter Technologie als Entwicklungshelfer von anderen Planeten oder Galaxien. Der Psychedelika-Guru Terence McKenna katapultiert sich mithilfe von DMT[31] in Paralleluniversen, wo ihm selbsttransformierende »Maschinenelfen« begegnen. Angeführt von Helden wie Captain Kirk, Captain Jean-Luc oder Heldinnen wie Nummer Eins, rasen Raumschiffe durch kosmische »Wurmlöcher«, Warps oder schwarze Löcher in andere, extra-terrestrische Dimensionen.

All das ist nicht neu. Es sind lediglich Ersatzbilder. Die Menschheit lebte seit mindestens drei Millionen Jahren – also mehr als 99 Prozent ihres Daseins – als Jäger und Sammler. Da war es immer die unmittelbare Natur, vor allem die Tiere und Bäume, die die innere Bilderwelt prägte. Die Astronauten ersetzen die Schamanen und Schamaninnen, die durch den Schornstein oder das Rauchloch im Stangenzelt oder in der Jurte einst zum Wipfel des Weltenbaumes oder hinab zu dessen Wurzeln, in die Welt der Götter und Ahnen, reisten.

Ohne Bilderwelt ist unsere Seele verwirrt, heimatlos und verloren. Die bunten Imaginationen, die Schilderungen der Schamanen, die Mythen und Märchen sind Nahrung für die Menschenseele. Die Bilder, die die Natur vermittelt, sind die ursprünglichsten. Sie berühren die tiefsten Schichten unseres archetypischen stammesgeschichtlichen Bewusstseins. Sie sind heilsam für unsere Seelen – warum wohl wollen Kinder immer wieder Märchen hören? Einige der Seelenbilder, die wir von unseren steinzeitlichen Vorfahren geerbt haben, sind folgende:

DIE ALTE GÖTTIN

Fast jede Kultur erinnert sich in irgendeiner Weise an die paläolithische-mesolithische Mutter der Tiere, die Hüterin der Seelen der toten Tiere und Menschen, die auf ihre Wiedergeburt warten. Ihr Reich liegt unter der Erde. Höhlen, Sümpfe und Teiche sind der Zugang, aber auch die Schwitzhütte, die es schon seit der Altsteinzeit gibt. In ihrem Bauch tief unter der Erde wachsen die Seelen als Embryos heran.

In Mitteleuropa erinnern wir uns noch immer an die alte Göttin als die Frau Holle. Noch lange galt der Holunder, auch der Erlenbruch, als Schwelle zu ihrem Reich. Die Pfarrer wussten nicht viel mit der Alten anzufangen und machten aus der Frau Holle des Teufels Großmutter. Aber wie wir in den Volksmärchen – etwa »Der Teufel mit den drei goldenen Haaren« – erfahren, kommt die Güte der Hollermutter dennoch immer wieder zum Vorschein; sie hilft dem jungen Helden, der es gewagt hatte, die Anderswelt zu betreten, um drei goldene Haare vom Haupt des Teufels zu holen. Dann erst kann er nämlich seine Herzallerliebste gewinnen. Im Märchen *Der Teufel und seine Großmutter* erscheint die alte Erdgöttin als steinalte Großmutter, die in der Felsenhütte auf einem »Sorgenstuhl« sitzt, dem Teufel sein Essen kocht und, wenn der Gehörnte abends heimkommt, ihm die Haare laust. Auch sie erbarmt sich eines jungen Soldaten, der eine Teufelswette eingegangen ist, und hilft ihm, das Rätsel zu lösen, dessen Nichtbeantwortung ihn das Leben gekostet hätte.

Waldvölker und Erben der altsteinzeitlichen Überlieferungen kannten diese Göttin unter vielen Namen. Sie ist Nerthus, von der der römische »Ethnologe« Tacitus berichtet; sie ist die Erda der alten Sachsen; die Slawen kannten sie als Mati-Syra-Zemlya, »Mutter der feuchten Erde«, die als dreifache Göttin – Jungfrau, reife Frau und weise Alte – erschien. Lediglich die Alte aus diesem Trio ist uns als die Furcht einflößende slawische Totengöttin Baba Jaga erhalten geblieben. Die Mutter Erde wurde von den Balten als Zemyna (litauisch) oder als Same (preußisch) verehrt.

In Lettland kennt man sie als Zemes-Mate. Man verehrte sie mit dem ersten Schluck Bier, mit einem Stück Brot in der ersten Ackerfurche oder mit einem Ferkelopfer. Aus ihr sind die vielen »Mütter« als personifizierte Aspekte der Natur hervorgegangen, wie die Mutter des Waldes (*Meza Mate*), Mutter der Hasel (*Lazdu Mate*), Mutter der Pilze (*Senu Mate*), Mutter der Bienen (*Bisu Mate*), Mutter der Felder (*Lauka Mate*), Mutter der Gräber (*Kapu Mata*), Mutter der Geister (*Velu Mata*) und viele, viele mehr.

Jedes Volk in Sibirien kennt die Erdgöttin, die Mutter der Tiere, der auch die Bäume heilig sind, weil ihre Wurzeln tief bis in ihr Reich hinunterreichen.[32] Die Indianer, die Erben der paläolithischen Kultur, kennen sie ebenfalls. »Unsere Großmutter« (*Esceheman*) nennen die Cheyenne die Alte, die die Schamanen auswählt und die Tiere beschützt. Sie lässt die Pflanzen wachsen und die Quellen sprudeln, damit alle zu essen haben. Ihr Reich beginnt unter den Wurzeln der Bäume.

DER GEHÖRNTE GOTT

Auch den »Teufel« haben wir von unseren steinzeitlichen Vorfahren geerbt. Der kraftstrotzende, zeugungsmächtige, draufgängerische Büffelstier, der Kapitalhirsch, der stoßende Widder oder Ziegenbock machten den Menschen Eindruck. Wer Hörner trägt, hat Macht. Der Gehörnte ist Herr der Tiere, der Befruchter, der *Rex Nemorensis* (Herr des Waldes), wie ihn der Kulturanthropologe James Frazer nennt. Er eignet sich als Gatte der Göttin der Höhle.

Wo immer man auf stark behaarte, hörnertragende Gottheiten mit Tierhufen und großen Phalli trifft, kann man sicher sein, dass sie paläolithischen Ursprungs sind. Tanzende Schamanen der jüngeren Altsteinzeit, die in Höhlengemälden abgebildet wurden – etwa der hirschstangentragende Zauberer in der Drei-Brüder-Höhle in den französischen Pyrenäen – drücken aus, dass sie Anteil haben an der Kraft dieser Tiere.

Die Griechen kannten Pan, den wilden, geilen, gehörnten, bocksfüßigen Geist, zu dessen Flöte die ganze Natur tanzt. Oft gerieten die Menschen in *Pan*ik wenn er erschien. Die Römer kannten denselben als Faunus, den Gott der Natur, des Waldes und der Wölfe.

Aber nicht nur Pan trug Hörner, sondern auch Zeus, der Göttervater und Himmelsherrscher, der in der Gestalt eines Stiers die schöne Jungfrau Europa entführte und schwängerte – unser Kontinent ist übrigens nach ihr benannt. Zeus ist auch der Herr über Blitz und Donner. Wie andere mit ihm verwandte indoeuropäische Götter befruchtet auch er die Erdgöttin mit seinem Blitzkeil.

Starke Männer und Helden wie Alexander den Großen bildeten die antiken Bildhauer mit Hörnern ab, um deren Urkraft zu versinnbildlichen. Sogar Michelangelo setzte dem Moses seiner Monumentalstatue Stierhörner aufs Haupt. Bei den Kelten trug Cernunnos, der Herr der Tiere und des dunklen Waldes, ein Hirschgeweih auf dem Kopf.

Interessant ist in diesem Zusammenhang das Bild des chinesischen Ur-Kaisers Shennong; er ist in ein dichtes Pelzgewand gehüllt, trägt Hörner auf dem Kopf und hält ein Kraut im Mund. Offensichtlich ist auch er eine steinzeitliche Persönlichkeit. Als hätte er vom Haselwurm gekostet, konnte er die Sprache der Tiere und Geister verstehen und kannte das Geheimnis des Baumes des Lebens; seine Zeit verbrachte er mit der Suche nach Heilpflanzen, wobei er auch den Tee entdeckte; er kostete sämtliche Giftpflanzen und fand deren Gegengifte. Schließlich brachte er den Menschen die Landwirtschaft bei. (Storl 2016:31)

Die wilde Vergangenheit der Völker reicht weit zurück, die Liste der archaischen hörnertragenden Gottheiten ist entsprechend lang:

Die minoische Kultur Kretas kannte den Minotaurus, eine stierköpfige Gottheit, den der hellenische Held Theseus tötet. Auf einem rund 5000 Jahre alten Tonsiegel der alten Indus-Kultur (Mohenjo Dharo) begegnet uns der mit Büffelhörnern versehene Pashupati, der Herr (*pati*) der Tiere (*pashu*). Er sitzt – ähnlich wie der keltische Cernunnos – umgeben von wilden Tieren im Schneidersitz. Auch die vielen horntragenden, fruchtbarkeitsfördernden Stier- und Widdergottheiten des alten pharaonischen Ägyptens sollten wir nicht vergessen.

Die Ausgrabung einer frühmittelsteinzeitlichen Maglemose-Siedlung in Star Carr (Yorkshire) förderte neben Harpunen, Mikrolithen und Steinwerkzeugen einundzwanzig Hirschschädeldecken mit Geweihen zutage, die anscheinend, auf dem Kopf festgebunden, von Menschen getragen werden konnten. Wurden sie als Tarnung bei der Jagd genutzt oder eher bei Ritualen, die mit dem Hirschgeist verbinden sollten?

Als archaisches Relikt kennt man in England ja noch immer den Abbots Bromley Horn Dance, der sich bis in vorchristliche Zeiten zurückverfolgen lässt. Zwölf Männer mit großen Rentiergeweihen in den Händen führen einen Tanz auf, der – wie Volkskundler sagen – dazu diente, mit den Tieren im Wald Verbindung aufzunehmen und guten Jagderfolg zu sichern. Die Geweihe, die übers Jahr in der Kirche aufbewahrt werden, sind sehr alt; mit der C_{14}-Methode wurden sie auf 1065 n.u.Z. datiert. Zu dieser Zeit führte man sie aus Skandinavien ein. Aber der Tanz ist viel älter, man hatte damals lediglich die Geweihe erneuert. Bei den Angelsachsen unterstrich der Tanz das altgermanische Jagdrecht der Gemeinde. Heute findet der Tanz im September statt, aber früher wurde er am Ende der heiligen Wintersonnwendzeit, am 12. Weihnachtstag (Dreikönigstag), aufgeführt. Haben die Rentiere, mit deren Geweihen getanzt wird, etwas mit dem Rentierschlitten des Santa Claus zu tun?

Auch wenn die Kirche beim eher harmlosen Folkloretanz in Abbots Bromley heutzutage ein Auge zudrückt, wurden solche vorchristlichen Kulte aufs Schärfste bekämpft. Im 7. Jahrhundert zum Beispiel belegte der Erzbischof von Canterbury Umzüge im Januar, in denen sich die Menschen als wilde Tiere verkleideten und Hirsch- oder Stierhörner trugen, mit drei Jahren strenger Buße. Auch die Schamanen der Wikinger, die im zehnten und elften Jahrhundert über das christliche Abendland herfielen, trugen Stierhörner an ihren Helmen – für die frommen Gläubigen des Frühmittelalters ein sicheres Zeichen, dass man es mit Teufelsanbetern zu tun hatte!

Der uralte Kult des hörnertragenden Gottes lebte in abgelegenen Landstrichen dennoch weiter. Dort schmauste, soff, schäkerte und tanzte das ländliche Volk in der freien Natur, besonders im Frühling beim Maivollmond. Für die Kirche war das ein verabscheuungswürdiger Hexensabbat. (Müller-Ebeling et al 2018:54) Die grausame Verfolgung der letzten Reste des europäischen Schamanentums, die Folterung und Verbrennung der »Hexen«, führte dazu, dass die geweih- oder hörnertragende Gottheit des Waldes und der Wildnis in die Tiefe, in die »Hölle« verbannt wurde. Das Wort Hölle bedeutete, ehe es in der christlichen Glaubenslehre aufgenommen wurde, schlicht »Ort der Toten« und entstammt dem germanischen **haljo,* »das Verborgene«, und noch weiter zurück dem indogermanischen **kel,* »verbergen, verhüllen«. Man glaubte, die Toten seien noch da, aber unsichtbar, verhüllt. *Hel* ist der nordische Name für die Totengöttin. Auch Wörter wie Keller oder Halle, als überdeckte Orte, haben diesen etymologischen Ursprung. Die alten Gottheiten wurden also sozusagen in den dunklen Keller gesperrt, oder – psychoanalytisch gesprochen – in das tiefe Unterbewusste verbannt, wo sie manchmal unheimlich und bedrohlich rumoren.

SCHAMANENTUM

Immer schon hat es Menschen gegeben, die aus dem Alltagsbewusstsein heraussteigen und klaren Geistes mit den nichtverkörperten Wesen der Anderswelt kommunizieren können. Das ist keine einfache Kunst, man braucht dazu Mut, geistiges Geschick und Durchhaltevermögen, denn manche dieser Wesen sind gefährlich. Schamanen waren aber für das Überleben des Stammes wichtig, denn oft konnten sie unheilvollen Entwicklungen schon auf der geistigen Ebene entgegenwirken, ehe diese sich in der alltäglichen Wirklichkeit manifestierten.

Inzwischen ist Schamanismus zum ausgelatschten alltäglichen Begriff geworden, und es gibt nicht wenige Zeitgenossen, die wähnen, Schamanen zu sein. Meistens ist es aber nur das bedürftige, sterbliche Ego, das sich Federn an den Hut stecken, trommeln, tanzen und als Heiler hervortreten will. Mit echtem Schamanentum hat das wenig zu tun, denn wer sein Ego mit in die andere Welt nimmt, wird erleben, wie Dämonen und andere Geister es zerfetzen. Warum ist der Schamanismus so populär geworden? Weil wir in einer säkularen, entzauberten, von der Ratio beherrschten Welt leben, wo doch die Transzendenz mit zu unserem Wesen gehört.

Bei vielen Stammesvölkern in Sibirien und der Mongolei ist das Schamanentum noch intakt. Schamanen werden von den Ahnen oder den Göttern berufen. Als Teil ihrer Einweihung werden sie oft sterbenskrank. Während sie siech und fiebernd darniederliegen, wandert ihre Seele in den tiefen Wald. Dämonen spüren den Umherwandernden auf, jagen ihn, bringen ihn zur Strecke und schlachten, zerstückeln und kochen oder rösten ihn, wie Jäger es mit dem Wild zu tun pflegen. Es ist ein Festschmaus für die grölende Dämonenhorde. Da sie seinen abgetrennten Kopf auf einen Spieß gesteckt haben, kann er der grausamen Szene seiner eigenen Opferung zuschauen. Wenn alles vorbei ist und seine abgenagten Knochen unordentlich verstreut daliegen, kommt meistens ein (weißer) Vogel – die sogenannte »Vogelmutter« – herbeigeflogen. Sie sammelt die Knochen auf, fliegt damit zu ihrem Nest, das sich auf einem der Äste im Weltenbaum, meist einer Birke, befindet, setzt sie sorgsam wieder zusammen und kleidet sie erneut mit Fleisch ein. Nun wächst der künftige Schamane als ihr Küken auf. Irgendwann wird er flügge, hebt ab und fliegt wieder in die alltägliche Menschenwelt zurück, wo er sich als initiierter Schamane – wenn er nicht beim Martyrium gestorben ist – von seinem Krankenlager erhebt. Nun hat er Flügel und kann jederzeit in die Geisterwelt fliegen.

Nach dieser Einweihung stellt er dann die Gegenstände zusammen, die er für sein Schamanisieren braucht: Den bunten Mantel, in dem seine Hilfsgeister wohnen, die Räucherwaren und die große Rundtrommel, deren Rahmen aus der Rinde des Weltenbaumes – meistens einer Birke – geschnitzt und deren Schwingungsmembran aus Hirschleder gemacht ist. Wenn er die Trommel schlägt, ist er somit unmittelbar mit diesem Weltenbaum verbunden; jeder Trommelschlag stellt einen Schritt des Hirsches dar, der das Reittier des Schamanen ist und ihn tiefer in die Geisterwelt trägt. Wenn der Schamane stirbt, dann wird die Trommel oft an einen Baum im Wald gehängt und zurückgelassen. Sie wird nicht wiederverwendet, denn jeder Schamane hat seine eigene, persönliche Trommel.

Schamanentum war Gemeingut bei den europäischen Waldvölkern. Wodan (skandinavisch: Odin, angelsächsisch: Woden), war ein Schamanengott, der über alle Grenzen gehen konnte, auch die Grenze zwischen der hiesigen Welt der Lebenden und der Welt der Toten. Seine schmerzvolle Initiation bestand darin, dass er neun Tage, verwundet durch seinen eigenen Speer, in einer Esche hing, ohne zu essen oder zu trinken. Dann löste sich die Seele vom Leib und fuhr in die Tiefen des Seins, wo er, gegen das Opfer eines seiner Augäpfel, die Runenweisheit empfangen konnte.

Das Schamanentum wurde nach der Unterdrückung durch die Kirche insbesondere in der Zeit der Hexenverfolgung im 16. und 17. Jahrhundert während der Inquisition verdrängt und vergessen. Die Aufklärung des 18. Jahrhunderts tat ein Übriges, indem sie Reisen in die Geisterwelten zwar nicht mehr als Hexentum verfolgte, sondern als Geisteskrankheit abtat. Erst Anfang des 20. Jahrhunderts wurde dieses uralte, seit der Altsteinzeit bestehende Phänomen wiederentdeckt und als primitiver Animismus, Scharlatanerie oder gar als »sozial sanktionierte Schizophrenie«, »arktische Hysterie« oder Psychose verunglimpft. Erst Mitte des 20. Jahrhunderts machte der Religionswissenschaftler Mircea Eliade (1907–1986) den aus der tungusischen (ewenkischen) Sprache stammenden Begriff »Schamanismus« bekannt.[33]

Ganz vergessen hat die urbane Zivilisation die Schamanen dennoch nicht. Sie tauchen in den Geschichten und Sagen, die wir den Kindern erzählen, als Zauberer oder Hexen auf, die tief im Wald leben. Oder als mutige Mädchen oder junge Burschen, die – wie in den Märchen von des Teufels drei goldenen Haaren oder dem russischen Märchen von der tapferen Wassilissa – in die Anderswelt gehen, dort Prüfungen bestehen und schließlich Glück und Segen empfangen. Auch im Weihnachtsmann begegnet uns die Erinnerung an Schamanen. Der Weihnachtsmann, den ich als Kind kannte, kam tief aus dem verschneiten Wald. Der Wald steht da als Symbol der Anderswelt. In Amerika kommt Santa Claus mit einem Schlitten vom Nordpol. Diese Mär soll zwar erst im frühen 20. Jahrhundert von der Coca-Cola Company in Atlanta, Georgia, erfunden worden sein, aber wahrscheinlich ist die Darstellung nur ein Wiederauftauchen eines Archetypus. Über dem Nordpol leuchtet der Nordstern, der von den alten Nordeuropäern, Sibirern und anderen zirkumpolaren Völkern als Öffnung des Himmelszeltes gedeutet wurde; durch diese Öffnung fliegt der Schamane in die Welt der Götter und Geister, und von hier kommt er wieder mit göttlichen Geschenken (Einsichten und Inspirationen) zurück und beschenkt die Menschen. Das Reittier der Schamanen ist meistens ein *Spirit*-Hirsch oder Rentier, oder sie reisen auf einem Rentierschlitten oder mittels einer mit Hirschhaut bespannten Schamanentrommel. Der Schlagrhythmus auf der mit Hirschhaut bespannten, aus dem Holz des Weltenbaumes (Birke) geschnitzten Trommel, ahmt die Schritte des Tieres nach.

WELTENBAUM

Nahezu universal ist die Imagination eines tief wurzelnden, lebenden Baumes, der Himmel und Erde verbindet und dessen Stamm die Mitte des Seins ausmacht. Dieser Stamm ist die senkrechte Achse, welche die drei Ebenen des Universums – Oberwelt, Mittelwelt und Unterwelt – verbindet. Die Mittelwelt, wie der germanische Midgard (Mittelerde), bildet eine waagrechte Ebene, eine Ebene voller Wälder, Wiesen, Berge und Seen, die die Heimstätte für alle verkörperten Wesen, für Menschen, Tiere, Pflanzen und Steinwesen ist.

Die meist neunfach gegliederte Wurzelwelt des Baumes ist das Heim der schicksalspinnenden Urmütter, in welcher die Seelen auf Wiederverkörperung harren; sie ist das Reich der Zwerge, Riesen und anderer Mächte. Die Oberwelt besteht aus neun Ästen, neun Himmelsreichen, in denen die Götter und Lichtwesen wohnen. Auf dem höchsten Wipfel des Weltenbaumes erkannten die Seher meistens einen allsehenden Adler. Im tiefsten Wurzelbereich, unter den drei Hauptwurzeln, die wie ein Dreizack in die Erde stoßen, schläft meist ein mächtiger Drache, der die pure, chaotische Lebenskraft verkörpert. In der germanischen Bilderwelt ist es ein freches Eichhörnchen, Rattenzahn (*Ratatoskr*) genannt, das den Stamm hinauf- und hinabfetzt und Botschaften zwischen dem Adler und dem Drachen vermittelt. Das Eichhörnchen symbolisiert somit den kosmischen Schamanen. Bei vielen Völkern der borealen Nadelwälder auf der Nordhalbkugel galt der Nordstern als die Spitze des Weltenbaumes. Wenn wir den Weltenbaum in den heiligen Wintersonnwendnächten in Gestalt des Weihnachtsbaums ins Haus bringen, stecken wir noch heute meist einen goldenen Stern auf dessen Spitze – es ist der Nordstern. Die bunten Kugeln, Äpfel, Engelsfiguren und all die anderen schönen Anhängsel symbolisieren die Bewohner der verschiedenen Himmelssphären, welche die »neun« Äste des Baumes ausmachen. Die Krippe, die oft unter dem Tannenbaum aufgestellt wird, steht für die Mittelwelt. Das Heu, die Kräuter und das Stroh symbolisieren die Pflanzenwelt, Schafe, Ochse, Esel und Hirtenhunde die Tierwelt. Die Hirten und die Weisen aus dem Morgenland vertreten die Menschheit, und die Engelschar symbolisiert die helfenden gütigen Geistwesen. In der Mitte unter dem Weltenbaum stehen Josef und Maria, das Ur-Paar; und in der mit Gras und Kräutern gefüllten Krippe liegt unser göttliches Selbst, das sich in der Welt als zartes Kindlein verkörpert hat. Diese Imaginationen mögen christlich sein, aber sie spiegeln wahre Urbilder, deren Wurzeln teilweise bis in die Steinzeit zurückgehen.

Der echte Schamane vermag die senkrechte Achse zu bereisen. Er kann den Baum (die Himmelsleiter) hinauf- und hinabsteigen, er kann die neun Unterwelten und neun Himmelswelten – oft in Vogelgestalt, als Kranich oder Gans – durchqueren und mit deren Bewohnern verkehren. Die Seelen einfacher Menschen bereisen diese Regionen lediglich während des Schlafs; aber außer an einige Träume können sie sich nicht bewusst daran erinnern. Nach ihrem Tod verlassen die Sterblichen Midgard und steigen über die Äste oder Wurzeln des kosmischen Baumes in die anderen Welten.

Jeder Mensch ist selber gewissermaßen ein Abbild des Weltenbaumes. Er ist, wie man es im Mittelalter formulierte, ein Mikrokosmos, ein Same des Makrokosmos. Wie der Weltenbaum ist auch er dreifach gegliedert, in ein Oben, ein Unten und eine Mitte. In dieser Mitte brennt und leuchtet das Feuer der Seele, das Herz, so wie in der Mitte des Himmels das Sonnenfeuer brennt.

Der Archetypus des Weltenbaumes spiegelt jeweils die gegebene Umwelt wider, in der die jeweilige Kultur ihre Wurzeln hat. In den Tropen ist der Weltenbaum oft immergrün. In Ländern mit klaren Jahreszeiten trägt er im Herbst ein buntes Kleid, im Winter ist er wie tot und im Frühling wird er wieder lebendig und treibt frisches, zartes Grün. So offenbart sich in ihm der große Kreislauf des Werdens und Vergehens und der ewigen Wiederkehr. Auch der Mensch ist, wie der kosmische Baum, vergänglich und dennoch zugleich ewig. Jeder Mensch ist eine Welt für sich.[34]

Bei den Indoeuropäern ist, wie wir sehen werden, dieser kosmische Baum die Eiche, manchmal aber auch eine Tanne oder Fichte. Bei den meisten Sibirern, den Mongolen und einigen Indianern ist es die Birke. Die indigenen sibirischen Taiga-Bewohner stellen eine Birke als Repräsentant des Weltenbaumes in die Feuerstelle in der Mitte des Stangenzeltes oder der Jurte; ihr Wipfel ragt bis durch den Rauchabzug. Der sich in Halbtrance befindende Schamane klettert auf Kerben, die in den Stamm geschlagen wurden, den Weltenbaum hinauf in die Welt der Geister.

Unter dem Ur-Schamanenbaum, sagen die Sibirer, wachsen die »neun« Kräuter, die Ahnen der Pflanzen, und auf den Ästen sitzen die Väter der Völker. Bei den Turkvölkern im Altai ist der kosmische Baum die Fichte, an deren Stamm die Götter ihre Pferde anbinden. In Indien ist es, wie wir sehen werden, die mächtige Pappelfeige (*Pipal*), der heilige Feigenbaum, unter dem die Pferde der vedischen Götter Schatten finden.

In China war der Weltenbaum (*Kien-Mu*) ein Maulbeerbaum. Er ist älter als das Yin und Yang. Als Symbol des *Tao* verbindet er die oberen neun Himmel mit den unteren neun Quellen, dem Totenreich. Durch den Stamm stieg der Kaiser – der eigentlich ein Schamane ist – auf und ab zwischen Himmel und Unterwelt. Auch der Lebensbaum (*Kiskanu*) der alten Babylonier, der wie Lapislazuli leuchtet, reicht vom tiefblauen sternenübersäten Himmel bis in die Unterwelt hinab.

Jedes Dorf, jede Siedlung, jeder Stamm hatte seinen heiligen Baum und Stammbaum, der die Mitte darstellte. Opfer für die Götter wurden immer an diesen Baum, an die Achse des Universums, gehängt.

KREUZSYMBOL

Das vierarmige Kreuz ist nicht der exklusive Besitz des Christentums, man kann es als Symbol bis zu den euroasiatischen Mammutjägern der Altsteinzeit zurückverfolgen. Das Kreuz wird in mehreren Kulturen auch als ein Merkmal oder Zeichen des Weltenbaumes gesehen. Es stellt vor allem die vier Jahreszeiten mit ihren vier Kardinalpunkten dar: die Sommer- und Wintersonnenwende und die Frühlings- und Herbst-Tagundnachtgleiche, die das Leben bestimmen. Für die Indianer, die das Symbol mit in die Neue Welt trugen, symbolisiert es die vier Schöpfungsstrahlen, die von der Mitte, dem »Großvater Stein«, ausgehen und sich im Kreis des Lebens offenbaren.

Auch die Mitteleuropäer verehren dieses Kreuzzeichen noch immer, indem sie jedes Jahr im Advent einen Kranz aus Fichtengrün winden, diesen mit einem roten Band umwickeln und vier rote Adventskerzen kreuzweise daraufsetzen. Der Brauch ist völlig im Einklang mit den kulturellen Wurzeln der Alteuropäer. Der Adventskranz stellt das Sonnenrad dar, mit seinen vier Kardinalpunkten. Das Tannengrün symbolisiert das ewige Leben, den Fluss der ätherischen Lebenskräfte; das Rot, die Farbe des Blutes, symbolisiert die Verkörperung der Seele im Lebenskreis. Die vier Kerzen stellen die vier Jahreszeiten, die vier Lebensalter und die vier Tageszeiten – Morgen, Mittag, Abend und Mitternacht – dar. Die Lichterflamme ist das Licht des göttlichen Geistes, das in uns brennt und das Wachs wie eine Opfergabe verzehrt.

HIMMELSZELT

In der Sprache bleiben uns oft uralte Bilder erhalten. So stammt das Wort Himmel zum Beispiel von der indogermanischen Wurzel **kem,* ab, was »bedecken, verhüllen« oder als Hauptwort, »Decke, Hülle« bedeutete. Auch das Wort Hemd, das den Körper bedeckt, geht auf diese Wurzel zurück. Der Himmel ist also die Plane, Decke oder Haut der Erde; die Sterne sind die Löcher des kosmischen Spitzzeltes oder der Jurte, durch die das Licht der Anderswelt hindurchleuchtet.

Verflucht sei der Acker um deinetwillen!
Mit Mühsal sollst du dich nähren dein Leben lang.
Dornen und Disteln soll er dir tragen,
und du sollst das Kraut auf dem Felde essen.
Im Schweiße deines Angesichts sollst du dein Brot essen,
bis du wieder zu Erde wirst, davon du genommen bist.

Bibel, 1. Buch Mose 3,17–19

V. JUNGSTEINZEIT: DIE NATUR SOLL DEN MENSCHEN DIENEN

In der Altsteinzeit und auch noch in der Mittelsteinzeit musste sich der Mensch der Natur anpassen. Das änderte sich mit der Jungsteinzeit, dem Neolithikum. Nun begann ein Zeitalter, in dem sich die Natur zunehmend dem Willen der Menschen beugen musste.

Es gibt viele Theorien, warum die Menschen anfingen sesshaft zu werden, Ackerbau zu betreiben und die Tiere zu domestizieren. Lange waren Kulturanthropologen überzeugt, dass es die blanke Not war – das Ausbleiben des Wildes zum Jagen –, was die Menschen dazu zwang.

Inzwischen ist man sich nicht so sicher, ob es wirklich Notwendigkeit war. Der bayrische Evolutionsbiologe Josef H. Reichholf etwa sieht es als nicht bewiesen an, dass es damals im Vorderen Orient weniger Wild gab. (Reichholf 2016b) Wildbret, auch Beeren, Nüsse, Vogeleier und anderes Sammelgut waren in Fülle vorhanden. Seiner Meinung nach war es das Bedürfnis nach Rausch, nach Ekstase, was die umherstreifenden Wildbeuter dort allmählich sesshaft machte. Sie hatten das Prinzip der alkoholischen Gärung entdeckt und Kultorte geschaffen, an denen sie in Schalensteinen Gerste zu Bier vergoren und den Rausch genossen; nebenbei hielten sie einige Tiere als Fleischreserven für die Feste. Völlig abwegig ist die Theorie nicht, denn jede Kultur kennt und schätzt Kräuter und Substanzen, die den Menschen aus dem Alltag herauszukatapultieren vermögen. Auch Kultzentren jenseits von festen Siedlungen sind keine ethnographische Seltenheit. Ein frühes Zentrum dieser Art war Göbleki Tepe in Anatolien, ein 12.000 Jahre alter Kultort voller Mauern, Pfeiler und Säulen mit Tierreliefs, aber keiner Spur von dauerhafter Besiedlung, keine Keramik, keine Herdstellen, keine Bestattungen. Was aber gefunden wurde, waren zahlreiche Basaltschalen, die möglicherweise Trinkgefäße für Bier waren. Ja, und während die Jäger und Sammler nach einem solchen »steinzeitlichen Oktoberfest« weiterzogen, ließen sie einige ihrer Genossen zurück, um die Stellen, an denen die Wildgerste wuchs, gegen Tierfraß und Überwucherung durch Sträucher zu schützen – die ersten Getreidefelder!

Die verschiedenen Bauernvölker selber haben eine andere Erklärung, wie es mit der Landwirtschaft anfing. Es waren Götter, erklären sie, die ihnen das beibrachten. Im alten Ägypten war es Osiris, der sterbende und auferstehende Gott, der Sohn der Himmelsgöttin Nut und des Erdgottes Geb, der den Menschen beibrachte, wie man Getreide anbaut und Bier braut. Bei den Griechen sei es die Erdmutter Demeter gewesen, die die Menschen lehrte, Korn und Mohn anzubauen. In China war es der hörnertragende göttliche Kaiser Shennong, der den Menschen beibrachte, den Wald mit Feuer zu roden, den Boden zu hacken, zu pflügen und zu bebauen. In Mittelamerika war es Quetzalcoatl, die »gefiederte Schlange«, die in der Gestalt einer schwarzen Ameise das erste Maiskorn aus der Unterwelt brachte und den Menschen zeigte, wie man Mais anbaut. Manchmal waren es göttliche Wesen, die sich selber opferten, begraben wurden und sich dann in die Samen oder Knollen der Nahrungspflanzen verwandelten.

DER KAMPF DER GRAS-DEVAS GEGEN DIE BAUM-DEVAS

Interessant ist, dass die Menschen vor rund 10.000 Jahren nicht nur in Anatolien und Vorderasien, sondern auch anderswo – in China, Thailand, Indien, Neuguinea, Abessinien und Westafrika – fast gleichzeitig anfingen, Busch und Wald zu roden, den Erdboden aufzuwühlen und Tiere einzusperren. Diese neolithischen Zentren waren nicht miteinander in physischem Kontakt, sodass sie sich austauschen konnten. Was also konnte der Grund sein für diese nahezu synchrone kulturelle Veränderung? War es Zufall oder tatsächlich, wie die Indigenen sagen, die Eingebung übersinnlicher göttlicher Wesenheiten?

Vielleicht nahmen die Menschen überall einen geistigen Impuls auf, der wie eine Art morphogenetisches Kraftfeld[35] über sie herfiel und ihre Mentalität neu programmierte. Vielleicht – so könnte es ein Schamane eventuell sehen – waren es die Pflanzengeister (*Devas*)[36] selber, die dahintersteckten, die den Menschen diese Inspiration eingaben. Das klingt eher esoterisch und nicht sehr wissenschaftlich. Nachdem aber auch empirische Wissenschaftler den Pflanzen allmählich eine Art Bewusstsein zugestehen, könnte so etwas durchaus sein.

Vielleicht waren es wieder einmal die Gräser, der Geist der Savanne, der, wie einst im Miozän, dem Wald, den Bäumen, zu Leibe rücken wollte? Denn es waren vor allem Gräser, Süßgrasarten (*Poaceae* oder *Gramineae*), denen die Menschen nun den Weg ebneten: Im Vorderen Orient wurde die Baumvegetation zurückgedrängt, weil die Menschen begannen, Weizen (Emmer, Einkorn) und Gerste anzubauen; in China war es Kolbenhirse, in Südostasien Reis, in Afrika waren es verschiedene Hirsearten und in Amerika Teosinte, der Vorläufer vom Mais. Natürlich wurden auch noch Leguminosen – Erbsen, Bohnen, Linsen – Mohn und Lein ausgesät. In den Tropen hat man verschiedene Knollen gepflanzt, aber vorrangig waren die kohlehydratreichen Gräser, die zur Hauptnahrungsquelle der Menschen wurden. (50 Prozent der Welternährung wird heute durch lediglich drei Süßgräser gedeckt, durch Weizen, Mais und Reis.) Auch die domestizierten, weidenden Tiere – Rinder, Ziegen, Schafe und später Pferde – kamen als Förderer der Grasvegetation hinzu, indem sie die jungen Bäumchen fast restlos wegfraßen. Das Abgrasen der Weide bis auf den kurzgeschorenen Rasen schadet den Gräsern nicht, denn die Bestockung, die Bildung von neuen Seitentrieben, die vegetative Vermehrung, erfolgt unterhalb der Oberfläche des Erdbodens. Zudem beseitigt der Verbiss die pflanzliche Konkurrenz.

RODUNGSINSELN IM URWALD

> *»Heute sind Wälder Inseln in der Landschaft,*
> *früher war es umgekehrt,*
> *Siedlungen waren Inseln im Wald.«*
> *Frederik Hetmann (1988)*

Der Impuls für die neue sesshafte Lebensweise kam vor gut 10.000 Jahren aus dem Vorderen Orient, aus der Region, die sich vom Persischen Golf bis Palästina erstreckt und »Fruchtbarer Halbmond« genannt wird. Allmählich, im Laufe von 3000 Jahren, zogen Bauern und ihr Vieh von Kleinasien aus die Donau aufwärts, bis sie in die geschlossenen Laubmischwälder Mittel- und Nordeuropas eindrangen. Mit Ameisenfleiß fällten sie die Wälder. Mit geschliffenen Steinbeilen hauten sie Bäume um; die dickeren Stämme ringelten sie, das heißt, sie durchtrennten die Leitbündel der Rinden, sodass der Saftfluss unterbrochen wurde und die Bäume abstarben. Sie brandrodeten auch, setzten Teile des Waldes in Flammen, wobei die Asche den Ackerboden dann düngte; sie schwendeten, was bedeutet, dass sie die schwer zu entfernenden Stümpfe der toten Bäume stehenließen, aber rundherum die Saat einbrachten – Hauptsache, das Sonnenlicht, welches ihre Ackerpflanzen zur Photosynthese brauchten, reichte bis auf den Erdboden hinab und wärmte ihn auch. Im Gegensatz zum schattigen Wald, der eine relativ gleichmäßig kühle Temperatur hält, erhitzen sich die Freiflächen im Sommer stark. Auf diese Weise wurde ein für die Ackerpflanzen günstiges, mediterranes Mikroklima geschaffen.

Es waren vor allem die steinfreien, kalk- und mineralreichen, leicht zu beackernden Lössböden, auf die die Bauern es abgesehen hatten. Der Wind aus den Vorfeldern der eiszeitlichen Gletscher hatte riesige Mengen des feinen Lössstaubs angeweht und meterhoch abgelagert. Auf ihnen wuchsen nun, im nacheiszeitlichen Klimaoptimum, Linden, Ahorn, Eschen, Ulmen und vor allem große, mächtige Eichen.

Die ersten Bauern in Mitteleuropa, die sogenannten Bandkeramiker, schufen mit ihrer Arbeit kleine Rodungsinseln in dem Wäldermeer. Mitten in diesen Rodungen errichteten sie Langhäuser, in denen die Großfamilien und Sippen wohnten, und umgaben ihre Weiler mit schützenden Palisadenzäunen aus oben zugespitzten Rundhölzern. Diese Bollwerke deuten an, dass die Zeiten nicht ganz so friedlich gewesen sein konnten: Hatten sie Streit mit den mesolithischen Wildbeutern, die noch durch die Wälder streiften? Oder mit anderen Wanderfeldbauern? Oder dienten sie dazu, nachts hungrige Bären oder Wolfsrudel abzuhalten, die von den Vorräten oder dem zahmen, wehrunfähigen Vieh angezogen wurden? Halbnomadische Wildbeuter kennen diese Probleme gewöhnlich nicht. Wenn es Ärger mit Nachbarn gibt, zieht man einfach weiter. Aber wenn man sesshaft an einen Flecken Land gebunden ist, dann muss man sich – oft bis aufs Blut – wehren.

Die Langhäuser, die die Bandkeramiker bauten, konnten bis zu 45 Meter lang sein. Sie sind im Grunde genommen die Urform vieler heutiger Bauernhäuser. Diese Gebäude waren, den Wetterverhältnissen angepasst, auf einer Achse von Nordwest nach Südost ausgerichtet. Die Tragrahmen waren Eichenholzpfosten. Die Wände bestanden aus senkrecht in den Boden gesteckten Haselstangen mit waagrecht dazwischengeflochtenen biegsamen Weidenruten. Das Flechtwerk wurde mit Lehm beworfen und geglättet. Unser Wort »Wand« lässt sich auf das Winden (indoeuropäisch **uendh* = »drehen, winden, flechten«) von Weidenruten zwischen den Stäben zurückführen. Die Dächer wurden mit Schilf, Ried oder – wie bei den Irokesen, die ebenfalls brandrodende Wanderfeldbauern waren – mit Ulmenrinde gedeckt.

Die Dörfer wurden meistens auf den höhergelegenen Terrassen der Löss-Ablagerungen errichtet; die Felder befanden sich oberhalb auf trockeneren Böden und die Viehweiden etwas unterhalb, wo es ein wenig feuchter war.

Wie im Vorderen Orient wurde Getreide angebaut. In dem feuchteren, kühleren Klima Mitteleuropas wuchsen einige Wildgräser – »Unkrautgräser« wie Hafer und Roggen – besser als der wärmebedürftige Weizen und mauserten sich allmählich zu eigenständigen Getreidesorten. Deswegen essen die Nord- und Osteuropäer bis zum heutigen Tag dunkles Roggenbrot und Haferbrei. Das Porridge, das die britischen Kolonialherren mit in alle ihre Kolonien brachten, oder das von Gesundheitsköstlern wiederentdeckte Schweizer Müsli ist nördlich der Alpen seit Jahrtausenden das bevorzugte Frühstücksmahl.

Die kleinen Felder wurden wie bei den Irokesen und nordamerikanischen Waldindianern mit angespitzten Stöcken und Geweihen gehackt; später dann entwickelte man einen von Ochsen oder Kühen gezogenen einfachen Ritzpflug (Ard).

BRANDRODEN UND SCHWENDEN

Die Bauern rodeten und schwendeten den Wald nicht nur großflächig, um Raum für Äcker und Weiden zu gewinnen, sie verbrauchten nicht nur tonnenweise Holz fürs Bauen und Heizen, – auch ihre hungrigen Haustiere setzten dem Gehölz zu. Im Sommer ließ man das Vieh am Rande der Waldlichtung weiden. Dort fraßen die Herbivoren nicht nur die Kräuter und Blätter, sondern auch die sprießenden Sämlinge; die Hausschweine futterten Eicheln und Wurzeln; Ziegen dezimierten junge Bäume und Sträucher. Eine Verjüngung des Waldes in Siedlungsnähe war damit nicht möglich. Im Winter spielte das Laubfutter eine wichtige Rolle. Dazu wurden im Sommer die Triebe und Blätter der Bäume geschneitelt[37] und, wie später das Heu, als Vorrat für die Wintermonate aufbewahrt.[38]

Am Rande der Rodungsinseln bildete sich eine botanische Übergangszone, in der stachelige, dornige und giftige Sträucher, die vom Vieh verschmäht wurden, prächtig gediehen. Gehölze wie Weißdorn, Schlehe (Schwarzdorn), Wacholder, Brombeeren,

Kreuzdorn, Hundsrosen, Berberitzen, Sanddorn und andere stechende, kratzende, mit Spitzen bewehrte Sträucher überlebten nicht nur, sondern wurden positiv selektioniert. Es war für das Buschwerk auch nicht nachteilig, wenn Rinder und Ziegen an den jungen, frischen Trieben knabberten, denn ein Verbiss veranlasst die Sträucher – ähnlich wie die Heckenschere –, viele Seitentriebe auszubilden. So bildete sich eine auch mit giftigen Gewächsen – Heckenkirsche, Geißblattgewächse, Pfaffenhütchen, Faulbaum, Schneeball, Waldrebe, Liguster, Besenginster, Eibe – durchsetzte Hecke, die das kultivierte Land von der Wildnis trennte.

Nach einigen Jahrzehnten, meistens nach einer Menschengeneration, verlor der gerodete Boden an Fruchtbarkeit. Insekten und andere Schädlinge machten sich über die Monokulturen her, dem Acker angepasste Unkräuter nahmen überhand, die Langhäuser wurden baufällig, Unrat häufte sich an und vielleicht war das Wasser nicht mehr sauber. Da war es Zeit für die Wanderfeldbauern, Siedlung und Äcker aufzugeben, weiterzuziehen und ein neues Gebiet zu roden. In Mitteleuropa, wo feuchtes, atlantisches Klima vorherrscht, eroberte der Wald dann die verlassenen Flächen zurück, zuerst mit Pioniergehölzen wie Birke, Esche und Hasel, dann mit anderen Laubbäumen. Als Neulinge kamen Hainbuchen und Rotbuchen hinzu. Buchen hatte es vorher nur vereinzelt gegeben, aber nun, da es kühler wurde, breiteten sich Buchenwälder – vor 5000 bis 1000 Jahren – immer weiter aus. Anhand von Pollenanalysen wissen wir, dass Eichen und Linden zugleich weniger vertreten waren als vorher.

Im Mittelmeerraum und dem Vorderen Orient konnte sich der an sich schon lichtere Wald, nachdem er von den neolithischen Bauern abgeholzt worden war, nicht so leicht erholen. Es fehlte das feuchte atlantische Klima.

Eine Walddecke erhöht die Luftfeuchtigkeit, zieht den Regen an und puffert, dank der Verdunstung, die Temperatur. Jeder ausgewachsene Baum verdunstet große Mengen Wasser am Tag. Und wenn es regnet, hält der Waldboden aus Humus und Moosen wie ein Schwamm das Wasser zurück. All diese Faktoren fielen in den Regionen des Nahen Ostens weg. Der Grundwasserspiegel sank. Das Land verkarstete oder wurde zu Wüste; besonders auch die Ziegen der Bauern verhinderten eine natürliche Wiederbewaldung. Wo die Luftfeuchtigkeit fehlt, die wie eine schützende Decke die Erde überzieht, ist es tagsüber wegen der unmittelbaren Sonneneinstrahlung extrem heiß; nachts dagegen strahlt die Wärme wie durch ein offenes Fenster ins All hinaus und es wird sehr kalt.

Bald wurde die Erosion zum Problem. Der Wind verursacht Staubstürme, wobei die Ackerkrume weggeweht wird; auch plötzliche Platzregen schwemmen den fragilen Boden fort.

Mit der zunehmenden Verkarstung des Vorderen Orients zogen die Neolithiker an die Flüsse und begannen schließlich mit dem Bau von Bewässerungssystemen. Aber auch da gab es ökologische Probleme, denn wo wenig Regen fällt, verdunstet das Wasser und zieht Alkalien an die Oberfläche – die Böden versalzen.

Kanäle, Dämme und Deiche anzulegen, Schleusen und Pumpen zu konstruieren, Erntevorräte zu lagern und zu verteilen – all das bedurfte vieler Arbeitskräfte, erforderte gemeinschaftliche Organisation, Arbeitsteilung, soziale Differenzierung. Bei einfachen Jägern und Sammlerinnen ist jeder und jede mehr oder weniger gleichberechtigt: Der erfahrenste Jäger führt die Jagdpartie an; wer besser als andere mit den Geistern verkehrt und die spannendsten Geschichten erzählt, wird Schamane; und die Alte, die sich an die besten Sammelorte erinnert, leitet die Sammeltour. Im Neolithikum wurde es anders: Häuptlinge, unterstützt von professionellen Kriegern, standen an der Spitze, dann folgten Händler und spezialisierte Handwerker, darunter die einfachen Bauern und schließlich die Sklaven; hinzu kam ein Priestertum, welches das ganze System als gottgegeben sanktionierte. Historiker des 19. Jahrhunderts sahen in dieser Entwicklung den unaufhaltsamen Fortschritt am Werk.

MALOCHEN FÜR DIE PFLANZEN

Nachdem die Menschen anfingen, die Wälder zu roden, ging es ihnen schlechter. Entgegen den Mythen vom Segen des Fortschritts und der Zivilisation konnten Kulturanthropologen wie Marshall Sahlins zeigen, dass Jäger und Sammlerinnen allgemein besser lebten als die neolithischen Bauern. (Sahlins 1972) Er bezeichnete die Wildbeuterkulturen als die »ursprüngliche Wohlstandsgesellschaft«. Um ihr Leben zu bestreiten, benötigten sie pro Kopf weniger Zeit und Energie als jede andere Gesellschaftsform. Wie ethnographische Feldforschungsberichte zeigen, machen die Sammelausflüge Freude; es wird gesungen und gelacht, Kinder und Alte können mit dabei sein; und für die Männer ist die Jagd ein Abenteuer, das die Sinne schärft und die Seele befeuert. Die damaligen Wildbeuter verfügten zudem über eine ausgewogene, breit gefächerte Diät und sie lebten in einer intakten Umwelt mit sauberem Wasser. Das Verlassen des Waldes brachte der Menschheit neue Leiden:

- Die Arbeit wurde erfunden. Wie es in der Bibel heißt, mussten sich die Kinder Adams und Evas, nachdem Gott sie aus dem baumreichen Paradies verjagte, »im Schweiße ihres Angesichts« und auf Äckern voller »Disteln und Dornen« ernähren. Das Wort Arbeit – Wildbeuter kennen diesen Begriff nicht – sagt schon alles: Das althochdeutsche Wort *arabeit* bedeutet »plagen, angestrengt tätig sein«, dem Begriff liegt das germanische *araþi* (= Mühsal, Plage, Beschwernis) zugrunde. Verwandt ist das slawische *robota* (= Frondienst, Knechtschaft). Die spanischen und französischen Wörter für Arbeit, *trabajo* und *travail,* entstammen dem lateinischen *trepaliare* (= quälen, Leid erzeugen); italienisch *lavoro* und englisch *labour* (amerikanisch *labor*), dem lateinischen *laborare* entlehnt, bedeutete ursprünglich »sich bis zur Erschöpfung abmühen, an etwas leiden«.

  Es waren bestimmte Pflanzen, vor allem die Getreidegräser, die die Menschen zu Arbeitssklaven machten. Da mussten der Boden beackert und gepflügt, die Samen eingesät, Körner pickende Spatzen und andere Vögel verjagt und die Beikräuter gehackt und gejätet werden. Das Vieh musste versorgt und gefüttert werden und so weiter und so fort. Die schweißtreibende Arbeit war eintöniger und anstrengender als das Jagen und Sammeln, welches zuvor rund drei Millionen Jahre lang das Leben der Menschen bestimmt hatte.

- Neue Krankheiten erschienen, die Gesundheitslage der Menschen verschlechterte sich.[39] Die neolithischen Bauern waren um einen Kopf kleiner als die mesolithischen Wildbeuter, die Säuglingssterblichkeit war höher und die Lebenserwartung, insbesondere der Frauen, verringerte sich. (Porter 2003:18). Das harte Schuften zeigte sich zum Beispiel am Knochenverschleiß. Bei vielen Jungsteinzeit-Leuten lassen sich degenerative Veränderungen der Wirbelsäule und Gelenkverschleiß nachweisen. In manchen dieser Kulturen litt mehr als die Hälfte der Bevölkerung an ernährungsbedingten Krankheiten wie Zahnverfall, Rachitis und, wie in einem süddeutschen Gräberfeld festgestellt werden konnte, sogar an Knochenkrebs. Eine einseitige Ernährung mit einem Überschuss an Kohlehydraten, einem Mangel an Vitaminen und Spurenelementen wie Eisen sind dafür verantwortlich. In den paar Millionen Jahren vorher gab es weder Milch noch Brot, auch keine pflanzlichen Öle.
Problematisch bei einem sesshaften Lebensstil ist auch die Ansammlung von tierischen und menschlichen Ausscheidungen und anderen Abfällen. Oft wurde dadurch das Wasser verunreinigt und der Befall mit Darmparasiten, Amöben und Würmern begünstigt. Die Abfälle zogen Fliegen und anderes Ungeziefer an. Die Stubenfliege kannte man bis dahin in Mitteleuropa nicht, sie wurde mit den Bauern und ihren Rindern, Schafen und Schweinen aus dem Vorderen Orient eingeschleppt. In einer dauerhaften Behausung nisten sich leicht Flöhe, Läuse, Milben und Bettwanzen in die Schlaflager ein; Getreidelager, Dörrfleisch und andere Vorräte ziehen

Mäuse, Ratten, Käfer, Zünsler, Motten und andere Mitfresser an, die allesamt Vektoren für ansteckende Krankheiten sind. Grippe, Pocken, Masern, Aussatz (Lepra), Typhus, Tuberkulose, Ruhr, Milzbrand, Gallenbrechdurchfall (Cholera) und andere Infektionskrankheiten waren den alt- und mittelsteinzeitlichen Jäger-und-Sammler-Kulturen nicht bekannt. Die meisten dieser Krankheiten hatten die Menschen den domestizierten, geknebelten, ausgebeuteten, kastrierten Tieren zu verdanken, mit denen sie nun ihren Lebensraum teilten. Das dichte Zusammenleben mit dem Vieh und überhaupt eine hohe Populationsdichte machte es den pathogenen Viren, Protozoen, Bakterien und Würmern leicht, die Grenze von einer Säugetierart zur anderen zu überspringen. Brucellose und Milzbrand wurden von Rindern, Ziegen und Schafen auf die Menschen übertragen; von Kühen kamen Pocken, Masern und Tuberkulose; von Enten und Schweinen die Grippe und so weiter.

Bei den europäischen Wanderfeldbauern, den Bandkeramikern, waren die ansteckenden Krankheiten nicht so ausgeprägt wie in den überbevölkerten Bewässerungskulturen, wo sie periodisch als verheerende Pandemien auftraten. Es sind die »biblischen Plagen«, mit denen der zürnende Gott der Hebräer die ägyptische Sklavengesellschaft bestrafte.

Die Frage, die sich uns nun stellt, ist: Warum wurden die Menschen sesshaft, trotz Arbeitslast und Verschlechterung der gesundheitlichen Situation? Was brachten ihnen Ackerbau und Viehwirtschaft? Warum verbreitete sich die landwirtschaftliche Lebensweise in Laufe der Zeit über die ganze Erde?

Ein Hauptgrund wird wohl sein, dass man mit der neuen Wirtschaftsweise viel mehr Menschen ernähren konnte. Im Vergleich zu den Jägern und Sammlern wurde es möglich, dass bis zu hundertmal so viele Menschen auf einer begrenzten Fläche leben konnten. Im Nahen Osten stieg die Bevölkerungszahl zwischen 7000 und 2000 v. u. Z. um das Sechzigfache. Mehr Menschen bedeutete mehr Macht – da hatten die Jäger-und-Sammler-Kulturen nichts dagegenzusetzen –, zugleich aber auch einen stärkeren ökologischen Fußabdruck. Die natürliche Umwelt, in der sich Wildbeuter frei bewegen konnten, war im Schwinden begriffen.

WILDSCHWEINE UND GLÜCKSSCHWEINE

> *»Pigs are beautiful.«*
> *P. G. Wodehouse (britischer Schriftsteller)*

> *»Ich mag Schweine.*
> *Hunde schauen zu uns auf,*
> *Katzen auf uns herab,*
> *Schweine begegnen uns auf Augenhöhe.«*
> *Winston Churchill*

Schweine sind Waldtiere. Sie brauchen kühlen Schatten, ihre Haut ist gegen zu viel Sonne empfindlich. In direkter Sonne und bei Temperaturen über 37 Grad Celsius sterben sie. (Harris 1975:42) Sie können nicht wie der mit Schweißdrüsen ausgestattete »nackte Affe« schwitzen, sondern müssen sich in Pfützen, Tümpeln oder am Seeufer suhlen, um sich abzukühlen. Mit einer dicken Schlammschicht schützen sie ihre empfindliche Haut auch gegen Parasiten und Stechinsekten. Am wohlsten fühlen sie sich im ausgeglichenen Waldklima Mitteleuropas, wo sich die Sommertemperatur zwischen 16 und 22 Grad Celsius bewegt.

Das Schwarzwild gehörte seit der Mittelsteinzeit zu den bevorzugten Jagdtieren im dicht bewaldeten Europa. Bei den in der Küstenregion der Nord- und Ostsee ansässigen Ertebölle-Leuten wurden sehr viele Schweineknochen gefunden. Urgeschichtler vermuten, dass diese Mesolithiker, die sich übrigens bis 3900 v. u. Z. gegen die Neolithisierung wehrten, schon Schweine als

Haustiere hielten. Wahrscheinlich waren es am Anfang lediglich Wildschweine, die in der Nähe der menschlichen Siedlungen nach Nahrung suchten.

Wildsauen wurden von neolithischen Bauern im damals noch bewaldeten Nahen Osten und der Türkei domestiziert, aber etwas später als Rinder, Schafe und Ziegen. Auf jeden Fall fand man bei Ausgrabungen auch hier ihre Knochen. In den Höhenlagen dieser Region wuchsen einst Eichenwälder mit Korkeichen, Zerreichen (*Quercus cerris*) und Steineichen, zusammen mit Buchen, Manna-Eschen (*Fraxinus orus*), wilden Ölbäumen (*Oleaster*), Tamarisken und wilden Haselnusssträuchern. Dort gab es auch Wildobstbäume wie Weißdorn, Johannisbrot, Wacholder, Indische Jujube (*Ziziphus mauritania*), wilder Wein, Kornelkirsche, Erdbeerbäume, Pflaumenbäume und Wildbirnen. Da deren Früchte zu unterschiedlichen Zeiten reifen und der feuchte, humusreiche Waldboden Pilze, Engerlinge, Regenwürmer, Kleintiere und verschiedene Knollen und Wurzeln hergab, war es ein Paradies für die Rüsseltiere. (Macho 2015:38)

Mit der fortschreitenden Entwaldung, durch Verkarstung, Bodenerosion, Wassermangel und die wachsende menschliche Bevölkerungsdichte wurde es bald enger für die Borstentiere. Im Gegensatz zu dem Hornvieh konnten diese sensiblen Tiere sengende Hitze, Sonnenglut und die ausgetrockneten harten Böden nur schwer ertragen. Da ihnen keine schlammigen Pfützen und Waldtümpel mehr zur Verfügung standen, versuchten die Schweine sich abzukühlen, indem sie sich in ihrem eigenen Urin und Kot wälzten. Man schimpfte sie stinkende, unreine Tiere. Dabei sind sie in ihrer natürlichen ökologischen Nische recht sauber. Man kann sie sogar als Haustiere halten; sie sind stubenrein.

Schweineherden lassen sich auch nicht über lange Strecken treiben, wie es bei Rindern, Ziegen, Schafen, Eseln oder Kamelen möglich ist. Zudem sind sie Allesfresser, was sie gewissermaßen zu Nahrungskonkurrenten der Menschen macht. Zwar schmeckt ihr Fleisch besonders gut, aber für die Bauern des Nahen Ostens und besonders für die Wüstenbewohner wurde es immer aufwendiger, Schweine zu halten. Schließlich wurden diese ursprünglichen Waldtiere von den patriarchalen Wüstennomaden mit einem Tabu belegt, schon allein, weil ihre Feinde, die in den Sümpfen Mesopotamiens lebenden Babylonier, die Große Göttin auch in der Gestalt einer Muttersau verehrten. Im 3. Buch Mose (Levitikus) – geschrieben, als die Hebräer noch Hirtennomaden waren – befiehlt ihr Stammesgott Jahve: »Vom Fleisch dieser Tiere dürft ihr weder essen noch ihr Aas anrühren, denn sie sind unrein.« (Lev. 11.7) Das Speiseverbot wurde von den Wüstenvölkern, auch den Arabern, bis heute eingehalten. Sogar mit Jesus hatten die Schweine kein Schwein: Er verbannte einen bösen, unreinen Geist in eine Herde Schweine, sodass sie einen Abhang hinunter in den See Genezareth stürzten und ertranken.

Ganz anders sieht es bei den Waldvölkern aus, egal ob in Neuguinea, Ostasien oder in Nordeuropa. In Papua-Neuguinea lässt man die Schweine die Gärten pflügen – sie düngen gleichzeitig den Boden und vertilgen alle Schädlinge – und es ist nicht ungewöhnlich, dass Frauen ein kleines verwaistes Ferkel an die Brust nehmen, um es zu stillen. Immer wieder mal gibt es ein Fest zu Ehren der Ahnen; auch sie lieben Schweinefleisch und würden ihren Segen zurückhalten, würde man nicht alle paar Jahre ein Schlachtfest veranstalten, was die vermehrungsfreudige Schweinepopulation wieder auf erträgliche Weise reduzierte.

Auch Germanen, Kelten und Slawen liebten ihre Schweine. Das im Boden wühlende Borstentier verwandelt Eicheln, Bucheckern, Wurzeln und Würmer in leckeren Schinken und Speck. Das Schwein ist somit eine wandelnde Vorratskammer, ein Symbol für Wohlstand und Reichtum, ein Sparschwein sozusagen. Und wer Glück hat, »hat Schwein«.

Schweine wurden bei den großen Festen der Waldvölker, etwa zur Wintersonnenwende, geopfert und als Festschmaus gegessen. Die heidnischen Nordgermanen schlachteten in diesen geweihten Tagen einen Eber zu Ehren Gullinborstis, des goldborstigen Begleiters des friedlichen, Fruchtbarkeit bringenden Freyrs. Die stillen Winterweihenächte, in denen in den Erdentiefen die

Göttin das Sonnenkind gebiert, wurden zwölf Tage lang gefeiert. In diesem heiligen Moment hört die Zeit auf und die Ewigkeit berührt das Dasein. Nun stehen alle Räder still, auch das Jahresrad. Es war Freyrs starker goldener Keiler, der dann nach den heiligen Nächten mit seiner ungeheuren Kraft das Jahresrad wieder anschob. Diesem goldborstigen Schwein zu Ehren verschlangen die Wikinger gebratene Schweine und berauschten sich mit Met und Bier. Noch immer essen die Schweden zu Weihnachten einen Jul-Eber und Kuchen in Form eines Schweins; in Dänemark und Norwegen gibt es Schweinebraten, und in England feiert man das Fest hier und da noch immer mit dem gebratenen Kopf eines Wildebers (*boar's head*). Auch in deutschen Landen kennt man Schinken und Sülze als Weihnachtsspeise und zum Neuen Jahr das Marzipanschweinchen als Glücksbringer.

Oft ist es ein Spanferkel, mit Apfel im Maul, das zu Festzeiten am Spieß röstet. Der Apfel gehört dazu, denn er galt Waldvölkern als Symbol des Lebens. Es war dies eine Totenspeise, die gewährleistete, dass das Schweinchen wiedergeboren werden würde.

Bei den slawischen Völkern spielt das Schwein ebenfalls eine Rolle beim Weihnachtsfest und überhaupt im Brauchtum. Die Russen kennen das gegrillte Spanferkel als Weihnachtsschmaus. Und bei den Tschechen heißt es, wer den ganzen Tag vor Heiligabend der Versuchung widersteht, von leckeren Wurstscheiben oder Keksen zu naschen, wird ein goldenes Schwein vorbeifliegen sehen. Vielleicht ist dieses fliegende Schwein eine Urerinnerung an Kremara, den altslawischen Gott der Schweine, der einst die Haustiere schützte und dem die Bauern Met oder Bier als Trankopfer ins Feuer gossen; in der Gestalt von Priparchis war er der liebevolle Beschützer der noch säugenden Frischlinge und Ferkel. Ähnliche Hüter des Borstenviehs gab es auch bei den Balten.

Wie fast jeder aus den Asterix-Comics weiß, liebte kaum jemand die Schweine und den Schweinebraten so sehr wie die Kelten. Ausgrabungen aus der Hallstattzeit zeigen, dass auch den Toten ganze Schinken und Braten auf ihre Reise in die Anderswelt mitgegeben wurden. Die Kelten ehrten und verwöhnten ihre Gäste in Gelagen mit Schweinefleisch und Met. Es stand dem Hausherrn, Häuptling oder König zu, das gegrillte Schwein zu tranchieren und zu verteilen. Seinen kühnsten und tapfersten Krieger ehrte er, indem er diesem das beste Stück, die Keule, als »Heldenportion« (irisch: *curad-mir*) zukommen ließ. Das war auf jeden Fall besser als heutzutage, wo man dem Helden einen Blechorden an die Brust heftet!

Die mit messerscharfen Hauern ausgestatteten Keiler wurden von den Kelten wegen ihres Kampfesmutes verehrt; junge Krieger verglich man mit einer Rotte Schwarzkittel. Auch bei Griechen und Japanern war der Eber ein Totem der Krieger.

Der griechische Geschichtsschreiber Strabon (63 v. u. Z.-23 n. u. Z.) berichtet, dass in den Dörfern der Gallier die Schweine frei herumliefen. Groß, schnell und angriffslustig seien sie gewesen und würden Fremde und Wölfe fernhalten.

Im Gegensatz zur biblischen Symbolik nahmen Schweinehirten bei den Kelten einen hohen sozialen Rang ein: Für Adelssöhne wie Tristan und auch für Druiden war das Hüten von Schweinen eine Ehrensache. Vom heiligen Patrick, dem Missionar, der die Iren zum Christentum bekehrte, wird erzählt, dass er als Jugendlicher sechs Jahre lang Schweine hütete. Auf diese Weise konnte er bei den keltischen Heiden seinen Anspruch als geistige Autorität rechtfertigen.

Ebenso wenig wie die Menschen wollten die keltischen Götter auf leckeren Saubraten verzichten. Dagda, der schmerbäuchige Gottvater der irischen Kelten, der Befruchter vieler Göttinnen und Träger einer großen Keule, besaß einen Kessel mit Rauschtrunk, der nie leer wurde, sowie ein Schwein, das, abends verspeist, am nächsten Tag wieder lebendig wurde. Auch in Odins Walhalla gab es einen Eber, den die auserwählten gefallenen Krieger jeden Morgen bei der Jagd zur Strecke brachten und an dessen Fleisch sie sich am Abend ergötzten; auch dieser Eber war dann am nächsten Morgen wieder lebendig.

Ebenso wie den kampflustigen Eber verehrten diese Völker die Wildsau, die Bache. Das weibliche Schwein als Symbol von

Lebensfreude, Fruchtbarkeit, Begierde und Fleischeslust sowie der Mütterlichkeit galt als Erscheinung der Großen Göttin. Demeter, die Göttin der fruchtbaren Erde, und ihre Tochter Persephone konnten in Gestalt einer Sau erscheinen; einer der Ehrentitel der holden Freya war *Syr,* »die Sau«, und die keltische Mond- und Muttergöttin Cerridwen trug ebenfalls die Bezeichnung »alte Bache« oder »Saugöttin«. In Gestalt einer Sau ließ sie sich unter der Eiche vom niederfahrenden Blitz des Donnergottes befruchten. Die vielen Zitzen der Bache eignen sich als anschauliches Bild des nährenden und sorgenden Aspekts der Großen Mutter und Erdgöttin. (Zerling 2012: 281) Von Freya wird erzählt, dass sie eine Sau namens Hildisvini reitet; die keltische Waldgöttin Arduinna, nach der der bewaldete Gebirgszug der Ardennen in Belgien benannt ist, wird ebenfalls ein Wildschwein reitend dargestellt.

Den heidnischen Waldvölkern konnten die christlichen Missionare ebenso wenig erzählen, dass Schweine teuflische Tiere sind, wie, dass der Apfel ein Sinnbild der Sünde ist. Und es dauerte nicht lange, bis man einen Schweineheiligen erfand, nämlich Sankt Antonius, den heiligen ägyptischen Einsiedler, den man zur Austreibung von Dämonen anruft. Ikonografisch wird er mit einem Schwein dargestellt, das sich liebevoll an ihn anschmiegt. Für das einfache Volk wurde er in Tirol zum Faken-Töni, im Münsterland zum Swine-Tüns, im Allgäu zum Säuli-Töni und in Italien zum *Antonio del porco.* Als Votivgabe schenkte man den Mönchen des Antoniusordens Ferkel. Mit Glöckchen versehen, durften die Antonius-Schweine frei durch die Dörfer laufen, wo sie halfen, Abfall zu beseitigen. Sie mit Küchenabfällen zu füttern, hieß es, würde Segen bringen. In den Weihnachtsnächten wurden sie mit Efeu bekränzt, zum Schlachter geführt, ihr Fleisch zur Weihe in die Kirche gebracht und dann an die Armen verschenkt. (Bächtold-Stäubli Bd. I, 1987:505).[40]

Das Sauschlachten auf dem Bauernhof war einst ein Festtag. Ich selber konnte erleben, wie der polnische Bauer, der seine Schweine liebte, dem Tier sagte, dass es nun in den Himmel kommen würde. »Was hast du für eine schöne Leber! Was hast du für feine Nieren!«, so pries er das Tier, während er es ausnahm, denn, wie er sagte, »seine Seele ist noch da und bekommt alles mit«.

BILDER, DIE WIR VON DEN JUNGSTEINZEITBAUERN ERBTEN

Für die Maglemose-Leute und andere steinzeitliche Wildbeuter war der Wald ihre Welt. Für sie war es keine »Wildnis«, sondern der Ort, an dem man zu Hause war. Das ist für die letzten Jäger-und-Sammler-Völker noch immer so. Der Wald ist nicht nur voller Tiere und Pflanzen, sondern voller Geister und magischer Wesen; er ist voller Erinnerungen an Ereignisse – »hier wurde ein Bär erlegt«, »hier, unter diesen Baum, wurde eine Schamanin geboren«, »hier starb jemand«, »hier erschien mir der Geist der Wölfe«. Der Wald spricht auch von den Ereignissen der Traumzeit, als die Ahnen unterwegs waren. (Descola 2011:67) Wenn man etwas wissen will, sagen die Aborigines: »Die Bäume wissen es, sie halten das Gewesene in Erinnerung.« Wenn man einen Baum fällt oder einen Wald rodet, zerstört man zugleich die Erinnerung. (Lawlor 1999:296)

DAS DUALISTISCHE WELTBILD

Mit dem Aufkommen der Landwirtschaft, des Pflugackerbaus und der Viehhaltung wurde die Welt in das kultivierte Land einerseits und die Wildnis andererseits geteilt. Giftiges, dorniges, stachliges, schwer durchdringliches Gestrüpp, das vom Vieh gemieden wurde, wuchs in der Übergangszone. Das war die ursprüngliche Hecke, der Hag.

DIESSEITS DER HECKE

Wo der jungsteinzeitliche Bauer dem wilden Wald Äcker und Weiden abgerungen hatte, war die Welt gut. Die Insel in der Waldwildnis ist übersichtlich, sie ist das Zuhause. Hier wohnen die verwandten Seelen, hier sind die Tiere zahm, hier entsteht das tägliche Brot. Hier wird die Erde kultiviert. Der Begriff *kultivieren* kommt, wie auch *Kult* und *Kultur*, aus dem Lateinischen: *colere, cultum* bedeutet »Ackerbau betreiben, bebauen, bewohnen, pflegen und religiös verehren«. Kultiviertes Land ist eingehegtes Land. Das Wort Garten, auch das lateinische *hortus* (Garten), das skandinavische *gaard* (Hof), englisch *yard* und slawisch *grad* bedeuten »Umfriedung, befestigter, geschützter Ort«. Midgard, der »Garten der Mitte«, ein Begriff, der ebenfalls der jungsteinzeitlichen Weltanschauung entstammt, galt bei den Germanen als der eingehegte, von dem Donnergott Donar/Thor geschützte Wohnort der Menschen, Tiere und Pflanzen.

Die Hecke bedeutete Schutz und Abgrenzung gegen die unberechenbare Wildnis. Es ist eine unbewusste Überzeugung, dass man im eingehegten Raum sicher schlafen kann. Noch immer kennt man Heckengehölze wie den Weißdorn oder Hagedorn auch unter den Namen Schlafdorn, und die Hundsrose ist vielerorts die »Schlafrose«. An dieser Heckenrose wachsen oft kleine, haar- oder moosähnliche »Schwämme«; es sind die Gallen der Rosengallenwespe, Kinderstuben für ihre Larven. Diese »Schlafkunze« hängten die Mütter über die Säuglingswiegen, damit die Kleinen besser schlafen. Auch die Hagebutten unter dem Kissen sollen den ruhigen Schlaf fördern. Und wir kennen alle den tiefen Schlaf von Dornröschen hinter der Dornenhecke.

JENSEITS DER HECKE

In der Wildnis hinter der Hecke lauert das Unbekannte, Unberechenbare, das Böse, aber auch das Numinose – mit *numen* bezeichnete der große Religionswissenschaftler Rudolf Otto »die Anwesenheit des gestaltlosen Göttlichen«. In unserer heutigen kartographierten, vermessenen, mit Drohnen observierten und dem SUV durchkreuzten Welt können wir uns kaum mehr vorstellen, wie endlos und mächtig die Waldwildnis jenseits des Zaunes den Menschen einst erschien. Sogar noch bei den Römern riefen die Wälder Germaniens ein Schaudern hervor. Im

Mittelmeerraum war der Wald ja schon längst gerodet worden, um Getreide, Wein und Kastanien anzubauen; der Bedarf an Baustoff, Heizmaterial und Brennmaterial für die Eisenverhüttung ließ den Baumbestand schrumpfen. So berichtet Plinius der Ältere (23–79 n.u.Z.) – er war Kommandant bei der römischen Rheinarmee, die 80.000 Soldaten am Rhein in Niedergermanien (*Germania inferior*) stationiert hatte: »Urwälder bedecken das ganze übrige Germanien und fügen zur Kälte noch das Dunkel der Schatten«. Caesar, der mächtige Feldherr, schreibt (im *De Bello Gallico*): »Es gibt niemand in diesem Germanien, der sagen könnte, er sei bis ans Ende jenes Waldes gekommen.« Für die Römer war dieser Urwald ein Niemandsland, ein *locus neminis* (*nemo* = niemand).

Für die Ackerbau betreibenden Völker wurde der Urwald immer unheimlicher. Da gab es wilde Tiere und wilde Menschen, bei denen es sich wahrscheinlich um die letzten frei lebenden Jäger und Sammler handelte. Die unverbrauchte wilde Energie, die dem Wald entströmte, erschien in der Imagination der Bauern als dämonisch: Sie konnte Krankheiten und Seuchen bringen oder auch heilend wirken, sie konnte die Selbstkontrolle des Menschen hinwegschwemmen, ihn rasend machen oder mit Wahnsinn schlagen, und manchmal, wenn die Jahreszeiten wechselten oder bei Vollmond, konnten die Ahnengeister das ganze Dorf in einen orgiastischen Taumel stürzen, der Fruchtbarkeit bewirkte. Erinnerungen daran blieben bis in die Neuzeit in jahreszeitlichen Festen wie etwa der alemannischen *Fasnet* oder Fastnacht erhalten. Denn dann stürmt die »wilde Jagd«, das wilde Heer aus Naturgeistern, unerlösten Toten und allerlei Hexenvolk, angeführt von der wilden Göttin, der Percht, oder von dem alten Schamanengott Wodan, über die Städte und Dörfer. Es sind die entfesselten Kräfte der Wildnis. Beim Durchzug bringen die Geister jedem, was er verdient: dem einen eine Krankheit, dem anderen Glück, und manchen gesegneten Frauen schenken sie ein Kindlein. Dieses Geschehen wird dargestellt und sichtbar gemacht durch Maskengesellschaften, wobei die

Masken die hellsichtig gesehenen holden und unholden Geister der Wildnis nachbilden. Auch die Waldindianer Nordamerikas kennen ein solches spätwinterliches Hereinbrechen der Übersinnlichen, auch sie schnitzen Masken – etwa die irokesischen Falschgesichter (*false faces*), in die die Geister hineinschlüpfen können und sich sichtbar manifestieren (siehe Seite 265ff). Derartige sakrale Masken kennen fast alle naturverbundenen Völker, von Tibet bis in den Kongo. Die Masken sind keineswegs nur symbolisch gedacht, sondern der Maskenträger wird selber vorübergehend zu dem Geist, den er darstellt. Aus diesem Grund waren im traditionellen *Fasnet* alle Maskenträger Männer. Auch unter der Hexenmaske und dem Hexenrock war ein Mann verborgen. Das hat nichts mit patriarchaler Bevormundung zu tun. Frauen, hieß es, sind von Natur aus feinfühliger und empfänglicher, sie können dementsprechend leichter von dem Geist oder Dämon besessen werden.

MITTEN IN DER HECKE

Die Hecke, der Hag, ist die Grenze des kultivierten Landes. Zugleich ist sie ein Übergang zwischen Welten, der heimischen und der unheimlichen. Es handelt sich nicht nur um eine ökologische Grenze, sondern auch eine metaphysische. Hinter der Hecke beginnt die Anderswelt, die der Geister und Verstorbenen. Nur wenige – Jäger, Zauberer (Schamanen), Hexen – haben die magische Macht, sich mit Leichtigkeit jenseits der Hecke im tiefen Wald zu bewegen. Sie kennen die notwendigen Zauberworte, um die Rätsel zu lösen, die ihnen Zwerge oder Riesen stellen; helfende Tiergeister (Familiare) stehen ihnen bei; ihnen wurde die Weisheit der Wildnis in der Vision und durch Askese zuteil.

Alte Frauen, deren Kinder erwachsen waren und die sich nicht mehr mit der mühsamen alltäglichen Arbeit abplagen mussten, widmeten sich traditionell dem Heilen und der Zauberei. Unter letzterem versteht man die Fähigkeit, auf der geistigen Ebene, im noch Werdenden und nicht nur im Gewordenen tätig zu sein und dabei Unheil abzuwenden, ehe es sich einstellt. Zu diesem Zweck sammelte die Alte, die auf viele Jahre Erfahrung zurückblicken konnte, Heil- und Zauberkräuter in der Hecke. In der Übergangszone zwischen Wald und Kulturland wachsen – auch vom heutigen empirischen Standpunkt aus gesehen – tatsächlich die meisten und auch wirksamsten Heilkräuter.

Dort sammelte sie als Hüterin des Hausfeuers auch Reisig und neunerlei Hölzer. Sie wusste, dass jede Holzart eine andere Wärmequalität hat. Heute messen wir die Wärme mit einem Thermometer, der die Temperatur angibt, aber nichts von der Qualität der Hitze registriert. Wenn man aber tagtäglich mit dem Herdfeuer lebt, weiß man, dass Buchenholz eine ganz andere Wärme ausstrahlt als etwa Weiden- oder Ahornholz. Die alte Kräuterfrau wusste um die unterschiedliche Heilwirkung der verschiedenen Hölzer, wenn sie damit das Wasser kochte für den Kräutertee oder ihre Salben rührte.

Eine solche Alte kannte sich in der Zwischenwelt der Hecke gut aus, sie war in beiden Welten zu Hause. Allein schon durch ihr Alter befand sie sich zwischen dieser und der jenseitigen Welt, in die sie blicken konnte. Ihre Aussagen waren deshalb oft prophetisch; sie konnte Märchen erzählen, denn Märchen sind nicht willkürliche Fantasie, sondern eine Mär bedeutete ursprünglich »Kunde oder Nachricht aus übersinnlichen Welten«.

Sie war, wie es im Althochdeutschen hieß, eine *Hagazussa,* eine »Heckensitzerin«. Zaunreiterin (nordisch *tunrida,* althochdeutsch *zunritha*) wurde sie auch genannt, wobei mit diesem Wort auch Geister, Totengespenster oder Vagabunden gemeint sein konnten. Bei den alten Angelsachsen hieß die Frau, die im *haguthorn,* im »Dornenzaun«, saß *haegtesse,* wobei der zweite Teil des Wortes, *tesse,* Elbin[41] bedeutet. Aus der Haegtesse wurde das englische Wort *hag* (Hexe, altes Weib), ebenso wie aus der Hagazussa unser Wort Hexe entstand. Beide haben mit der Hecke oder dem Hag zu tun.

Wer lange in der Hecke sitzt, wird *hag*er, im Englischen *haggert,* das heißt verhärmt, wild blickend, verstört und eben hager, wie die Waldteufel selber.

Selbstverständlich teilen Pflanzen und Tiere den Nimbus der Hecke. Der Igel zum Beispiel galt im Mittelalter als Hexenbegleiter; sein englischer Name ist *hedgehog,* was sich als Heckenschwein übersetzen lässt. Die Eidechse ist ein weiteres Hexentier; ihr Name entwickelte sich aus dem niederdeutschen *egediese,* im mittelniederländischen ist sie die *haghetisse* – sie ist also ebenfalls ein Geist in der Hecke. In einem Hexenprozessprotokoll wird notiert, dass eine Hexe statt Elben Eidechsen geboren hätte.[42]

Hexen können ihren Astralleib von ihrem in Trance befindlichen Körper lösen, in Tiere – Eulen, Katzen und so weiter – hineinschlüpfen und auf Reisen gehen – eine schamanische Praxis, die von der Kirche strengstens bestraft wurde. Sie konnten als Nachtmahr Schlafenden auf der Brust hocken und Druck ausüben, sodass den Opfern das Atmen schwerfiel, sie schwitzten und Alpträume hatten. Jemanden, der von unheimlichen Astralwesen geritten wird, bezeichnen die Engländer als *hag-ridden.* Dagegen hilft es, einen Stein mit Loch, einen sogenannten »Hühnergott«, über das Bett zu hängen.

*Hag*dorn (englisch *hawthorne*) ist ein anderer Name für den weiß blühenden Weißdorn. Die im Herbst reifenden roten Früchte werden regional Hagäpfli oder Hagäpfel – englisch *haw* – genannt. In dem Heckenbaum steckt die Zauberkraft der Großen Göttin. Mit dieser Kraft vermochte die junge Hexe Viviane sogar den Erzdruiden Merlin zu betören: Sie verbannte ihn unwiederbringlich unter einen Weißdornbusch (siehe Seite 164). Das Maifest (keltisch *Beltaine*), die Hochzeit der Vegetationsgöttin mit dem Sonnengott (*Bel, Belenos*), wurde im Maivollmond gefeiert, wenn der Weißdorn in voller Blüte steht. Das Mädchen, das für die Rolle der Maikönigin auserkoren wurde, trug eine Krone aus blühenden Weißdornzweigen auf dem Haupt. Nicht nur zaubern konnte man mit dem Weißdorn, man konnte sich damit auch schützen. So hängten die Mütter Weißdornzweige ins Fenster, damit Unholde den schlafenden Kindern nichts antun konnten.

Ein weiteres Heckengehölz, die Hasel, regional Hagbaum genannt, ist selbstverständlich ein magischer Baum, aus dem

Zauberstäbe gemacht werden können. Im Schwarzwald gab man Kindern, wenn sie weit zu laufen hatten, Haselruten mit, die Kreuzottern und Vipern abhalten sollten. Weitere magisch verwendete Heckengehölze sind Schlehe oder Schwarzdorn, die Hagbeere (Traubenkirsche) und die Heckenrose.

Mit der Rationalisierung der Landwirtschaft und damit große Agrarmaschinen effizient eingesetzt werden können, verschwinden immer mehr der ökologisch wertvollen Hecken zwischen den Feldern und die heckenähnlichen Übergangszonen am Rande der Forste – und damit auch ein Teil der kulturellen Erinnerung.

HEILKRÄUTERKUNDE

Wie wir sahen, waren die neolithischen Bauern nicht ganz so gesund wie die Jäger-und-Sammler-Kulturen. Sie litten an Karies, Gelenkverschleiß, ernährungsbedingten Leiden und an Infektionskrankheiten (siehe Seite 135). Dementsprechend kannten sie auch viel mehr Heilkräuter als ihre nicht sesshaften Vorfahren. Trägerinnen dieses Heilkräuterwissens waren die erfahrenen älteren Frauen. Kräutertees zum Beispiel wurden dreimal am Tag zu sakralen Zeiten getrunken – bei Sonnenaufgang, am Mittag, wenn die Sonne im Zenit steht, und bei Sonnenuntergang. Auch Kräutersalben und Umschläge waren wichtig. (Storl 2016a)

RELIGION

Wichtiger als die eher individualistischen Schamanen der Jäger-und Sammler-Kulturen wurden nun die Priester. Schamanen kommunizieren und verhandeln mit den Geistern und Göttern im ekstatischen Zustand. Ekstase (griechisch *ékstasis*) bedeutet ein »Außer-sich-Geraten«. Den Priestern liegt diese Art Verzückung fern, sie sind nüchterne Leiter von Zeremonien und Opferfesten, sie haben die rituellen Abläufe und Zauberhandlungen gelernt, die notwendig sind, um eine Gesellschaft zu organisieren und zu führen. Dazu gehört das Festsetzen eines Kalenders.

Für Pflanzer und Ackerbauern ist ein Kalender, der die Aussaattage, den Rhythmus der Pflegemaßnahmen, die Zeiten der

Ernten bestimmt, sehr wichtig. Priester leiten die damit verbundenen Feste und binden diese in einen sakralen Kontext ein. Die an das landwirtschaftliche Jahr gebundenen Feste sind die Bauernfeste, die zum Teil heute noch gefeiert werden.

Mit dem Neolithikum änderten sich auch die Bilder, die das Seelenleben der Menschen bestimmen. Der Feldbau bediente sich sexueller Metaphern: Das Pflügen und Bestellen des Ackers wurde als Entjungferung der Erdgöttin imaginiert, das Säen der Samen mit ihrer Befruchtung; die Göttin geht schwanger über den Sommer, im Herbst gebiert sie ihre Kinder, das Korn und die Früchte des Ackers, und die Ernte wurde als Opfertod dieser Kinder gesehen. Und genau wie die Jäger sich einst beim erlegten Wild entschuldigten und vielleicht ein Stück Leber als Opfer zurückließen, brachten die Neolithiker der Erdgöttin ein Sühneopfer: einen Stier, ein Schaf, das eigene Blut oder gar ein Menschenopfer.

So wurde die steinzeitliche Göttin der Tiefe, die Herrin der Tiere und Hüterin der Seelen zur leidenden Muttergottheit, zu einer »schmerzensreichen Mutter« (*Mater dolorosa*), die ihre Kinder, ihre durch Sichel und Hacke getöteten vegetabilen Söhne und Töchter, beweint. Die Magna Mater, die Große Mutter, erscheint als die sumerisch-babylonische Ischtar, die ihren Sohn und Geliebten Tammuz (Dumuzi), den Gott der Vegetation, beweint und sucht. Ischtar wurde mit vielen Brüsten, wie bei einer Sau, dargestellt, um symbolisch aufzuzeigen, dass sie die große Ernährerin ist. Auch die kleinasiatische Göttin Kybele betrauert ihren Sohn und Geliebten, den schönen Knaben Attis. Ihr Kult kannte das rituelle Stieropfer (*Taurobolinum*), wobei ein Stier über einer Grube geschlachtet wurde und die Initianten in der Grube in dessen Blut badeten.

Die alten Ägypter kannten in Osiris, dem Gemahl und Bruder der Göttin Isis, ebenfalls eine sterbende und wiederauferstehende Vegetationsgottheit. Osiris galt als der zeugende Same und Isis als die Gebärmutter des Universums. Herodot, der griechische Geschichtsschreiber aus dem 5. Jahrhundert v. u. Z., berichtet, wie als Teil des Isis-Osiris-Kultes ein Stier gehäutet und unter Wehklagen als Opfer verbrannt wurde. Der getötete Stier wurde mit Osiris gleichgesetzt.

Die Muttergöttin wurde in den neolithischen Kulturen mit orgiastischen Festen und blutigen Ritualen gefeiert, wie sie Jäger-und-Sammlerinnen-Gesellschaften nie gekannt hatten. Meistens waren es männliche Tiere, Widder, Böcke, aber vor allem Stiere, jene potenten Befruchter, zugleich auch die Söhne und Geliebten der Großen Göttin, die ihr Leben lassen mussten. Sogar der Himmelsgott Zeus als Träger sexueller Potenz nahm Stiergestalt an, um die schöne Königstocher Europa zu begatten. Der Stierkult in den alten Agrargesellschaften hat viele Ausprägungen, die wir hier nicht weiter erläutern können. Ein Überbleibsel des Kultes ist der stark ritualisierte spanische Stierkampf. Das *Olé,* das die begeisterten Zuschauer bei einer solchen *Corrida de Toros* in die Arena rufen, stammt – wie einige Sprachwissenschaftler vermuten – aus den Zeiten, als die maurischen Muslime Spanien noch beherrschten; *Olé* ist eine Verballhornung von *w-Allah,* »bei Allah«.[43] Inzwischen hat das *Olé, Olé, Olé* auch die Fußballstadien erreicht.

Auch das Christentum, eine synkretistische Religion mit Wurzeln im neolithischen Denken, kennt den sterbenden und wiederauferstehenden Gott, den Sohn der Mutter Gottes, der sich in die Nahrungspflanzen hineingeopfert hat. In den Evangelien lesen wir, wie Jesus Brot brach, es seinen Jüngern reichte und sprach: »Nehmet und esst, das ist mein Leib!«, dann nahm er den Kelch mit rotem Wein und sprach: »Das ist mein Blut!«[44] Weizen und Wein – das war die lebenserhaltende tägliche Kost im Mittelmeerraum. Beide waren nördlich der Alpen schwer anzubauen. Wenn es für die dortigen Waldvölker eine Kommunion gab, dann waren es eher Schweinebraten und Bier. Die Römer brachten die Weinrebe und bessere Weizensorten in den Norden und fromme Missionare das neue Weltbild von Sünde und Sühne durch den gekreuzigten und wiederauferstandenen Sohn des Himmelsgottes und Marias, die zugleich »Braut des Christos« ist.

(Muser 1995:208) Wenn nun die neu bekehrten, des Lateins unkundigen Heiden im Norden während des Messopfers (Eucharistie) bei der wundersamen Verwandlung des Brotes in das Fleisch Gottes den Satz *Hoc est corpus meum* (»Das ist mein Leib«) hörten, dann verstanden sie lediglich »Hokuspokus«.

Bei den Völkern, die Gartenbau und Ackerwirtschaft betreiben, ist die Erde weiblich. Sie ist Teil der Großen Mutter. Bei den meisten primitiven[45] Hackbauern und Pflanzerkulturen sind es deswegen die Frauen, die die Pflanzen pflegen und den Acker bearbeiten. Die Männer machen nur die schwere Arbeit des Rodens und kümmern sich um die Jagd und kriegerische Auseinandersetzungen. Konsequenterweise gehören die Felder und Äcker den Frauen, nicht individuellen Frauen, sondern den matrilinearen Clans, denen meist eine Clan-Matriarchin vorsteht. Da man das Land nicht mitnehmen kann, ziehen die Ehemänner in das Dorf der Ehefrau; die Kinder gehören dann zum Clan der Frau (siehe Seite 262ff). Ethnologen nennen solche Gesellschaften matrifokal. Die alteuropäischen jungsteinzeitlichen Kulturen, wie die sogenannte Donauzivilisation (5000–3000 v. u. Z.) oder die Ureinwohner Griechenlands, die Pelasger, waren daher eher mutterrechtlich organisiert.

Anders war es bei den auf Tierzucht spezialisierten Neolithikern, besonders den Hirtennomaden, wie den in den Steppen Westasiens beheimateten Indoeuropäern oder den Semiten im Vorderen Orient. Herden treiben ist eher Männerarbeit, aber selbstverständlich halfen die Frauen dabei. Ihre Aufgabe war auch das Melken, Käsemachen, Nähen, Lederbearbeiten. Bei einem Leben, das von der Suche nach Weidegründen bestimmt war, konnten die Männer nicht in die Dörfer der Frauen ziehen, sondern die Frauen zogen mit den Männern. Der religiöse Fokus war weniger die Mutter Erde als die Götter des Himmels. Mit anderen Worten: der Fokus war mehr patriarchalisch.

DER PROPHET

Es ist nicht anders zu erwarten, als dass sich mit der Neolithisierung neue Weltbilder und neue Religionen entwickeln. Zarathustra, der »Kamelreiche«, trat vor schätzungsweise drei- oder viertausend Jahren – niemand weiß das genaue Datum – im Nordosten des Irans an, eine völlig neue Vision zu verkünden, eine Vision, die im Judentum, Christentum, Islam und im Marxismus bis zum heutigen Tag weiterlebt. Man könnte ihn als den ersten Propheten der neolithischen Weltsicht betrachten. Zentral in seiner Lehre ist die nahezu schizophren in Gut und Böse geteilte Welt. Ein guter Schöpfergott (*Ahura Mazda*) steht einem satanischen Gegenspieler, dem Angra Mainyu (*Ahriman*), gegenüber. Bei diesem Propheten wurde die noch durchlässige neolithische Hecke zur festen Mauer, die Wald und Wildnis aussperrte. Auf der guten Seite befanden sich die Landwirtschaft betreibenden sesshaften Bauern, Getreide, Obst und alle Nutzpflanzen, Kühe, Schafe und alle anderen domestizierten Tiere, auch der Hofhund und die Bienen. Auf der Gegenseite befanden sich das unkultivierte Land, die Wildnis, und die von Angra Mainyu verdorbenen und pervertierten Geschöpfe: Schlangen und andere Kriechtiere, Raubtiere wie die Wölfe und »unreine« Tiere wie Frösche, Mäuse, Ratten, Fliegen, Raupen und Ameisen. Sie zu töten war Pflicht. Auch die »nutzlosen« Konkurrenten der Ackerpflanzen, die Unkräuter, hatte der schwarze Geist heimlich nachts in die Felder ausgesät. Die wilden, umherziehenden, plündernden Nomaden und deren berauschte, in Ekstase fallende Schamanen gehörten ebenfalls dem Ungeist.

Diese dualistische Vision war wirklich neu. Bei traditionellen Naturvölkern, auch bei den mit den Iranern verwandten vedischen Indern, hatte jedes Wesen seine bestimmten Eigenschaften. Der Biss einer Schlange konnte tödlich sein, aber das machte sie nicht böse; ihr Erscheinen konnte auch Heilung und Erleuchtung bedeuten. Eine Gottheit konnte in leuchtender Schönheit oder in Schlangengestalt erscheinen. Ein Wildkraut konnte giftig sein, aber zugleich ein Heilkraut sein. Auch die alten Götter, die

Devas, die Zarathustra ablehnte, besaßen gegensätzliche Eigenschaften. Zum Beispiel war Sarva (Sanskrit *Shiva*), der wild tanzende Gott des Rausches, zugleich der »segensreich wirkende« Gott des Yogas. Und von Indra, dem Gewittergott, der den Wolkendrachen mit seinem Blitzkeil erschlägt und damit das Wasser, den Regen, befreit, blieb bei Zarathustra nur ein gewalttätiger Drachen im Dienste Ahrimans übrig.

Das Universum war für diesen Propheten ein Kampf zwischen Gott und Satan. Der Mensch steht dazwischen und muss sich so oder so entscheiden. Es ist der Kampf zwischen Ackerland und Wald, zwischen Kultur und Wildnis (englisch *civilisation and wilderness,* französisch *civilisation et nature sauvage,* spanisch *civilización y desierto*),[46] wobei am Ende das Gute, die Zivilisation, gewinnt. Derartige Mythologien liegen den indigenen Völkern fern; für sie bewegen sich die Zeiten im ewigen Kreislauf.

DER PALM

Am Palmsonntag wird hier im Allgäu, wo ich wohne, in Erinnerung an den Einzug Jesu in Jerusalem ein »Palm« gebastelt und zum Segen der Gemeinde durch das Dorf und über die Weiden getragen. Das Gebilde besteht aus einem runden Kranz aus sieben immergrünen sowie frischgrünen Zweigen, die man vor allem im Wald holt – Eibe, Sadebaum, Buchsbaum, Weißtanne, Fichte, Buchenlaub und blühende Weiden. In der Mitte des Rades befindet sich ein gleicharmiges Kreuz aus Holunderzweigen; diese werden geschält, damit sich keine »Hexen« – gemeint sind die unsichtbaren Astralleiber böser Zauberer – zwischen Holz und Rinde verstecken können. Das grüne Radkreuz (⊕), auch Ringkreuz genannt, wird auf einem langen Haselstecken getragen. Mit Holunder und Hasel sind es im Ganzen neun Pflanzen, die den »Palm« ausmachen.

Der Pfarrer erzählt zwar, dass dieses Radkreuz das Kreuz andeuten soll, auf dem der Heiland gekreuzigt wurde, aber die Symbolik ist viel älter. Die jüngere Altsteinzeit kannte sie schon; für die Indianer ist es das Medizinrad, der vierstrahlige Schöpfungskreis mit dem Großen Geist in der Mitte; für viele sibirische Stämme stellt es den kreisenden Himmel[47] dar, mit dem Nordstern in der Mitte. Für die Bauern in der europäischen Jungsteinzeit war es das Symbol der Sonne, die die Vegetation grünen lässt. Zugleich stellte dieses Sonnenkreuz den Jahreskreis mit seinen vier Kardinalpunkten dar: Winter- und Sommersonnenwende und die Herbst- und Frühjahrs-Tagundnachtgleichen.

Was hier unter kirchlichen Fittichen als »Palm« gilt, ist eigentlich ein uralter keltisch-germanischer Frühlingszauber, der sich bis in die Jungsteinzeit zurückverfolgen lässt. Die Menschen begrüßten den Geist des Frühlings, indem sie singend und lärmend, diesen heiligen Fetisch tragend, sonnenläufig ihre Felder umwandelten. Dass das Sonnenkreuz auf einer Haselgerte erhöht ist, macht Sinn, denn die Hasel vermittelt – wie wir weiter oben (siehe Seite 99ff) schon gesehen haben – die Kräfte der spirituellen Dimensionen; in diesem Fall sind es die Sonnenkräfte.

Aus dem Walde
war alle europäische Kultur
hervorgegangen,
die geistige nicht minder
als die materielle.

Werner Sombart
(1863–1941), Kultursoziologe

Und gewiss!
Wer sein Lebenslang
von hohen ernsten Eichen
umgeben wäre,
müsste ein anderer Mensch werden,
als wenn er täglich unter
luftigen Birken sich erginge!

Johann Wolfgang von Goethe (1749 -- 1832),
im Gespräch mit J. P. Eckermann

VI. INDIGENE EUROPÄISCHE WALDVÖLKER

Kulturanthropologen haben die vielen verschiedenen algonkisch und irokesisch sprechenden Indianervölker, die südlich der subarktischen Borealwälder Kanadas bis hinunter zum Golf von Mexiko und vom Atlantik bis zum Mississippi lebten, als einen Kulturkomplex aufgefasst, den sie als Eastern Woodland Culture (Östlicher Waldkulturkreis) bezeichneten.[48] Diese Völker sammelten, jagten, fischten und betrieben Hackbau auf brandgerodeten Flächen. Ihre Kultur wurde von dem ausgedehnten sommergrünen Waldbiotop geprägt. In vielen Aspekten ähnelten sie den mesolithischen und frühjungsteinzeitlichen Menschen, etwa den Bandkeramikern, in Mitteleuropa. (Storl 2016a:96) Nach denselben Kriterien wäre es zulässig, auch die indigenen Völker nördlich der Alpen zu einem Kulturkomplex der »europäischen Waldvölker« zusammenzufassen.

Wenn wir hier von den alten Waldvölkern reden, dann soll man das keineswegs mit den heutigen Nationalstaaten verwechseln, wie man es im chauvinistischen, sozialdarwinistischen 19. und frühen 20. Jahrhundert tat, wo – mit unguten Folgen – die Franzosen die keltischen Gallier für sich in Anspruch nahmen, die Deutschen die Germanen und verschiedene osteuropäische Staaten die Slawen. Was man lediglich sagen kann, ist, dass jeweils im Westen Europas das keltische, im Süden das romanische, im Norden das germanische und im Osten das slawische Kulturelement stärker vertreten ist.

Zu diesem Waldkulturen-Komplex gehören folgende Gruppen:

- **Kelten:** Gegen Ende der Bronzezeit drangen in mehreren Schüben Vieh züchtende, indoeuropäisch sprechende Reiterkrieger auf der Suche nach Weidegründen aus den osteuropäischen Steppen nach Westen vor. Dabei stießen sie auf die Wanderfeldbauern, die in gerodeten Lichtungen des schier endlosen Urwaldes mit primitiven Hackpflügen ackerten und

Rinder, Schweine, Schafe und Ziegen hielten. Die Eindringlinge waren dank ihrer Pferde beweglicher und besaßen bessere Waffen, so konnten sie die primitiven Waldbauern überrumpeln. Dem Urwald aber, den mächtigen Eichen, Buchen und den sumpfigen Auenwäldern, hatten sie nichts entgegenzusetzen. Die ehemaligen Steppenreiter mussten sich an den Rhythmus des Waldes und an dessen jahreszeitlichen Wandel anpassen. Die Waldgöttin und ihre Gefährten, die Hirsch-, Eber- und Bärengottheiten, ließen sich nicht leicht unterjochen. Der Wald schluckte die Eindringlinge, nahm sie und ihre Seelen in Besitz. (Storl 2018:39)

So verschmolzen die Eindringlinge mit den Waldbauern. Die Eingeborenenfrauen, mit denen sie sich vermählten und Kinder zeugten, kannten die Geheimnisse des Waldes, sie wussten um die Heilwasserquellen, die Wildkräuter und Heilpflanzen; sie kannten auch die ortsgebundenen Naturgeister, die Zwerge und Elfen, sie wussten, wie man sie ruft, wie man sie um Hilfe bittet, wie man sie freundlich stimmt. Auf diese Weise kam es zu einer kulturellen Verschmelzung der Indoeuropäer und der Indigenen, und es entstand allmählich die Kultur, die man als Kelten bezeichnet. Der Kern dieser Kultur[49], die in der frühen Eisenzeit zur ersten Blüte kam, erstreckte sich von Böhmen und Österreich entlang der Alpen bis nach Ostfrankreich. Eine zweite Blüte der keltischen Kultur war die Latène-Zeit (5. Jahrhundert v. u. Z.), in der keltische Stämme über Frankreich hinaus die Britischen Inseln, Irland, Norditalien und Spanien besiedelten; in Osteuropa verbreiteten sie sich über das gesamte Donaubecken bis nach Kleinasien (die heutige Türkei), wo sie als »Galater«[50] erscheinen. Im Norden siedelten die Kelten bis zu einer Linie, die von Leiden (Südholland) über den Harz und den Thüringer Wald bis nach Breslau gezogen werden kann.

Die Kelten sind für uns interessant, weil sie die europäische Bauern- und Volkskultur – bäuerliches Brauchtum und Folklore, Heilkunde, Märchen, Sagen, Lebensrhythmus – bis zum heutigen Tag stark geprägt haben. Obwohl sie in viele Stämme aufgesplittert waren und keine Zentralregierung besaßen, stellen sie eine Grundlage für ein vereinigtes Europa dar.

- **Germanen:** Die von den Römern als Germanen bezeichneten Stämme tauchten spät in der Geschichte auf. Für die Römer waren sie der Inbegriff der wilden, im Wald hausenden, langmähnigen, unrasierten Barbaren. Caesar nannte sie »roh und unkultiviert«. Weder Städte noch Straßen noch öffentliche Bäder kannten diese Analphabeten. Sie lebten in verrauchten, fensterlosen Holzhäusern und kleideten sich in Leder, Fell, Bast und rohe Wolle. Im Zustand der manischen Besessenheit stürzten sie sich, oft nackt, mit tierischem Geheul auf ihre Feinde. Auch ihre Frauen seien so wild.
  Nach neuesten Erkenntnissen waren diese Wilden, die den Römern einen Schreck einjagten, Ureinwohner des nördlichen Europas, zu Hause in den Borealwäldern Skandinaviens und an der Nord- und Ostseeküste. Rund 1000 Jahre lang waren die Germanen die rückständigen nördlichen Nachbarn der Kelten. Sie wurden indoeuropäisiert, dennoch haben fast ein Drittel der Wörter in den germanischen Sprachen keine indoeuropäische Entsprechung. (Hutterer 1975:44) Es handelt sich bei ihnen um matrifokale Stämme, die neben Wanderfeldbau und Viehzucht auch noch Jagd und Fischfang betrieben.
  Ab dem 4. Jahrhundert n. u. Z. verschlechterte sich das Klima. Es wurde kälter. Das belegen Untersuchungen von Baumringen, wobei die Eichen am besten die Niederschlagsmenge und Kiefern und Lärchen die Sommertemperaturen anzeigen. Das Klimaoptimum, das während der Glanzzeit des römischen Reiches herrschte, ging zu Ende; Alpenpässe schneiten häufiger zu, die Baumgrenze sank, der Anbau von Wein, Oliven, Kastanien und so weiter verlagerte sich nach Süden. Im Norden, wo die Germanen siedelten, kam es zu Missernten und Hungersnöten; Seuchen – Pocken, Lepra, Tuberkulose – und die Säuglingssterblichkeit nahmen zu.

Aber auch in der endlos weiten asiatischen Steppe wurde es kälter und trockener, Staubstürme fegten über die Ebenen und das Gras kümmerte oder verdorrte, sodass die Herden der Steppennomaden wenig zu fressen hatten. Da machten sich diese in Kriegsdingen erfahrenen, berittenen und gut bewaffneten »Klimaflüchtlinge« – sie wurden als »Hunnen« bekannt – auf die Suche nach neuen Weidegründen gen Westen auf. Die germanischen Stämme wichen diesem Druck aus und zogen ihrerseits nach Westen und Süden, wo sie das Römische Reich überrannten. Wo einst ihre Felder und Weiden waren, drangen, wie Pollenanalysen ergaben, die Wälder wieder vor und mit ihnen die Wölfe. Die Römer versuchten sich vor dem Ansturm der Barbaren zu schützen, indem sie eine 550 Kilometer lange, breite, befestigte Schneise durch den Wald Germaniens schlugen. Aber ähnlich wie die Mauer, die Präsident Trump gegen lateinamerikanische Einwanderer baut, hielt sie das Einsickern der Barbaren nicht ab.

Während dieser Völkerwanderung fanden die Franken ihren Weg nach Gallien, die Goten setzen sich in Spanien und in der Krim fest, und die Vandalen, die vorher in Schlesien ansässig waren, zogen über Andalusien bis nach Nordafrika. Sachsen und Angeln setzten zu den britischen Inseln über, die Langobarden (die »Langbärtigen«) besiedelten Norditalien. Die Wikinger waren das Schlusslicht der heidnischen Völkerwanderung; diese germanischen Raubhändler hinterließen Spuren in der nach ihnen benannten Normandie und als Waräger, die mit ihren Drachenschiffen die Wolga hinaufsegelten.

- **Slawen:** Mit dem Tod Attilas (453 n. u. Z.) zerbrach das Hunnenreich, dessen Hauptlager in der ungarischen Tiefebene war. In das Vakuum, das dadurch in Ost- und Mitteleuropa entstand, zogen im 6. Jahrhundert die Slawen. Slawische Stämme wanderten westwärts bis an die Elbe, südwärts in den Balkan und ostwärts nach Sibirien. Auch diese indoeuropäisch sprechenden Gruppen waren in den Wäldern zu Hause. Sie waren Brandroder, die weiterzogen, wenn der Boden erschöpft war. Sie wohnten in Blockhäusern und Dörfern mit Palisaden, züchteten Rinder, Schafe, Ziegen und Schweine und bauten Roggen, Saatweizen, Hafer, Gerste, Hirse und verschiedene Gemüse an.

- **Balten:** Die indoeuropäisch sprechenden Völker, die die bewaldeten Regionen am östlichen Rand der Ostsee besiedelten, werden Balten genannt. Zu ihnen zählen die Litauer, die Letten und die alten Preußen. Letztere wurden im Laufe der Geschichte völlig germanisiert; ihre Sprache erlosch im frühen 18. Jahrhundert. Weiter nordöstlich leben die mit vielen sibirischen Stämmen verwandten finno-ugrischen Völker, zu denen die Esten, Finnen, Liven und Karelier gehören; ihre Kultur ist ein Bindeglied zu den schamanisch geprägten Völkern in den Borealwäldern und der Taiga im Osten.

DAS WALDVOLK DER KELTEN

> *»Wie Merlin*
> *möcht' ich durch die Wälder ziehn;*
> *was die Stürme wehen,*
> *was die Donner rollen,*
> *und die Blitze wollen,*
> *was die Bäume sprechen,*
> *wenn sie brechen,*
> *möcht' ich wie Merlin verstehen.«*
> *Nikolaus Lenau (Wanderlieder)*

Fast jeder weiß, dass die Priester, Gelehrten und Führer der Kelten Druiden genannt wurden. Allein schon dieser Name ist waldbezogen. Die Bezeichnung Druide lässt sich in zwei Teile zerlegen: **dru* (Baum, Eiche) und **wid* (Wissen). Der Druide ist also der »Baumweise« oder »Eichenweise«. Plinius der Ältere, ein schreibwütiger pensionierter römischer Admiral, berichtet: »Die Druiden halten nichts für heiliger als die Mistel und den Baum, auf dem sie wächst, wenn es nur eine Eiche ist. Sie wählen an sich schon die Eichenhaine und verrichten kein Opfer ohne das Laub dieses Baumes, sodass sie ihren Namen Druiden nach dem griechischen Wort (*Drys* = Eiche) erhalten haben könnten.«[51] Weiter schreibt er: »Sie ziehen Eichenhaine allen anderen (als Tempel) vor und vollziehen keine feierlichen Gebräuche ohne Eichenblätter. Sie bilden sich ein, dass alles, was auf diesen Bäumen wächst, vom Himmel gesandt und ein Zeichen ist, dass die Gottheit diesen Baum besonders ausgewählt hat.«

Wer kennt nicht die Geschichte von weißgewandeten Druiden, die mit goldener Sichel die Mistel schneiden, auf einem weißen Tuch auffangen und dazu zwei blumenbekränzte Jungstiere opfern? Natürlich war das nicht der alltägliche Brauch keltischer Kräutersammler, sondern ein hochmagisches Ritual, durchgeführt bei der Thronbesteigung eines neuen Königs. Die schleimigen, weißen Mistelbeeren galten als die Spermatropfen des kosmischen Stiers; sie sollten dem neuen Herrscher, der mit der Göttin des Landes vermählt wurde, kosmische Zeugungskräfte verleihen.

Der heilige Ort war für die Kelten der Eichenhain, Drunemeton (altirisch *nemed* = heilig; verwandt mit lateinisch *numen*), und nicht irgendein Tempel oder Gebäude. Caesar, der seine Feinde genau studierte, schrieb, dass die Druiden bei ihrer Ausbildung als Magier, Ärzte, Barden, Propheten und Hüter des Wissens 20 Jahre – wie Hirsche lebend – im Eichenwald verbrachten. Während dieser Zeit in den heiligen Hainen übten sie Askese, opferten und vollzogen die magischen Rituale, die schon in der nichtmateriellen, geistigen Dimension die Dinge richteten und harmonisierten, ehe sie sich auf der materiellen Ebene manifestierten. Sie lernten die Überlieferungen und Gesänge durch mündliche Weitergabe auswendig und nicht aus Büchern. Man musste das Wissen im Herzen und im Gedächtnis haben und nicht auf Pergament. Der Wald selber war die Schrift der Götter. Jedes Kraut, jeder Baum, jeder Vogel, jeder Käfer, jeder Stein, jeder Tropfen, jede Schneeflocke war voller Zeichen, voller Auskünfte und Aussagen. Ganz feinfühlig, hellhörig und hellsichtig machte das abgeschiedene Waldleben diese Druiden.[52] Für sie waren die Elfen und Waldgeister nicht nur Sage, ihr Bewusstsein war erweitert genug, um diese ätherischen Wesen wahrzunehmen und zu erfahren.

Der Ur-Druide erscheint in der Gestalt des Zauberers Merlin. Als historische Person hat es Merlin (walisisch *Mryddin*) wahrscheinlich ebenso wenig gegeben wie den mythischen König Artus, dem er als Ratgeber diente. Er ist eben ein Archetypus, ähnlich dem schlohbärtigen Seher und Weisen Gandalf in J.R.R. Tolkiens *Herr der Ringe* oder dem germanischen Zaubergott Wodan mit seinem wallenden Bart und Schlapphut oder auch dem Weihnachtsmann. Von Merlin heißt es, er lebe verborgen im schwer zugänglichen Urwald, neben einem Quell, umstanden von Haselsträuchern und dichtem Gestrüpp. Kräuter und Wurzeln waren seine Speise, Wolf und Eber seine besten Gefährten; gelegentlich ritt er auf einem Hirsch. (Tolstoy 1989:107)

Merlin, so die Sage, wurde geboren von einer Jungfrau, die vom Teufel entjungfert und geschwängert wurde. In anderen Worten: In ihm vereint sich die Reinheit der Jungfrau mit dem Wissen des archaischen gehörnten Waldgottes. Seine Gegenspielerin ist Morgan (*Morgan le Fay*). Auch hinter dieser Person versteckt sich eine alte keltische Gottheit, die Totengöttin Morrigan (indoeuropäisch **mora* = Mahr, Mahrgeist, Vampir), der die düsteren, nebelgrauen Tage des Novembers gehören, wenn die Spukgeister umgehen; ihr Baum ist die toxische Eibe.

Verschiedene Sagen erzählen vom Ende des großen Zauberers. Betört vom Liebreiz der jungen Nimue (*Viviane*), der Königin des Wassers oder dem »Fräulein vom See«, erzählt er ihr alle seine Zaubergeheimnisse. Sie hört gut zu und als er unter einem alten Weißdornbaum – dem Baum der Weißen Göttin – sitzt, umtanzt sie ihn und spricht die Bannsprüche, die er sie gelehrt hat, und verliert seinen Verstand. Wie Buddha unter dem Feigenbaum sitzt er da in tiefer Versenkung. Andere Sagen aus Cornwall erzählen, dass sie ihn unter einen Stein, einen Menhir, bannte. Bei den Bretonen wird wiederum erzählt, dass die wilden Wälder von Brocéliande der Schauplatz waren, an dem die junge Viviane ihren Zauber spielen ließ. Der große viktorianische Poet Alfred Tennyson (1809–1892) dichtet:

> *»Ein Sturm zog auf, die Winde waren aber still,*
> *und in den wilden Wäldern von Brocéliande,*
> *vor einer Eiche, so hohl und hoch und alt,*
> *dass einem Turm efeuumrankten Mauerwerks sie glich,*
> *lag Merlin zu Füßen die verschlag'ne Vivien.«*

Der Sturm ebbte ab, der Forst wurde wieder ruhig, »und was nicht geschehen durfte, war nun doch geschehen«. Überredet und übermüdet, hatte der alte Narr ihr den ganzen Zauberspruch verraten, und sie bannte ihn in die alte Eiche hinein, wo er noch heute sitzt, bis er eines Tages erlöst wird. Die Eiche kann man aber auch als die Weltenachse (*axis mundi*) deuten, die Himmel und Erde verbindet. Er hatte dank der List der Göttin des Wassers seine Mitte gefunden.

Alteuropäische Sagen erzählen oft von entrückten Weisen oder Königen. Eine der bekanntesten ist die Sage von Barbarossa, der verzaubert im unterirdischen Schloss im Kyffhäuser schläft. Im Berg Blanik schläft König Wenzel, der Schutzpatron Böhmens, mit seinen Rittern; wobei eine andere Sage erzählt, der beliebte Herrscher sei in eine Eiche entrückt worden. Diese Könige werden wiederkommen, wenn die Not im Land so groß wird, dass niemand außer ihnen die Gerechtigkeit wiederherstellen kann. Auch Artus, der einstige und zukünftige König (*rex quodam, rexque futurus*), wurde nach Avalon entrückt. Er kreist im Sternbild des Großen Wagens (»Der große Bär«, *Ursus major*) um den Nordstern. Wenn die Zeit gekommen ist, wird er aus dem Großen Wagen aussteigen, um die Welt wieder weise und gerecht zu regieren. Diese Geschichten erklären, dass nichts verloren geht und in den großen Zeitenkreisen alles wiederkehrt, auch das alte Wissen. Die Bäume – insbesondere die Eichen – sind Hüter dieses verborgenen Wissens.

DRU (EICHE, BAUM)

> *»Die Eiche war ein heiliger Baum,*
> *so kann man ihn noch immer schau'n,*
> *robust und knorrig, mächtig stark,*
> *ein Riese, unbeugsam, autark.*
> *Dem Donnergott war er geweiht,*
> *eintausend Jahre zählt seine Zeit.«*
> *Jürgen Wagner (Dichter, Waldmensch, 2014)*

Die Eiche vertrat im gesamten indogermanischen Kulturkreis – bei Kelten, Slawen, Germanen, Balten, Römern und Griechen – den Weltenbaum. Sogar für die vedischen Inder war die Eiche (Sanskrit *drú*) der Weltenbaum, ehe sie weiter nach Süden zogen, wo dieser Baum nicht wächst. Dort, im Indus- und Gangestal, übertrugen sie ihre Verehrung auf den Feigenbaum, den Pipal-Baum (*Ficus religiosus*).

Das alte Wort für Baum, *Dru* oder auch *Der,* erscheint im englischen *tree,* im schwedischen *träd* oder im dänischen *trae* oder versteckt in unserem Holun*der,* Wachol*der,* Apol*der* (Apfelbaum), Rüs*ter* (Ulme) und Flie*der.* Zur selben Sprachwurzel gehören eine ganz Reihe positiv belegter Begriffe, wie Treu (englisch *true*), Trauen (englisch *trust, betrowth* = anvertrauen) oder Trost; sogar der inzwischen durch den Buddhismus bekannte Sanskritbegriff Dharma (Proto-Indoeuropäisch **dher* = das, was sicher trägt, stark; *dhri* = tragen) hängt mit der Eiche als dem Baum der Bäume zusammen.

Türschwellen, Tore, Türen wurden seit eh und je aus dem harten, robusten, lang haltbaren Holz gezimmert, das eine hohe Rohdichte besitzt und sich kaum verzieht. Diese Begriffe – auch das Sanskrit-Wort *torana* für »Tor« und »Bogen« – gehören zum selben Bedeutungskomplex. Bäume, insbesondere die Eichen, sind auch Tore zur Anderswelt, zu den Göttern.

Die mit der Eiche assoziierten Götter sind vor allem blitzkeiltragende Himmelsgötter, wie Donar/Thor (angelsächsisch *Thunar*), der baltische Perkunas, der slawische Perun, der keltische Tanaris, der griechische Zeus und der römische Jupiter. Diese Götter galten als Feinde der Drachen und Lindwürmer, als Regenbringer und Befruchter der Erdgöttin. Man unterhielt ihnen zu Ehren heilige Feuer aus Eichenholz, die – unter Todesstrafe – nie erlöschen durften. Im heidnischen Novgorod brannte ein solches Feuer zu Füßen der Statue des donnerkeiltragenden Perun. Ähnliche Feuer waren in Polen und bei den Balten bekannt. Noch lange nach der Bekehrung zum neuen Glauben wurden vielerorts die Mittsommerfeuer mit Eichenholz gefüttert, denn die Sommersonnenwende ist eine Zeit, in der Gewitter häufig sind.

Kildare (Irland) – der Name bedeutet »Heiligtum der Eiche« – war einst ein Drunemeton (siehe auch Seite 207). Hier brannte ein heiliges, vermutlich mit Eichenholz gefüttertes Feuer, das zu Ehren der heiligen Brigit, der Schutzpatronin Irlands, christianisiert wurde und noch bis ins 16. Jahrhundert von 19 Jungfrauen (Nonnen) gehütet wurde. Auch in Rom brannte einst ein ewiges Feuer aus Eichenholz, es war aber einer Göttin geweiht, der Vespa, der Beschützerin von Heim und Herd; Vestalinnen, absolut keusche Jungfrauen, hüteten dieses Feuer. Übrigens wurde der Vatikan auf einem der sieben, ursprünglich mit Eichen bewachsenen Hügel Roms errichtet. Der Wald war dem Jupiter, dem Götterkönig und Träger des Blitzkeils, geweiht. Der Petersdom wurde nicht nur so benannt, weil der Apostel angeblich dort seinen Märtyrertod erlitten hatte, sondern vor allem deswegen, weil Petrus im Volksglauben Jupiters Stelle als Wetterherr einnahm.

DER WEISSAGENDE BAUM

Die Stammesältesten der Waldvölker hielten Ratsversammlungen am Fuße des Eichenstammes und hofften auf den Blitz der Einsicht. Später, im frühen Mittelalter, beriet sich der König am runden Tisch, der aber aus dem Holz einer einzigen Eiche geschnitten sein musste. An einer solchen Tafelrunde saß König Artus mit seinen zwölf Rittern. Noch lange kannte die europäische Bauernkultur den Stammtisch, wo die Dorfältesten am runden Eichentisch beim Bier saßen und die Angelegenheiten der Gemeinde besprachen und nach bestem Willen versuchten, diese in günstige Bahnen zu leiten.

Die Eiche galt als Orakelbaum. Unter ihren mächtigen Ästen konnte man den Willen der Götter erfahren. In Dodona, in Epirus, zum Beispiel stand eine heilige Eiche, aus deren Rauschen die Priester die Stimme des Zeus hörten. In Homers *Odyssee* (14. Kapitel) erzählt der Held Odysseus dem »göttlichen Sauhirten« Eumaios von der heiligen, dem Zeus geweihten Eiche:

> *»Jener ging gegen Dodona, erzählte er,*
> *dort aus des Gottes hochgewipfelter Eiche*
> *von Zeus zu vernehmen den Ratschluss.«*

DRYADEN

In alten Eichen nehmen gerne Naturgeister ihre Wohnung. Die Griechen nannten sie Dryaden (von griechisch *drys* = Eiche, Baum). Solche Baumwesen, die Tausende von Jahren leben können, strahlen Segen über das umgebende Land aus. Bevor die Eiche, in der sie leben, gefällt wird, müssen diese Geister mit einem Ritual beschwichtigt werden, damit sie den Baum verlassen. Man kannte aber auch Baumnymphen, die sogenannten Hamadryaden, die laut klagen und mit dem Baum sterben, wenn dieser gefällt wird. Die frühen Missionare leugneten nicht, dass es diese Nymphen gab, machten aber Hexen und Spukgeister aus ihnen. So heißt es im ländlichen Aberglauben immer noch, wenn starker

Lärm im Eichenwald zu vernehmen ist: »Der Teufel spukt, zum Andenken an den ehemaligen Heidendienst.«

EIN MANNHAFTER UND WEIBLICHER BAUM

Die Eiche, der Baum der Gewittergötter, wurde seit keltischen Zeiten als Krieger gesehen. Der Baum wurde zum Sinnbild der Treue, der Männlichkeit, des Kämpfermuts und der Unnachgiebigkeit – er ringt mit dem Sturm und biegt sich nicht; er tanzt nicht mit ihm wie die Birke oder bricht wie die Weide. Die Helden des Altertums, wie Herkules oder der irische Nationalheld Cú Chulainn, trugen ihre Kämpfe mit Eichenkeulen aus.

Das im 14. Jahrhundert herausgegebene epische Gedicht »Kampf der Bäume und Sträucher« (*Cad Goddeu*) geht auf Taliesin, den größten Barden der Waliser, zurück, der im 6. Jahrhundert lebte. Zur Eiche schreibt er:

> *»Unter den stampfenden Füßen der schnellen Eiche*
> *dröhnen Himmel und Erde.*
> *›Mannhafter Wächter der Pforte‹*
> *heißt ihr Name in allen Sprachen.«*

Maude Grieve (1858–1941), eine berühmte patriotische britische Kräuterexpertin, nennt die Eiche einen besonders englischen Baum, einen wehrhaften Schutzwall Britanniens. (Grieve 1931:594). Auch die Franzosen reklamieren die Eiche, *le chêne*, als den Baum ihrer gallischen Vorfahren.

Der Dichter Friedrich Gottlob Klopstock (1724–1803) erfand während der französischen Okkupation im patriotischen Überschwang die »deutsche Eiche«: »Du gleichst der dicksten Eiche, O Vaterland!« Seither tragen Offiziere Eichenlaub, und als die Soldaten in den Ersten Weltkrieg zogen, steckten sie sich Eichenlaub an die Helme.

Die Eiche ist aber auch ein weiblicher, ein mütterlicher Baum, ein Baum der Geburt, eine Ernährerin. Der Baum war Göttinnen wie Persephone, Cerridwen, Hera und Freya geweiht. Die Eiche ist freundlich, nicht abweisend wie die Buche oder die Fichte, unter deren Schatten kaum etwas wächst. Sie beherbergt und verköstigt Käfer, Gallwespen, Eichhörnchen, Siebenschläfer, Eichelhäher und natürlich die Wildschweine, wie eine gütige Mutter. Der Waldspecht, der einst als prophetischer Vogel galt, baut gerne seine Höhle in der Eiche. Der Baum war auch für die Menschen ein nährender Baum: So heißt es nicht nur, dass »der beste Schinken auf Eichen wächst«, sondern in Notzeiten kann man die Eicheln, richtig zubereitet, auch essen.

Eine archaische Sage lässt das Menschengeschlecht der Eiche entspringen und die Götter Zeus und Jupiter als Kinder unter einer Eiche Schutz finden.

DAS JAHRESRAD

Über den irischen Baumkalender und das keltische Baumalphabet Beth-Luis-Nion ist schon viel geschrieben worden. Am bekanntesten ist das Werk *Die weiße Göttin* des Oxford Professors Robert Ranke-Graves. (Ranke-Graves 1985) Hier wollen wir uns nicht mit den einzelnen Bäumen beziehungsweise den Buchstaben beschäftigen, sondern uns kurz einmal die Kardinalpunkte, die Sonnenwenden und Tagundnachtgleichen, anschauen und die dazwischenliegenden sogenannten Kreuzviertel-Tage, die genau zwischen den Kardinalpunkten liegen. Das Ganze bildet ein achtspeichiges Rad. Man könnte es als das Spinnrad der Göttin bezeichnen.[53]

IMBOLC: DIE BIRKE UND DIE LICHTGÖTTIN BRIGIT ODER BIRGIT

Das keltische Baumalphabet fängt mit *Beth* an. Das ist die Birke, der Baum des Neubeginns und der Reinigung. Die Birke gehört der Brigit, der lichtumhüllten, strahlenden, weißen, jungfräulichen Göttin, die in den Alpen – unter etwas anderem Vorzeichen – noch als Percht bekannt ist. Ihr Fest fiel auf den Vollmond im Februar, wenn die Sonne, der »Sonnenhirsch«, schon einen Sprung weiter ist, die Tage länger werden, die Winterstarre beendet ist, die ersten Blumen, die Schneeglöckchen, die sonnigen Huflattichblüten und die Waldanemonen erscheinen, die Weiden und Haselstauden blühen und der Saftfluss in die Bäumen steigt. Es ist die Zeit, in der die Waldvölker die Birke anzapften, denn der Birkensaft wirkt verjüngend und reinigend.

Nicht nur die Säfte in den Bäumen brachte die Göttin ins Fließen, sondern auch den Fluss der Inspirationen, der die Sänger und Barden beflügelt und den Heilern die richtigen Eingebungen schenkt.

An ihrem Feiertag, glaubte man, schauen Dachs und Bär aus ihren Höhlen hervor, und wenn sie blinzeln müssen, weil es zu hell und sonnig ist, dann ziehen sie sich noch einmal für sechs weitere Wochen in die Erde zurück, denn so lange würde der Winter sich noch halten. Für Bauern und Gärtner war das selbstverständlich wichtig. Sie beobachteten, wie sich diese Tiere an dem Tag verhielten, denn sie wollten wissen, wie lange es noch dauern würde, bis sie ihre Felder und Beete wieder bestellen könnten. Diesen Brauch nahmen die nordeuropäischen Siedler mit nach Amerika und übertrugen ihn auf das dort einheimische Waldmurmeltier. Der Murmeltiertag oder Groundhog Day wurde in den Vereinigten Staaten zu einer Art Volksfeiertag – der populäre Film *Und täglich grüßt das Murmeltier* beruht auf diesem altkeltischen Glauben.

Die christlichen Missionare mussten sich den vorgegebenen keltischen Jahreskreisfesten anpassen, obwohl sie die »unflätigen Feste im Februar« zunächst einmal verbieten ließen.[54] Dazu gehörten auch die »Faselnächte« (Fastnacht), die aber in vorchristlichen Zeiten kaum etwas mit dem Fasten zu tun hatten, sondern mit Faseln (vom mittelhochdeutschen *vaseln, viseln* = fruchten, gedeihen; im Mittelhochdeutschen bedeutet *visel* das männliche Glied). Es waren also recht wilde Masken- und Fruchtbarkeitsfeste. Aus dem Fest der Birkengöttin wurde schließlich das kirchliche Fest Mariä Lichtmess (2. Februar), in Erinnerung an den

Tag der vorgeschriebenen Reinigung Marias, 40 Tage nach der Geburt, sowie an die Darbringung und Beschneidung des Jesuskindes im Tempel.

ALBAN EILIR: DIE FRÜHJAHRS-TAGUNDNACHT-GLEICHE UND DER SCHWARZDORN

Zweimal im Jahr sind die Tages- und die Nachtstunden gleich lang. Zur Zeit der Frühjahrs-Tagundnachtgleiche im März blühen Ulme und Schwarzdorn (Schlehe) am Waldrand; in wärmeren Landstrichen schwellen schon die Knospen der Apfelbäume. Das schwarze, dornige Holz der Schlehe ist plötzlich in eine schneeweiße Blütenpracht getaucht. Die dunkle Göttin des Winters hat sich nun in eine Lichtgöttin verwandelt. Frühlingsfeuer begrüßten die Göttin, die bei den Germanen Ostara (angelsächsisch *Eostrae*) hieß. Frauen sammelten nun die »neun« Frühlingskräuter, eine der Göttin geweihte Kultspeise, die mit der grünen Kraft des Lebens verbindet. Schon in vorchristlichen Zeiten bemalte und verzierte man die frischen Eier, und die Hasen symbolisierten die nun wieder einsetzende Lebensfreude und Fruchtbarkeit.

Umzüge und Prozessionen gehörten mit zum Frühlingserwachen. Mensch und Haustiere umwandelten Weiden und Felder, grüne Zweige oder Kränze in den Händen, singend und Lärm machend, rechtsläufig im Uhrzeigersinn, im Einklang mit der Bahn der Sonne (siehe Seite 154f).

Die gelbe Schlüsselblume galt übrigens als der Schlüsselbund der Freya, mit dem sie das Tor aufschließt, durch das der Lenz Einzug halten kann.

BELTAINE: DAS MAIFEST UND DER MAIBAUM

Die Kelten feierten das Maifest als die heilige Hochzeit, die Hierogamie (Götterhochzeit), der schönen jungen Blumenfrau, der Pflanzengöttin – bekannt unter anderem als Blodeuwedd oder Belisama –, der Tochter der Erde, mit dem Sonnengott, dem strahlenden Belenos (Bhel, Bile, Baldur), dem Sohn des hohen

Himmels. Es war zugleich der Beginn der hellen Jahreshälfte, die dann sechs Monate später in den düsteren Novembertagen endete. Das Maifest, wahrscheinlich ein Erbe der jungsteinzeitlichen Megalithvölker, wurde gefeiert, wenn die Weißdornblüte in den Maivollmond fiel. Die jungen Männer holten, oft mit einem Gespann weißer Ochsen, den Maibaum aus dem Wald – meistens eine Birke, in den Alpenländern eine Fichte. Es war selbstverständlich, dass die Kraft der Erneuerung, die sexuelle Lebensenergie, nicht aus dem verbrauchten Kulturland kommen konnte, sondern nur aus dem Wald und der Wildnis.

Der Kultbaum wurde bis auf die Spitze geschält. Er war eigentlich der Phallus des Sonnengottes, der einen mit roten Bändern verzierten Blütenkranz durchstieß. Der Maibaum, der dann in der Mitte des Dorfes aufgestellt wurde, war aber nicht nur ein Symbol der heiligen Hochzeit, sondern zugleich der Weltenbaum, der Himmel und Erde verbindet.

In einer Art *imitatio dei,* Nachahmung des Götterpaares, zogen – noch im Mittelalter – die jungen Leute in die Wälder, wo sich die Mädchen in mit Blumen ausgelegten »Minneburgen« (*châteaux d'amour*) verschanzten, die von den Burschen erstürmt wurden. Im hohen Mittelalter ging das noch gut, denn da war das Klima milder und der Mai war wirklich ein Wonnemonat. Ein altwalisischer Dichter meint dazu: »Ehe es das Gesetz des Papstes gab und solchen Ärger, liebten einander alle ohne Schande. Freie und leichte Freude kommt wieder, da der Mai die Häuser hat uns aus Blättern bereitet …«

Der radikalprotestantische Puritaner Philip Stubbes wetterte gegen den Maibaum, diesen »stinkenden Götzen«, der von Ochsen mit blumenumwundenen Hörnern aus dem Wald gezogen und dann umtanzt wird. Bei dem Feiern in freier Natur sei »kaum ein Mädchen, das nicht seine Ehre verliert«.[55] Eigentlich brachten die Burschen mit dem Maibaum den befruchtenden Geist des Pflanzenwachstums ins Dorf. Dieser Baumgeist kann sich vom Baum trennen und menschliche Gestalt annehmen. (Frazer 1951:179)

Auch unter der Dorflinde wurde in der Maienzeit getanzt und fröhlich gefeiert, wie es im schönen Volkslied *Nun will der Lenz uns grüßen* heißt:

> *»... hei, unter grünen Linden,*
> *da leuchten weiße Kleid,*
> *heija, nun hat uns Kinden*
> *ein End all Wintersleid.«*

ALBAN HEVIN: SOMMERSONNENWENDE, EICHE UND HOLUNDERBLÜTE

Ein weiteres wichtiges Fest der Kelten und der Waldvölker überhaupt ist die Sommersonnenwende, die Zeit der zwölf längsten Tage des Jahres, wenn der Sonnenhirsch mit goldenem Geweih auf dem Weltenberg steht. Die Eiche, für die Indoeuropäer der König der Bäume, galt im keltischen Baumkalender als Herrscher dieser Zeit. Licht und Wärme der kraftvollen Sonne wurden durch das Mittsommerfeuer, durch Fackelläufe, Feuerläufe oder das Herunterrollen von brennenden Rädern oder glühenden Scheiben von den Bergen in intensiver, unmittelbarer Teilnahme (*participation mystique*) gefeiert und auf die Erde heruntergeholt. Die gesammelten Heilkräuter wurden an das Sonnwendfeuer gehalten, um sie mit dem heilenden Licht aufzuladen.

In vielen europäischen Traditionen musste das Feuer ein Notfeuer sein. Das hat nichts mit Not zu tun, sondern hieß einst *Niedfyr,* vom althochdeutschen *hnieden,* »reiben«; es ist ein »Reibefeuer«, ein ursprüngliches Feuer, das durch das Aneinanderreiben von zwei Holzflächen neu entsteht. Mancherorts musste der Quirl der Tradition gemäß aus Eichenholz bestehen, denn die Eiche gehörte dem blitzschleudernden Himmelsgott, der zu dieser Zeit ab und zu ein Gewitter schickt, um seine Geliebte, die Erdgöttin, zu erfrischen.

Zu dieser Zeit ist die Vegetationsgöttin schwanger mit den Früchten der Erde und träumt den Mittsommertraum. Das Getreide geht allmählich seiner Reife entgegen. Sogenannte Bilwiss-Priester (mittelhochdeutsch *bilwioz* = Wundersames Wissende; von altgermanisch **bil* = gestaltbildende Wunderkraft) steckten Ebereschenzweige oder »Wolfskräuter« wie die Arnika (Bergwohlverleih, ehemals Berg*wolf*verleih) in die vier Ecken der Felder und schnitten einige unreife Garben, um zu verhindern, dass der Wachstumsgeist das Feld verlassen und in den Wald fliehen würde.

Der Holunder, ein Baum der alten Göttin, blüht zu dieser Zeit; er spielte eine wichtige Rolle bei den Mittsommerfeiern. Noch immer werden vielerorts Holunderküchlein aus den Blütendolden gebacken, die lecker schmecken und denen viel Heilkraft nachgesagt wird.

Zu Mittsommer verwandelt sich der milde und schöne Sonnengott Belenos in Lugus (Lugh), den feurigen Meister aller Dinge. Bei den germanischen Völkern, die diesen Mythos wahrscheinlich von den Kelten übernommen hatten – ursprünglich verehrten sie keinen Sonnengott, sondern eine Sonnengöttin – war es der holde Baldur, der zu dieser Zeit vom Feuergott Loki tödlich verwundet wurde. Die Kirche, die erkennen musste, dass die Heiden von diesem Fest nicht lassen wollten, ersetzte den geliebten Sonnengott durch Johannes den Täufer, der auf Jesus, »die wahre Sonne der Seele«, hingewiesen hatte, ehe er, wie Baldur, sein Leben verlor. (Storl 2018:162f)

LUGNASAD/LAMMAS: DAS AUGUSTFEUER UND DIE ESCHE

Die Sonnwendzeit ist schon längst vorbei, wieder sind rund 40 Tage vergangen und der Sonnenhirsch hat einen weiteren Sprung gemacht. Nun wird das Fest des feurigen Sonnengottes Lugus (Lugh) und der Göttin als Matrone mit dem Füllhorn gefeiert. Lugh ist, wie auch der germanische Loki, derjenige, der alles zum Abschluss und zur Vollendung führt. Seine Feuerkraft bringt das Korn zur goldenen Reife, lässt die Grillen zirpen und gibt den Kräutern ihre Würze und Heilkraft (die ätherischen Öle). Nun lassen die Frauen ihre Heilkräuter weihen – ein Brauch, der auf das Fest Mariä Himmelfahrt am 15. August übertragen wurde. Mit der Getreideernte wird nun das Fest des Brotlaibes gefeiert.

Der Lichtspeer des feurigen Gottes ist ein Eschenspeer. Die Esche galt als Licht- und Feuerbaum, aus dessen Holz man den Feuerquirl machte, mit dem das Augustnotfeuer hervorgequirlt wurde.

ALBAN ELVED: HERBST-TAGUNDNACHTGLEICHE UND ERNTEZEIT

Nach dem Herbst-Äquinoktium werden die Nächte wieder länger als die Tage. Die Lebenskraft der Natur vergeht mit dem schwindenden Sonnenlicht, die Wälder ziehen ihr buntes Herbstkleid an, die Besenheide blüht, die Pilze wagen es, ihre Fruchtkörper aus dem Moder emporzustrecken. Noch immer schüttet die Göttin ihr Füllhorn aus: Nüsse, Trauben, Obst und Wurzelgemüse purzeln heraus. Die ausgelassenen heidnischen Erntedankfeste wurden auf Anraten von Papst Gregor dem Großen (540–604) zum Kirchweihfest (Kirmes, Kirta, Chilbi) umgewandelt. Noch immer wird bei der Gelegenheit viel geschmaust, getrunken und ausgelassen gefeiert.

Haselnüsse und Äpfel, die nun geerntet werden, standen bei den Kelten symbolisch für die Lebensernte, sie wiesen auf die Anderswelt, auf das jenseitige Apfelland (Avalon) und eigneten sich als Opfergabe für die Verstorbenen.

SAMHAIN: EIBE UND TOTENGEISTER

Mit Samhain (keltisch *samani* = Sammlung) im Nebelmonat November hörte für die Kelten die helle Jahreshälfte auf. Die Zugvögel sind fortgeflogen, die meisten Bäume stehen, vom kalten Atem des ersten Frosts angehaucht und ihres Laubkleides beraubt, nackt da, und es wird still in der Natur. Mit dem Nebelmonat November hört die Arbeit draußen auf Acker und Feld auf, die Tiere sind im warmen Stall, das Weibervolk arbeitet in den Spinnstuben beim Schein der Fichtenspäne. Nach Halloween (altenglisch *halga* = heilig, und *eve* = Abend), wenn die Totengeister umgehen, nahm auch das Kräutersammeln und Ernten ein Ende. Danach waren nämlich die Pflanzen *pukka* (tabu), dann gehörten sie den Geistern, den Pucken.

Jugendliche gingen als Totengeister verkleidet von Haus zu Haus, baten um Gaben, um Totenspeisen – Äpfel, Haselnüsse, Brot. Wurde ihnen das verweigert, trieben sie Schabernack; wurden sie gespeist, dann segneten sie als »dankbare Tote« (englisch = *grateful dead*) die Hausbesitzer.

Überhaupt galt der November als eine Zeit des Todes. Es war Jagdzeit, nicht nur die Männer jagten im Wald, sondern auch der schwarze Gott der Unterwelt, der dem Sonnenhirsch nachstellte und ihn erlegte. Er raubte dessen Braut, die Vegetationsgöttin, und nahm sie mit in die Unterwelt. Und es war Schlachtzeit. Die Tiere, die nicht über den Winter gefüttert werden konnten, wurden geschlachtet, gepökelt oder zu Räucherspeck und -wurst verarbeitet.

Nun ging man auch in den Wald, um Bäume für das Bauholz zu fällen, das man im kommenden Jahr benötigen würde. Holz, das im November bei abnehmendem Mond geschlagen wird, wird nicht wurmstichig oder von Pilz und Schimmel befallen, denn es ist trocken und ohne Saftfluss. Das wusste man damals schon, und das wussten auch noch die Emmentaler Bauern, bei denen ich einst arbeitete.

Für die alten Kelten war diese kalte, nebelig trübe Zeit der Zeitraum, in dem die Göttin der Geister, der Raben und der Eibe, die Totengöttin Morrigan, herrscht. Dieser Baum, der oft in Friedhöfen gepflanzt wird und aus dessen Holz todbringende Speere und Bögen gemacht wurden, sprengt den Kreis der anderen zwölf keltischen Bäume; er galt als Tor zur Ewigkeit – Sprachwissenschaftler vermuten, dass der keltische Name der Eibe, *ivo* oder *ibar*, mit dem althochdeutschen Wort *ewa* oder »ewig« verbunden ist. Die Eibe kann den Menschen aus der Zeit in die Ewigkeit katapultieren.

ALBAN ARTHUAN: WINTERSONNENWENDE – TANNE, FICHTE UND HULST

Die Wintersonnenwende ist und war neben der Sommersonnenwende wohl die heiligste Zeit der Waldvölker. In den dunklen, kalten Tagen vor der Sonnenwende im Winter erlebte man, wie struppige Naturgeister und hungrige Totengeister unruhig über das Land zogen. In der finstersten Nacht des Jahres – der Modraniht, »Mütternacht«, wie die heidnischen Angelsachsen sie nannten – geschieht dann das Wunder aller Wunder: der kosmische Kreis öffnet sich und das Sonnenkind, der Sonnenhirsch, wird im Erdenschoß wiedergeboren. Zwölf Tage lang wurde einst dieses Sonnwend- oder Jul-Fest gefeiert. Schon in vorchristlichen Zeiten schmückten die Kelten dann ihre Häuser mit den immergrünen Zweigen der Stechpalme (englisch *holly*).[56]

Zu Mittsommer steht die Eiche, der heilige Baum, in vollem Laub, zur Wintersonnenwende ist sie jedoch kahl, aber der Hülsenbaum mit seinen roten Beeren bleibt grün. Die britischen Kelten stellten sich die Sonnenwenden als einen Kampf zwischen dem Eichenkönig und dem Stechpalmenkönig vor. Zur Wintersonnenwende schlägt der Eichenkönig, der den Sommer beherrscht, den Stechpalmenkönig, der die dunkle Jahreszeit beherrscht, denn nun werden die Tage wieder länger. Zu Mittsommer ist es umgekehrt, da siegt der Holly-König über den Eichenkönig, denn nun werden die Tage kürzer. Der Wintergeist wurde später zum heiteren *Father Christmas,* der einen grünen Mantel und eine Stechpalmenkrone trägt und am selben Archetypus teilhat wie der schimmelreitende Zaubergott der Germanen, Väterchen Frost bei den Russen und andere weißbärtige Alte, die als Segen bringende Wintergottheiten aus den anderen Dimensionen, den Tiefen des Waldes oder aus dem eisigen hohen Norden zu den Menschen kommen. Die Kirche versuchte sie durch Sankt Nikolaus, den Bischof von Myra in Kleinasien, zu ersetzen. Die wilden Naturgeister, die diesen Archetypus begleiteten, wurden von rauen Gesellen wie Pelznickel, Knecht Ruprecht, Schmutzli (Schweiz), Hans Trapp (Elsass), Krampus, Polterklaus oder, in den Niederlanden, *Zwarte Piet* ersetzt.

Während der Wintersonnwendtage wird in den keltischen Häusern ein Mistelzweig über die Haustür gehängt, wobei man wissen muss, dass die Türrahmen aus Eichenholz gezimmert waren. Die Mistel, die hoch in den Bäumen zwischen Himmel und Erde wächst, symbolisiert den magischen Zwischenraum zwischen zwei Zeiträumen. (Für die Kelten bestand die Zeit aus einer Abfolge von Raumeinheiten.) In diesen Zwischenzeiten verwischten die Grenzen zwischen dem Diesseits und der Anderswelt. Es sind Zeiten, in denen die irdischen Gesetze ihre Gültigkeit verlieren und Unmögliches möglich wird. Es ist eine gute Zeit für das Orakel, denn die Götter und Ahnen sind besonders nahe.

Während dieser Tage wurde mit Beifuß, Wacholder, Tannenharz und manchmal auch mit Ruch- oder Mariengras geräuchert. Es waren die Rau- oder Rauchnächte, in denen Hof, Haus und Stall mit dem Rauch dieser würzigen Kräuter gereinigt wurden.

Am Ende der zwölf heiligen Nächte, ehe das Jahresrad wieder anfing, sich zu drehen, kamen im keltischen Alpenraum die drei Matronen vorbei – noch im Mittelalter kannte man die Göttinnen als die drei Bethen: Ambeth, Wilbeth, Worbeth – und segneten jedes Haus für das kommende Jahr.

Es sind zwar nicht mehr die drei Göttinnen, die mit ihrem Segen die zwölf Weihnachtstage zu Epiphanie beenden, sondern die drei Heiligen Könige aus dem Morgenland, Caspar, Melchior und Balthasar. Aber warum sollte das ein Problem sein? Die heilige, segensreiche Zeit bleibt bestehen, denn die Götter sind unsterblich, sie wechseln lediglich in jeder Zeitepoche ihre Erscheinung. Im Zeitalter der Fische erscheinen sie eben in einem christlichen Gewand. Und nichts spricht dagegen, dass wir auch die alten christlichen Weihnachtslieder singen und das »Licht der Welt« und den lieben Gott in der Gestalt des Mariensohns in der Krippe unter dem Tannenbaum verehren.

Das heilige Fest der Wintersonnenwende war den Kelten wie auch den anderen europäischen Waldvölkern so wichtig, dass sie nicht davon lassen wollten. Die Kirche hatte keine andere Wahl, als die Geburt Jesu in die Sonnwendtage zu verlegen – Papst Liberius setzte im Jahr 354 n.u.Z. den 24. Dezember als den offiziellen Geburtstag des Heilands fest. Und so blieb das heilige Fest, in dem sich der Himmel öffnet, erhalten: »... heut schließt er wieder auf die Tür zum schönen Paradeis, der Cherub steht nicht mehr dafür, Gott sei Lob, Ehr und Preis ...«

HÄUPTLINGSBÄUME

Wie waldverbunden die Kelten waren, zeigt sich allein schon in der walisischen Sprache: *Gwydd* bedeutet Wald; der *Derwydd* ist der Druide, der Eichenweise, *Arwydd* ist ein Zeichen, *Cywydd* ist eine Offenbarung und *Gwydion,* »der von den Bäumen Geborene«, ist ein weiser, trickreicher Zauberer und der Druide der Götter.

Der Wald selber spiegelte die Gesellschaft der Kelten der Latène-Zeit wider. Es gab Häuptlingsbäume und Bauernbäume. Laut einem mittelalterlichen irischen Gesetz galt für das widerrechtliche Abschlagen eines Haselstrauchs und eines Apfelbaumes die Todesstrafe. Für die anderen Häuptlingsbäume, darunter Eiche, Eibe, Esche, Tanne, Erle und Birke, wurde eine Buße von einer bis zu drei Kühen verhängt. (Ranke-Graves 1985:236) In einem anderen alten keltischen Gesetz heißt es: »Drei Wesen ohne Atem sind nur mit atmenden Wesen zu zahlen: Apfelbaum, Haselnussbusch und Eiche.«

DAS WALDVOLK DER GERMANEN

> *»Auf Odins Platz:*
> *Ich fragte ihn nach der alten Religion.*
> *›Nichts übriggeblieben‹, sagte er,*
> *... und ein Wind kam auf.«*
> *James Koller (Raise the Stakes, 1987)*

An den wilden Germanen, den indoeuropäisierten Ureinwohnern Nordeuropas, bissen sich die Römer die Zähne aus. Gewohnt an urbanes Leben auf kultiviertem Land, war Germanien, wie es Tacitus (58–120 n. u. Z.) schildert, eine Waldwildnis. Er schreibt: »Terra ... in universum tamen aut silvis horrida aut paludibus foeda.« (»Das Land ist im Ganzen starrend von Wäldern und entstellt durch Sümpfe.«). In Rom und dem ganzen Mittelmeerraum gab es nichts mehr dergleichen. Die mächtigen Zedernwälder des Libanons waren längst verschwunden; schon die alten Ägypter plünderten den dortigen Holzbestand, und ackernde Bauern und ihre gefräßigen Ziegen verhinderten die Wiederkehr der Bäume. Auch in den anderen Mittelmeerländern waren zu Zeiten des Tacitus die endemischen Eichen- und Pinienwälder längst verschwunden. Schon im 5. Jahrhundert v. u. Z. beklagte der Philosoph Platon die Abholzung der Wälder Griechenlands. Im Kritias-Dialog spricht er von der Entwaldung: »Der humusreiche und saftige Boden [...] gleitet unaufhörlich abwärts und verschwindet [...] Nur das nackte Gerippe des Gebirges, dem Skelett eines Kranken gleichend, ist übrig geblieben.«

Tacitus war dennoch fasziniert von den Wilden, die es vermocht hatten, die waffentechnisch überlegenen römischen Legionen im Jahr 9 n.u.Z. im Teutoburger Wald mittels Guerillataktiken völlig aufzureiben. Eigentlich war es der Wald selber, der die imperialen Eindringlinge besiegte.

Tacitus benutzte diese »Naturvölker« als Sittenspiegel, den er seinen dekadenten römischen Landsleuten vorhielt – ähnlich wie es gut eineinhalb Jahrtausende später Jean-Jacques Rousseau (1712–1778) mit den Indianern und anderen »edlen Wilden« gegenüber den raffinierten Gelüsten anheimgefallenen, überzivilisierten Europäern tat. Von deren Religion schreibt Tacitus in seinem ethnologischen Bericht: »Sie halten es nicht mit der Größe des Himmlischen vereinbar, Götter in Hauswände einzuschließen oder im Aussehen eines menschlichen Gesichts zu formen. Wälder und Haine weihen sie und nennen mit den Namen von Göttern jenes Geheimnisvolle, was sie allein in der Verehrung schauen.«

Tatsächlich waren diesen Eingeborenen die Wälder heilig. Wie konnte es anders sein? Im Rauschen der Buchenwälder versuchten sie den Willen der Götter zu erkunden. In heiligen Hainen hielten sie Rosse, die nie geritten oder vor einen Wagen gespannt wurden und deuteten deren Scharren und Schnauben als Orakel. Und unter uralten, dem Donnergott geweihten Eichen hielten sie Stammesrat.

DIE WELTENESCHE

Das Universum selbst erschien den Germanen als ein lebendiger, wachsender, grüner Baum, dessen Äste neun Stockwerke bildeten, in denen sich die Götterwelten der Asen und der Wanen befanden sowie das Reich der Lichtelfen.

Auf der Oberfläche unserer Erde, am Fuß des Weltenbaumes, zwischen den Himmelswelten und der Unterwelt, befand sich in der Sichtweise der Nordvölker Midgard, die Mittelerde, die sichtbare Natur und Heimat von Pflanzen, Tieren, Menschen und Steinen.[57] Der mächtige, den Blitzhammer schwingende Donar/Thor (angelsächsisch *Thunar*) schützt diese Mittelerde vor den zerstörungswütigen Riesen, Unholden und anderen Chaosmächten aus Utgard (altnordisch Útgarðr, »Außenwelt«). Auch den mächtigen Lindwurm, die Midgardschlange, die alles Land umgibt und sich in den eigenen Schwanz beißt, hält er mit seinem Hammer in Schach.

Das umfangreiche Wurzelwerk des Baumes enthält dreimal drei Wurzeln, unter denen drei Schicksalsgöttinnen walten, die allen Wesen ihr Schicksal spinnen. Dort wohnt auch Hel, die mit der paläolithischen Holle verwandte Göttin der Toten. In der Wurzelwelt befindet sich der Brunnen der Weisheit, aber auch ein Drache, den die nordische Sage als Nidhöggr (»der neidisch Hackende«) kennt.

Die Kunde, die wir vom germanischen Weltenbaum haben, stammt vor allem aus der spätgermanischen Wikingerzeit, insbesondere aus zwei literarischen Werken. Das ältere ist die Lieder-Edda, deren Verfasser unbekannt sind; das jüngere ist die Snorra-Edda. Beide sind im 13. Jahrhundert, lange nach der Christianisierung entstanden.

Die ältere Edda, eine Sammlung von Götter- und Heldenliedern, enthält die Geschichte von der Esche und der Ulme, aus der das erste Menschenpaar hervorging (siehe Seite 277f). Sie erzählt auch von den drei schicksalswebenden Nornen: der Urd, deren Wesen so tief ist, dass selbst der Schamanengott Odin es nicht ergründen kann; der Werdandi (angelsächsisch *Wyrd*), die das Werdende, das ständig aus den Ursprüngen neu Entstehende, Unvorhersehbare verkörpert, und der Skuld, die das, was werden soll, was die Wesen durch ihre Taten schulden, darstellt. In dieser Sammlung wird auch der Weltenbaum Minameid erwähnt. Niemand kennt seine Wurzeln, heißt es da, und weder Eisen noch Feuer können ihm etwas antun. In seiner Krone sitzt der goldene Hahn Widofnir, der »Windweber«. Die Feuerdämonen des Südens fürchten ihn ebenso wie die Eisriesen des Nordens. Die Imagination des goldenen Hahns auf der Spitze des Weltenbaumes ist ein kulturelles Motiv, das bis heute als Wetterhahn und auf Kirchtürmen, Hausgiebeln, über Stalltüren und Kreuzigungsgruppen weiterlebt. In manchen Regionen wird auch ein Hahn auf den Maibaum, der Maistange oder dem Johannisbaum zu Mittsommer gesetzt. Der Hahn ist ein Sonnentier, er symbolisiert den Sieg über die Dunkelheit, das Erwachen, den Kämpfermut und die Fruchtbarkeit.

Von der Weltenesche Yggdrasil heißt es in der Lieder-Edda, dass der Baum immergrün sei. Auch Adam von Bremen (1050–1085) berichtet, dass die Nordvölker glauben, die Zweige des Weltenbaumes blieben im Winter grün. Da aber die Eschen im Herbst ihre Blätter verlieren, spekulierten die Gelehrten, der Baum sei möglicherweise eine Eibe. Neben Yggdrasil wird auch der Baum Lärad in der Snorra-Edda erwähnt. Dieser Baum wächst neben Walhalla, der Halle Odins, wo er seine gefallenen Krieger, die Einherjer (»Einzelkämpfer«), an seiner Tafel versammelt, wo schöne Jungfrauen sie mit Wildschweinbraten und köstlichem

Met bewirten. Auf dem Dach der Halle stehend, nagt ein Hirsch an dem Laub dieses Baumes; dabei tropft Wasser aus seinem Gehörn in die Quelle hinab, aus der alle Flüsse der Welt entstehen. Auch die Ziege Heidrun knabbert an den Zweigen, wobei ständig Met aus ihrem Euter strömt, sodass die Einherjer mehr als genug zu trinken haben.

Die jüngere Snorra-Edda wurde von dem isländischen Politiker und Gesetzessprecher Snorri Sturluson (1179–1241) aus alten Überlieferungen zusammengestellt. Seine Helden- und Göttersagen bestehen aus den Gesängen und Dichtungen, welche die Barden an den Höfen der nordischen Fürsten vortrugen. Da Snorri Sturluson Theologie studiert hatte und Island schon seit 200 Jahren bekehrt war, lässt sich auch eine leichte Beeinflussung durch die christliche Sichtweise ausmachen. So wird etwa der Götterschelm und Feuergott Loki in die Nähe des christlichen Teufels gerückt, die Totenwelt wird zum Strafort, und Odin, der eigentlich ein Schamanengott ist, wird zu einer Art Gottvater. In diesem Zusammenhang spiegelt die Edda wohl kaum den Götter- und Geisterglauben des einfachen Volkes wider oder das Weltbild der germanischen Stämme, die tausend Jahre zuvor zur Zeit des Tacitus lebten. Auf jeden Fall war damals der Weltenbaum sicherlich keine Esche, sondern wie bei allen indoeuropäischen Völkern eine Eiche.

WIDU – DER WALD

Der Wald – angelsächsisch *widu;* altnordisch *vithr* (Baum, Holz); althochdeutsch *witu*[58]– war heilig, war Heimstätte der Götter und Geister. Das Wort ist übrigens verwandt mit dem Sanskrit, *vid* = Weisheit. In der Edda und anderswo erfahren wir, dass Widolf (Waldwolf) der Stammvater aller Seherinnen, Zauberer und Hagasuzzen ist, welche im Besitz der Weisheit der Wildnis sind. Widar (altnordisch *vidr* = »Wald« und *arr* = »Krieger«), »der schweigsame Ase«, ist der Gott des Waldes, der die Götterdämmerung, die alle anderen Götter hinwegfegt, überlebt und die

Welt erneuert! Durch ihn erneuert sich das Leben, was besagen will, die Kraft des Lebens, der Verjüngung und Wiedergeburt kommt aus der Wildnis!

Als Name ist auch Widukind, »Kind des Waldes«, bekannt. So hieß der Anführer der Sachsen, die ihrem heidnischen Glauben treu blieben, bis sie Karl der Große in einem dreißigjährigen Vernichtungskrieg mit Feuer und Schwert doch noch zum neuen Glauben zwangsbekehrte. Widukind ist wahrscheinlich kein Eigenname, sondern eine Umschreibung (Kenning) eines wehrfähigen Mannes, ebenso wie des Wolfes. Ein Namensvetter des sächsischen Kriegers ist Widukind von Corvey (925–973), der in England die »Geschichte der Sachsen« (*Res gestae Saxonicae*) verfasste.

DIE BUCHE

> *»Im Buchenwald bei Sonnenschein –*
> *es kann kein schöneres Wandern sein,*
> *der Moosgrund weich, der Schatten dicht,*
> *nur überflutet von Tupfen Licht.«*
> *Georg Christian Dieffenbach (1812–1901)*

Erst in der Bronzezeit, die vor etwas mehr als 4000 Jahren Mitteleuropa erreichte, wurde die Buche in den hiesigen Wäldern dominant. Auch die Hainbuche breitete sich zu der Zeit aus. Nach dem relativ warmen Atlantikum, das mit der Jungsteinzeit zusammenfiel, wurde es kühler und feuchter und ungünstiger für die Ackerbauern. Konflikte nahmen zu, es kam zu mehr kriegerischen Auseinandersetzungen, es gab Menschenopfer – eine Praxis, die bei den steinzeitlichen Jäger-und-Sammler-Kulturen völlig unbekannt war.

Buchenwälder wurden seit der Bronzezeit und der frühen keltischen Eisenzeit zur mitteleuropäischen Klimax-Vegetation. Das heißt, wenn die Menschen nicht eingreifen, roden oder die mehr

Gewinn bringenden Fichten pflanzen würden, würde der Buchenwald sich heute überall ausbreiten. Im Vergleich zur Bronzezeit sind die Buchenwälder in Europa deswegen inzwischen um 85 Prozent geschrumpft.

Die Buche wurde von den Waldvölkern als mütterliches Wesen empfunden, denn sie ist ein nährender Baum, das ist schon aus ihrem Namen ablesbar. Das indoeuropäische Wort für Buche war **bhago,* verwandt mit dem Sanskrit *bhag,* »spenden«; was wiederum mit dem Begriff Bhagwan (Gott, als Spender des Reichtums) und dem slawischen *Bog* (Gott) zusammenhängt. Im Lateinischen heißt die Buche *fagus,* was auf »essbar« oder »Essen spendend« zurückzuführen ist. Bucheckern enthalten 45 Prozent Öl, sie sind nahrhaft, schmecken gut und sind leicht zu sammeln. Nicht nur Menschen erfreuen sich an den Buchenfrüchten, sondern auch Schweine, die Lieblingstiere der Göttin. Auch die frisch austreibenden, hellgrünen, säuerlich schmeckenden Blätter lassen sich im Frühling gut als Salat oder Suppengemüse verwenden.

Vor allem aber haben die Germanen in den Waldeshallen, unter den Buchen, den Willen der Götter erkundet. Tacitus schrieb: »Auf Vorzeichen und Loswerfen achten sie wie nur ein Volk. Die übliche Art des Loswerfens ist einfach. Einen Zweig, den sie von dem fruchtbringenden Baum abgeschnitten haben, zerteilen sie in Stäblein, diese unterscheiden sie durch gewisse Zeichen und streuen sie, aufs Geratewohl und wie der Zufall es will, über eine weiße Decke. Dann betet der Priester, wenn öffentlich beraten werden soll, oder der Familienvater, wenn es im privaten Bereich geschieht, zu den Göttern, indem er zum Himmel aufblickt und drei Stäbe nacheinander aufhebt. Diese deutet er dann nach dem Zeichen, das vorher auf jedes eingeritzt war …«

Der Baum, der den Willen der Götter verkündete, war natürlich die Buche. Die Stäbe waren Buchenstäbe – daher unser Wort »Buchstabe«. In diese wurden Runen – das Wort hat mit dem Raunen der Götter zu tun – geritzt und mit Ocker oder Blut gerötet, um sie zu weihen und lebendig zu machen. Dann wurden sie geworfen und aufgelesen. Das Wurfergebnis wurde als *raedelse* (daher englisch *riddle,* deutsch *Rätsel*) bezeichnet und musste richtig geraten (angelsächsisch *geread,* englisch *read*) oder ausgelegt werden. (Laudert 1998:73) Wir haben das Wort Schreiben vom lateinischen *scribere* entlehnt, die Engländer aber sprechen noch immer vom »ritzen« (*to write*). So also sprachen die Götter aus dem göttlichen Baum.

Unter dem *Liber sanctum,* der Heiligen Schrift, konnten sich die Germanen nichts vorstellen. Wenn es sich um die Stimme der Götter handelte, dann musste es von den Buchen kommen. Die Missionare hatten keine Wahl, sie konnten die Bibel nicht *liber, libro* oder *livre* nennen wie in den romanisch sprechenden Ländern, sondern mussten bei der Buche bleiben – obwohl auch das lateinische *liber* ursprünglich »Baumrinde« bedeutete, in die man Zeichen einritzen konnte. Es gab im alten Rom am 17. März sogar ein Fest, Liberalia genannt, das den erneuten Saftfluss der Bäume feierte. Wegen dem weissagenden, graustämmigen Waldbaum werden gebundene Schriftwerke noch immer »Bücher« genannt.

Die kühle Säulenhalle aus mächtigen grauen Stämmen, das gedämpfte Licht, das ozeanische Rauschen des Laubs im Wind, der braune Waldboden, auf dem nur im Frühling einige zarte Blumen – Sauerklee, Zahnwurz, Buschwindröschen, Maiglöckchen – wachsen, ehe die Laubdecke sich wieder schließt – all das kann ein Gefühl der Geborgenheit und Transzendenz in der Menschenseele erzeugen. Psychoanalytiker glauben, dass die Buchenhallen in uns ein unbewusstes Erinnern an die vorgeburtliche Geborgenheit im mütterlichen Bauch hervorrufen.

Für die Heiden war es nicht einfach, sich an Kirchengebäude und bildliche Darstellungen der göttlichen und heiligen Persönlichkeiten zu gewöhnen, denn, wie Tacitus schrieb, wurden die Götter weder in menschlicher Gestalt angerufen noch in Gebäuden, sondern im Wald. Die ersten Kirchengebäude waren den kühlen Grotten nachempfunden, in welchen die mediterranen und nordafrikanischen Völker seit jeher ihre Götter verehrt hatten. Auch Jesus' Geburtsort in Bethlehem war eine Grotte und kein gemütlicher Stall, wie es sich die Menschen im Mittelalter einbildeten. Die romanische Kirche mag in heißen Ländern, in denen die Sonne gnadenlos sticht, angebracht sein, aber im kühlen, feuchten Klima nördlich der Alpen war das eine Zumutung. Erst die gotischen Kathedralen, im 12. Jahrhundert zuerst von französischen Baumeistern entworfen, kamen der germanisch-keltischen Volksseele entgegen. Diese Kathedralen waren mit ihren hohen Säulen, den verzweigten Spitzbögen und dem gedämpften Licht, das durch die bunten Glasfenster schien, in Stein verwandelte Buchenwälder. Auch die Akustik in den Kirchenschiffen ließ mittels gregorianischer Gesänge und später dem Orgelspiel das Waldesrauschen neu ertönen.

ODINS SELBSTOPFER

Der wohl meistzitierte Vers der Edda ist Odins Runenlied aus der Lieder-Edda:

> *»Ich weiß, dass ich hing am windigen Baum*
> *neun lange Nächte,*
> *vom Speer verwundet, dem Odin geweiht,*
> *mir selber ich selbst,*
> *am Ast des Baums, dem man nicht ansehen kann,*
> *aus welcher Wurzel er spross.*
> *Sie boten mir nicht Speis noch Met;*
> *da neigt' ich mich nieder*
> *auf Runen sinnend, lernte sie seufzend:*
> *Endlich fiel ich zur Erde.*
> *[...]*
> *Zu gedeihen begann ich und begann zu denken,*
> *wuchs und fühlte mich wohl.*
> *Wort aus dem Wort verlieh mir das Wort,*
> *Werk aus dem Werk verlieh mir das Werk.*
> *Edda, Havamal, 3. Teil*

Wenn das nicht eine schamanische Einweihung ist! Der windige Baum, die Weltesche Yggdrasil, ist wie jeder Schamanenbaum die Weltachse (*axis mundi*), die Himmelsstütze, der Firstpfeiler der Weltenhalle, die Mitte des Universums, denn nur hier in der Mitte kann die Einweihung in die Geheimnisse des Seins stattfinden. Yggdrasil bedeutet das »Reittier« oder »Ross« (*drasil*) des »Schrecklichen« (*Yggr*). Odin hat viele Namen – der Vielwissende, der mächtige Weise, der Gestaltenwechsler, der Wahre, der Wunscherfüller, der Rabengott, der Zauberer, der Unerkannte, der Maskierte, der Übelstifter (*Bölverkr*), der mit dem flammenden Auge – Yggr, der Schreckliche, ist einer davon. Er ist der Hängegott. Yggdrasil ist der Einweihungsbaum seiner Schamanen. Auch der Galgen, an dem Gesetzesbrecher als Opfer an Odin am Hanfseil baumelten, wurde Yggdrasil genannt.

HEILIGE BÄUME DER GERMANEN

Für Waldvölker wie die Germanen sind alle Bäume heilig. Jede Baumart ist Ausdruck eines Archetypus. Meistens wurden die Archetypen der Bäume als weiblich gedacht, da sie lebensspendend und fruchtbar sind. Man spricht zum Beispiel von »Frau Hasel«, »Frau Else« (Erle), »Frau Kranewitt« (Wacholder), Mutter Fichte und von der »Ellerfrau«, die im Erlenbaum lebt. Der Holunder wurde als »Frau Holder« oder in Schleswig-Holstein als »Frau Elhorn« angesprochen; in Dänemark hieß sie Hyllefroa (Holunderfrau) oder Hydemoer (Holundermutter). (Mannhardt 1875:11) Schon deswegen wurden viele der Bäume, die den Heiden heilig waren, zu Marienbäumen umgetauft. Es gibt zwar auch eine Eschenfrau (dänisch *Askafroa*), aber allgemein galt die Esche als männlicher Baum. Die Eiche, die als Weltenbaum Himmel und Erde verbindet, symbolisierte beides, männliche Stärke und mütterliche Fürsorge. Die Linde mit ihrem lieblichen Honigduft und weichem Holz galt als Verkörperung der holden Freya. Und noch heute sieht man in der lichtvollen Birke die Göttin in jugendlicher Gestalt: »Birke, du mädchenhaft schlanke, schwankend am grünenden Hag [...]«, dichtete der Lyriker Börris von Münchhausen (1874–1945) in seinem »Birkenlegendchen«.

DIE ESCHE

Wie schon erwähnt ist es fraglich, ob die Esche wirklich der Weltenbaum der Germanen war. Auf Island, wo die Eddas geschrieben wurden, wachsen außer der Eberesche (Vogelbeerbaum) keine anderen Bäume. Dieser zähe kleine Baum, der Frost und Eis gut widerstehen kann, war für die keltischen Druiden ein Zauberbaum, aus dem sie Zauberstäbe schnitzten. Die Nordgermanen weihten die Eberesche dem Thor. Thorsbjörg, »Thors Rettung«, nannten sie den Baum, denn der hielt sich an ihm fest, als ein strudelnder Wildwasserstrom – der Strom der Zeit – ihn wegzuschwemmen drohte. Andere Bäume, Eichen, Eschen oder Tannen, kannte man in Island nur vom Hörensagen.

Möglicherweise war die Esche bei den Germanen der Initiationsbaum der Schamanen überhaupt. Einiges deutet darauf hin. Das »Reittier« der europäischen Schamaninnen, der Hexen, war der Besen. Der Hexenbesen bestand aus Birkenreisern, die mit Weidenrindenstreifen zusammengebunden wurden, und sein Stiel musste aus Eschenholz sein. (Ranke-Graves 1985:200) Hexen treffen sich gerne unter Eschen, heißt es im Aberglauben, besonders da, wo die Äste in der Form eines Dreizacks[59] gewachsen sind. Im Mittelalter glaubte man, dass Hexen mit Eschenzweigen in Pfützen schlagen, um Unwetter zu erzeugen. Oder sie sammeln Eschenlaub in Männerhemden und hängen es an einen Baum, sodass der Wind den Regen wegtreibt und heiße, trockene Witterung einsetzt. Die Slawen erzählen, dass unter Eschen die zauberkräftigsten Kräuter wachsen.

Bei den Indogermanen war die Esche der Baum, aus dem Deichseln für Pferdewagen und Speerschäfte gedrechselt wurden. Die Götter selber, wie der keltische Lugus und der germanische Odin, trugen Eschenspeere als Zepter.

Die harten Eschenstäbe dienten als Feuerquirl, um das sakrale Notfeuer zu entfachen. Der rotierende Quirl galt als männlich, und ein weicheres Holz, das als Unterlage diente, als weiblich. Das Feuer, das durch die Reibung entstand, war das »Feuerkind«. Das englische Wort *kindle* für »zünden« steht tatsächlich damit in Zusammenhang.

DIE BIRKE UND DER FLIEGENPILZ

Mit der Birke haben wir einen der heiligsten Bäume der indogermanischen Völker vor uns. Überall war der Baum der Lichtgöttin, der jungfräulichen Weißen Göttin und der Frühlingsgöttin geweiht. Für die Germanen war es der Baum der Ostara. Die Birke steht für Neuanfang, frisches Leben, Reinheit und Lichthaftigkeit. Ihr Name kommt aus dem indoeuropäischen **bhreg* und bedeutet »glänzend, weiß, lichtumstrahlt«. Schon in heidnischen Zeiten wurde im Frühjahr Birkensaft gezapft und getrunken, der reinigend und entschlackend wirkt. Im Dampfbad und der Schwitzhütte wurde die Haut mit Birkenreisig geschlagen, um den Kreislauf und die Lebenskräfte anzuregen. Man fertigte Besen aus den Zweigen, die beim Fegen nicht nur sichtbaren Unrat und Flöhe aus der Wohnstätte oder dem Kultort kehrten, sondern auch unsichtbare Unholde. So heilig war die Birke den Germanen, dass sie auch eine Birken-Zauberrune (ᛒ), germanisch *berkana* = Birkenzweig) ritzten. Die Rune bedeutet »neues Leben« oder »die aus dem Winterschlaf erwachende, frische Lebenskraft«.

Wenn man sich mit der Birke meditativ verbindet, hat man den Eindruck, man wird nach oben ins Licht gezogen. Auch spürt man ein rhythmisches Schaukeln; man erkennt, warum Kinderwiegen traditionell aus Birkenholz gemacht wurden.

Verschiedene Pilze wachsen in Symbiose mit der Birke, auch der Zunderschwamm, der zum Feueranzünden verwendet wurde. Ein weiterer Pilz, der mit dem Licht- und Feuerbaum verbunden ist, ist der Fliegenpilz.[60] Dieser war bei den germanischen Völkern – auch den Slawen, den finnougrischen Völkern Sibiriens und den kanadischen Indianern – das wichtigste sakrale Mittel zur Kommunikation mit Ahnen und Naturgeistern. Lediglich die Kelten scheinen den Pilz als »giftigen Krötenschemel«

gefürchtet zu haben. Der Zauberpilz, glaubten die Germanen, sei entstanden, als der Schaum und Geifer aus den Nüstern Sleipnirs, dem Schimmel Odins, auf den Waldboden tropfte. Das weiße Ross Sleipnir ist ein Geisterpferd, es hat acht Beine wie die Totenbahre. Auf ihm ritt Odin, in tiefer Trance liegend, »als sei er tot«, in die anderen Welten. Auch von westslawischen Himmelsgott Swantowit wird gesagt, dass die Fliegenpilze aus dem Schaum vom Maul seines Schimmels entstanden sind.

Wie die sibirischen Schamanen nahmen die germanischen Zauberer den Pilz in den dunklen Nächten der Wintersonnenwende ein. Sie bereiteten sich mit Fasten und Enthaltsamkeit auf die Reise in die Tiefe vor. Der Weg führte sie durch die unterirdischen Gemächer der Zwerge, die ihnen ihre Weisheiten kundtun konnten; in noch tieferer Pilztrance gelangten die Schamanen in die Sphäre der verstorbenen Ahnen. Sie nahmen dabei die Toten nicht gegenständlich wahr, sondern wurden selber zu dem jeweiligen Toten, nahmen dessen Wissen und Weisheit in sich auf und brachten diese dann ins Bewusstsein. Die Reise war nicht einfach; auf keinen Fall war sie ein »geiler Trip«. Sie brachte der Gemeinschaft und Sippe Segen, und der Pilz wurde als »Glückspilz« gesehen. Für die Missionare des neuen Glaubens war das Teufelszeug. Sie hatten eine andere Kommunion im Sinn, und zwar mit Blut (Rotwein) und Fleisch (Brot) des Seelenretters. Der Fliegenpilz wurde als tödlich giftig verschrien, und man sagte, dass das »Fliegen« mit dem Vergiften von Insekten zu tun hat und nicht mit dem Seelenflug. Dennoch kennen wir den Fliegenpilz zur Weihnachtszeit als Glückspilz aus Marzipan. In Kinderbüchern erscheint der Pilz immer noch als Wohnung der Zwerge und Heinzelmännchen. Und es gibt Kulturanthropologen, die vermuten, dass hinter der Gestalt des Weihnachtsmanns mit seinem roten Mantel der Fliegenpilzgeist steckt.

EICHE UND THING

Die tiefwurzelnde Eiche, der Weltenbaum der Indoeuropäer, wird öfter vom Blitz getroffen als andere Baumarten – wissenschaftlichen Untersuchungen zufolge um 27 Prozent häufiger. Der Blitz, den der Donnergott aussendet, kann auch der Blitz der Einsicht, der Erleuchtung sein. Deswegen trafen sich bei den germanischen Stämmen alle freien Männer unter der Eiche Thors, um Ratsversammlungen – das Thing – abzuhalten. Kriegsgefangene und Knechte, die nicht das Wohl des Stammes im Sinn hatten, wurden ausgeschlossen. Ähnlich wie bei den Irokesen wurden die Entscheidungen mit den Frauen[61], den Herrinnen der Höfe, abgestimmt.

Der Häuptling und die Ältesten saßen, den Blick nach Osten gerichtet, unter dem Stamm der Eiche. Die Männer versammelten sich im Kreis vor dem Baum. Der Thing-Platz wurde mit geschälten Haselstäben abgesteckt. Innerhalb dieser Abzäunung herrschte absolute Waffenruhe.

Wie bei den Göttern machte auch bei den traditionellen Ratsversammlungen der germanischen Stämme das Trinkhorn, mit schäumendem – eventuell mit Bilsenkraut gewürztem – Met gefüllt, in sonnenläufiger Weitergabe die Runde. Wie es die Götter bei ihrer Ratsversammlung in Asgard hielten, sollte nicht kalt und berechnend beraten werden, sondern im Sinne von *in-vino-veritas* in einem Zustand des erweiterten Bewusstseins – ein Brauch, der bei Dorf- oder Stadtratsversammlungen bis heute gewissenhaft gepflegt wird.

Der Begriff Thingen oder Dingen[62] bedeutet, die Einsichten und Eingebungen, die von den Geistern gegeben werden, *ding*fest zu machen, zu materialisieren, zu einem *Ding* (englisch *thing*) zu machen. Das Anliegen wird zuerst bedacht. Es wird entschieden, ob das im Geist Geschaute in das Feld von Raum und Zeit gesetzt werden soll. Durch das gesprochene Wort wird es aus dem allgemeinen Urgrund herausgelöst; es wird wichtig, das heißt, es bekommt Gewicht; es materialisiert sich (*it matters*), es wird eingekleidet von der Mater (Mutter, Materie). Was man liebt, verehrt und was einen wirklich interessiert, bringt man somit ins *Da-Sein.* Auf diese Weise wird das Schicksal des Stammes entschieden.

Ist jeder der Räte zu Wort gekommen und der Entschluss einstimmig gefasst, dann schlägt der Häuptling dreimal mit dem Hammer, dessen Stiel aus Eichenholz ist, und setzt die Entscheidung fest; so wird sie wortwörtlich zum »Gesetz«. Der Häuptling in der Stammesgemeinschaft ist kein Autokrat oder Diktator, nicht er entscheidet, sondern die versammelte Gemeinschaft. Man kann also sagen, die Demokratie wurde unter der Eiche erschaffen.

Der Thingplatz diente dazu, falsches Denken und Tun durch den Kontakt mit der Götterwelt, der »Traumzeit«, wieder richtig zu machen. Noch lange wurde unter dem Geäst der Dorfeiche Gericht gehalten. Die Engländer kannten die sogenannten »Prediger-Eichen«, die *Gospel oaks*, unter denen die Evangelien verkündet wurden und nur Worte der Wahrheit gesagt werden durften.

DAS WALDVOLK DER BALTEN

> *»Ach, mein junger Bruder,*
> *nimm den Hund, lauf in den Wald,*
> *nun ist frischer Schnee gefallen,*
> *nun erkennt man die Spur des Luchses.«*
> *Lettische Dainas (Barons 2012:391)*

Im Weltbild der Balten, der alten Preußen, Litauer und Letten, nahmen der Wald und die Bäume eine zentrale Stelle ein. Wie im japanischen Shinto galt alles als beseelt, alles hatte seine ansprechbaren Geister. Dass es teilweise noch immer so ist, erfuhr ich, als mich Ieva, deren Name »Traubenkirsche« bedeutet[63], zum Sommersonnwendfest, dem Lígo, einlud. Das mehrtägige Fest heißt nun seit der Christianisierung Janis (Johanni). Janis wurde vom Landvolk bald zu einem Gott der Fruchtbarkeit umgemünzt. Und das bezieht sich nicht nur auf die Felder und Stalltiere. Neun Monate nach dem Fest werden etliche »Johanniskinder« geboren.

Die Balten, insbesondere die Letten, sind erst spät christianisiert worden. Erst im 16. Jahrhundert setzte eine rigorose Missionstätigkeit der lutherischen Kirche ein, vor allem in den Städten. Bei den einfachen Leuten, dem Bauernvolk auf dem Land, blieb vieles von dem naturnahen heidnischen Brauchtum erhalten. Egal wer gerade herrschte, die deutschen Ritter, die Hanse, die katholischen Polen, die lutherischen Schweden, der orthodoxe russische Zar oder die atheistischen Sowjets, das Landvolk sang weiterhin seine Mantra-artigen Lieder, die Dainas, erzählte die alten Märchen und pflegte die überlieferten Rituale für den Ackerbau, bei Hochzeiten und Bestattungen. Auch in den komplizierten Webmustern und Verzierungen von Tüchern und Stickereien hielt die Volkskultur überlieferte Liederinhalte fest, sie wob ihre spirituellen Visionen ins Tuch, lesbar für jene, die sich auskannten. Was man dort erleben kann, ist keine Museumskultur, nichts künstlich Konserviertes, sondern lebendiges Kulturgut.

Das Mittsommerfest, zu dem ich eingeladen wurde, ist vielleicht das wichtigste Fest der Letten. Sämtliche Zimmer im Haus wurden mit frischen Birkenzweigen geschmückt; Roggenbrot, Kümmelkäse und gutes einheimisches Bier wurden für den Schmaus bereitgestellt. Aber es wurde nicht innerhalb der eigenen vier Wände gefeiert, sondern am Sonnwendabend fuhren die Feiernden mit einer Flottille von Ruderbooten auf eine bewaldete Insel inmitten eines Sees. Frauen und Mädchen waren in schöne Tracht gekleidet und trugen prachtvolle Kränze aus Wildblumen auf ihrem Haupt, die Männer waren mit Kränzen aus Eichenlaub gekrönt. Die Dainas-Gesänge erklangen, während wir über das Wasser glitten, und verstummten auch nicht, als uns die Insel mit ihren uralten, hohen Birken, Eschen, Linden und Eichen in Empfang nahm. Die Gesänge erzählten von der Sonnengöttin, die mit einem Wagen, gezogen von zwei goldenen Pferden, über den Gipfel des Weltenbergs reitet, vom blitztragenden Eichengott Perkunas und von der Glücksgöttin Laima. Und alle, Männer, Frauen und Kinder, kannten die Lieder und sangen begeistert mit. Welch kultureller Reichtum! Die Insel war von der Zivilisation unberührt geblieben; gezwieselte[64] alte Birken, hohle Linden und dunkle Eichen, die wahrscheinlich sechs, sieben Jahrhunderte oder noch älter waren, und viele große Findlinge gaben einem das Gefühl, auf einer heiligen Insel zu sein.

Die Eichenholzscheite für das Sonnwendfeuer waren vorsichtig aufgeschichtet, mit Blumen und Kränzen geschmückt und von einer riesigen Eichenlaubgirlande umwunden, die einem grünen Oroboros-Drachen glich. Der Erdboden rundherum war mit Farnkraut und würzig duftenden Kalmusblättern ausgelegt. Ein Mann zündete den Holzstoß feierlich an, sodass dieser, von außen nicht sichtbar, von innen her zu brennen anfing und dann hell aufloderte. Frauen, die das Ritual leiteten, räucherten mit Beifuß, sprengten Wasser auf die Teilnehmer und opferten dem Sonnwendfeuer schließlich Wasser, Honig, Blumen und Bernstein. Traditionelle Speisen – dunkles, kräftiges Roggenbrot, frische Erdbeeren, Kümmelkäse und Getränke – lagen als Opfergaben vor dem Feuer. Jeder hatte beim bedächtigen Laufen zur Kultstätte Blumen gesammelt, die nun mit guten Wünschen für die Familie und für das Heimatland in die Lohe geopfert wurden.

Derweil erklangen, begleitet von Trommel und Dudelsack, die uralten sakralen, vielstrophigen Gesänge, und man tanzte Hand in Hand Reigentänze um die feurige Mitte. Irgendwann wurden die verdorrten Blumenkränze und Laubkronen vom vorhergehenden Jahr ins Feuer geopfert.

Schließlich sprangen die Feiernden über die Glut. Freunde und Liebende sprangen zusammen, die Hände haltend. So etwas macht nicht nur Spaß, es reinigt auch die Seele, putzt alles weg, was sich da als Ungutes angesammelt oder als Überflüssiges in der Aura festgesetzt hat. Es sei weise, sagte man mir, in dieser Nacht überhaupt nicht zu schlafen – wer es trotzdem tut, wird das ganze Jahr über müde sein.

Man hatte das Gefühl, dass die Götter nahe waren. Es war, als lockten die Gesänge sie ins Bewusstsein herein und ins Dasein. Es sind alte indoeuropäische Götter, die da berufen werden, Götter der Natur, nicht ferne, unnahbare, abstrakte, absolute Wesen.

Und manchmal, sagt man, nehmen sie menschliche Gestalt an und feiern mit – von wenigen erkannt. Es sind dieselben Götter, die die Vorfahren dieser Menschen kannten. Als Teil des morphogenetischen Feldes können die Ahnen mitfeiern und ihre Nachkommen segnen.

Die wichtigsten der baltischen Götter sind folgende:

- Saule ist die Sonnengöttin, die als Mutter oder als junges Mädchen erscheinen kann. Vor allem ihr ist das Sommersonnwendfest geweiht. Sie fährt den Sonnenwagen über den Himmelsberg, segnet die Scholle, hilft Leidenden, bestraft die Bösen. Wenn sie über das Roggenfeld läuft, ihren Rock hebend, dann segnet sie das Getreide mit gutem Wachstum. Saule ist auch anwesend im Herdfeuer und sie liebt die Hausschlange, die Ringelnatter. Wie bei den Germanen, Sibirern und Japanern steht bei den Letten die weibliche Seite der Sonne im Vordergrund; sie ist die »liebe Frau Sonne«, die das Land wie auch die Seele erwärmt, nährt und erhellt. (In heißen Ländern, wo die Sonne sticht und es angenehmer im Schatten ist, erscheint die Sonne meistens als hitziger Krieger.) Saule, die Sonnenfrau, ist mit Ménees, dem Mondmann, vermählt. Ihr Baum ist die lichte Birke oder auch die Eberesche. Auch ein mystischer Apfelbaum mit goldenen Blättern und goldenen Äpfeln, der am Rande des Sonnenwegs am Meer oder hinter den Bergen steht, gehört ihr. Es handelt sich dabei um eine typische indoeuropäische Vision: Auch die germanische Göttin Idun (*Iðun* = die Erneuernde, Verjüngende), hütet die Äpfel, die den Asen Jugend und Unsterblichkeit verleihen. Die goldenen Äpfel der Hesperiden, der »hellsingenden Töchter«, die auf einer Insel im westlichen Meer leben – auch sie bewahren die Jugend der olympischen Götter.
- Dievs ist der Namensvetter des germanischen Tius (er ist im *Diens*tag, schweizerdeutsch *Ziisch*tig enthalten), des antiken Zeus oder des vedischen Diaus – der Himmelsgott, der Gründer der Weltordnung, der auf dem hohen Himmelsberg wohnt.

- Pérkons oder Perkunas/Perkunos (slawisch *Perun*; Sanskrit *Parjanya;* altpreußisch *Perkunos;* böhmisch *Peraun*) ist der Donnergott, dem die Eiche heilig ist. Er ist der Hammergott mit dem Steinbeil, dessen Wagen von Ziegenböcken (Gewitterböcken) gezogen wird, der für Regen und Fruchtbarkeit zuständig ist und Manneskraft verleiht. Er ist dem Donar/Thor wie auch den anderen indoeuropäischen Donnergöttern wesensverwandt. Ihm zu Ehren hielten die heidnischen Balten vor seinem Bildnis ein ständig brennendes Eichenholzfeuer in Gang.
- Zemen máte ist die Erdmutter, die Ernährerin, die Mutter der Pflanzen, Hüterin der Samen, Herrscherin über die Toten; sie entspricht unserer Frau Holle. Ihr wurde (und wird hier und da noch immer) der erste Schluck des Bieres geopfert (auf den Boden gegossen) und beim Pflügen ein Stück Brot in die erste Furche gelegt. Wie die Holle ist sie auch die Herrin der Erdmännlein (*Puschkait*), des Zwergenvolks, die zum Bauernhof gehören. Ihnen opferte man Brot und Bier unter dem Holunder.
- Laima ist, wie die indische Lakshmi, die Glücksgöttin, die Göttin des glücklichen Zufalls, aber auch die Schicksalsgöttin, die bei der Geburt des Menschen dessen Los bestimmt. Sie herrscht über die Ehe, beschützt die Schwangerschaft und schaut nach dem Wohl der Tiere. Die Linde ist ihr Baum.
- Neben diesen Göttern gibt es unzählig viele »Mütter«, Söhne und Töchter der Erde und der Sonne: die Mutter des Waldes, die Mutter der Gärten, die der Felder, der Blumen, der Pilze, des Wassers, des Regens, der Bienen, der Wellen, des Haselstrauchs, der Hirsche, der Pferde und so weiter. Diese Mütter entsprechen den Devas der Inder, den Kami der Japaner, den Manitus oder Spirits der Indianer und den vielen »Müttern« oder »Bossen der Tiere«, die man bei den meisten Naturvölkern findet. Die heidnischen Litauer kannten als »Herrin der Wälder« die wunderschöne Medeiné, die Jägerin und

Beschützerin des Waldes und des Wilds. Wie ihre griechische oder römische Entsprechung Artemis oder Diana geht die jungfräuliche Waldgöttin nie die Ehe ein; sie meidet die menschliche Kultur. Gerne nimmt sie die Gestalt einer Wölfin an.

Neben diesen Naturgöttern gibt es unzählige Töchter der Sonne und Söhne des Himmels, auch Feen (*Laumas*), verführerische Nymphen, die sich sogar mit Menschen vermählen können. Wir sehen also, dass für die traditionellen Letten die ganze Natur nicht nur belebt, sondern auch beseelt ist. Die Rituale finden in der freien Natur statt, in den Wäldern, an heiligen Bäumen und Quellen. Es war für mich wunderbar zu erleben. Es war, als ob ich einen weiteren Puzzlestein auf meiner Suche nach den verborgenen, vergessenen Wurzeln unserer Kultur, der Kultur der europäischen Waldvölker, gefunden hätte.

BLÜHENDER FARN

Ein weiterer Johannisbrauch ist es, in der Johannisnacht gen Mitternacht in den Wald zu gehen und – am liebsten unter einer Eiche – die Blüte des Farnkrauts zu suchen, ein Brauch übrigens, den man noch lange bei den Slawen, den Briten und auch überall in Mitteleuropa vorfand. Wer aber diese nur für einen kurzen Augenblick aufblühende Blüte findet, wird die Sprache der Tiere verstehen und die Heilkräfte der Kräuter erkennen können, ihm wird Weisheit und Glück zuteil. Es ist aber nicht leicht. Hat man einen passenden Farn gefunden, muss man mit einem Ebereschenholz einen Kreis um ihn herum ziehen.[65] Das hält Walddämonen, unruhige Geister oder auch Bären fern, die einen mit Geräuschen ablenken wollen, damit man aus der Versenkung gerissen wird und den magischen Moment verpasst. Als nächstes legt man ein Taschentuch oder ein Stück Stoff darunter. Einen Topf mit reinem Quellwasser und eine Kerze sollte man auch dabeihaben. Die Blüte erscheint feuerrot oder regenbogenfarben, sie erinnert an den Mond oder einen Stern. Wenn die magische

Blüte erscheint, soll man sich in den Finger schneiden und die Blüte unter die Haut tun.

Selbstverständlich gibt es keine Blüten bei Farnen. Ieva, meine Gastgeberin, erklärte mir jedoch, dass diese Blüte eine seelisch-ätherische sei. Zur magischen Zeit der Sonnenwende leuchtet, dem inneren Auge in mystischer Schau sichtbar, diese Farnblüte auf.

Die Sommersonnwendnacht hat besonders hohe Energie, die unsere Seele in stiller Meditation wahrnehmen kann. Die leuchtende, feurige Blume entsteht, wenn sich der Himmelvater und die Erdenmutter küssen. Der Farn, diese uralte Pflanze, vermag dem Seelenauge dieses Wunder zu vermitteln. Es ist tatsächlich ein Segen, die Farnblüte zu sehen.

Wenn Mädchen und Burschen zusammen in den Wald gehen, um die magische Blüte zu suchen, werden sie manchmal einige Monate später mit einem Kindlein gesegnet. Ein solches Kind wird ebenfalls als »Farnblüte« bezeichnet.

Zu Janis sammeln die Frauen sogenannte Johanniskräuter (*Janu zales*). Da diese Zeit so kraftvoll ist, sind die Pflanzen ebenfalls viel heilkräftiger als zu anderen Jahreszeiten. Zu den gesammelten Kräutern gehört auf jeden Fall der als reinigend geltende Kalmus (Magenwurz, *Acorus calamus*). Auch in Mitteleuropa werden die sogenannten Johanniskräuter gesammelt: Schafgarbe, Arnika, Beifuß, Eisenkraut, Holunderblüte, Kamille, Hartheu, Bärlapp, Eichenlaub, Gundermann und so weiter. Um ihre Heilkraft zu steigern, hielten die Frauen die Kräuterbüschel kurz ans Sonnwendfeuer, damit sie noch mehr Sonnenenergie aufnehmen können.

DAMPFBAD

Besonders heilig ist auch das lettische Dampfbad (*Pirts*) – ein Erbe altsteinzeitlicher Schwitzhütten. Das Badehaus ist getrennt vom Wohnhaus und steht meistens neben einem Teich oder Fluss. Es ist etwas anders als die Sauna, mehr wie die indianische Schwitzhütte, in welcher Steine erhitzt und mit Wasser übergossen und viele Heilkräuter verwendet werden. Das Badehaus ist ein sakraler Ort. Hier werden Krankheiten auskuriert, die Kinder geboren und die Toten vorübergehend aufgebahrt. Wie in der steinzeitlichen Schwitzhütte können hier die Götter und Ahnen als Vision erscheinen.

Auch mir war es vergönnt, in den Sonnwendtagen ein solches Dampfbad zu erleben. Es dauerte mehrere Stunden. Das Erhitzen wurde viermal unterbrochen, um in einen kalten Teich zu springen. Die Frauen, die das Schwitzritual leiteten, rieben meinen Körper vollständig mit Lehm ein, »damit du dich mit der Erde Lettlands verbinden kannst«. Dann wurde ich, zwischen den Hitzeanwendungen, mit Honig und gemahlenem Bernstein eingerieben, dann wieder mit duftenden Heilkräutern. Gegen Ende des Rituals werden mithilfe sanfter Schläge mit Birkenreisig, den aromatischen Zweigen des Gagelstrauchs (*Myrica gale*) oder anderen Kräutermaien, die letzten zähen Ungeister aus Seele und Leib getrieben.

Lettland ist ein dünn besiedeltes Land, so groß wie Holland und Belgien zusammen, aber mit nur 2,2 Millionen Einwohnern. Schier endlose Wälder kann man bei der Fahrt durch Lettland erleben; hier und da tauchen Weideflächen und Getreidefelder auf, welche die traditionellen Einzelhöfe umgeben. Auf jedem Hof nistet ein Storchenpaar. Mitten in den Feldern und Viehweiden stehen einzelne Bäume, meistens Eichen, in denen ein Schutzgeist lebt.

Wölfe, Elche und sogar Bären soll es in diesem Land noch geben. Tief im Wald findet man verborgene heilige Quellen und beseelte Findlinge, die die Letten, trotz Verboten seitens der sowjetsozialistischen Regierung, noch verehrten.

In den lichten Kiefernwäldern nahe des schier endlosen, menschenleeren, weißen Ostseestrands wachsen als Unterwuchs Moosbeeren, Preiselbeeren, Sumpfporst (*Ledum palustre*) und Gagelstrauch (*Myrica gale*). Der aromatisch duftenden Gagelstrauch, dessen Blätter früher mit in das hopfenfreie, sogenannte Grutbier kamen, wird von Schamanen und Bademeistern für die

Laubbüschel (Badequesten) gesammelt. Damit werden die Badenden während der Dampfbadzeremonie geschlagen. Auch der nach den Stürmen am Strand angespülte Bernstein, der bei der Sauna oder als Opfergabe für das Mittsommerfeuer verwendet wird, wird hier gesammelt.

WALDFRIEDHÖFE

Die Waldverbundenheit der Letten kommt noch immer zum Ausdruck in den Friedhöfen, die man hier und da im Wald sieht. Es heißt, die Toten brauchen Bäume, in denen ihre Seelen Zuflucht finden können. Die Seelen der Frauen gehen vor allem in Linden oder auch Fichten ein, die der Männer in Eichen und gegebenenfalls in Ahorn oder Birken. Davon, dass die Verstorbenen in Bäume eingehen, ist man in Indien noch immer überzeugt. Auch die Friedhöfe in Mitteleuropa gleichen eher einem Hain als einer Stadt, wie es in Südeuropa der Fall ist. Die alten Balten glaubten auch, dass die Seelen der Verstorbenen auch in Tiere – in Wölfe, Störche, Adler, Katzen, Hunde und dergleichen – hineinschlüpfen können und in dieser Gestalt gelegentlich sogar ihre Verwandten, Freunde, ehemaligen Ehepartner oder Kinder besuchen können. Schließlich werden sie wieder als Menschen in ihrer Familie wiedergeboren. Wie viele Völker, auch die Germanen und Indianer, glaubten sie, dass die Milchstraße am Nachthimmel der Totenpfad ist.

DAS WALDVOLK DER SLAWEN

> *»Wenn der Seher Bojan einem ersinnen wollt ein Lied,*
> *breitete er sich aus und war in den Bäumen,*
> *war auf der Erde als grauer Wolf*
> *und als Adler, blaugrau, unter den Wolken.«*
> *Altrussisches Igorlied aus dem 12. Jahrhundert*
> *(übertragen von Rainer Maria Rilke)*

Nahezu endlos erstreckten sich – ehe die neue Zeit und ihre Technologie hereinbrachen – die Wälder Osteuropas und Sibiriens. Bitterkalt sind die Winter dort und erbarmungslos heiß die Sommer. Wälder sind es, mit uralten Fichten, Kiefern, Lärchen, Tannen, auch Birken und Espen; der Waldboden ist mit einem dicken Moospolster bedeckt und mit Beerenbüschen – Heidelbeeren, Rauschbeeren, Preiselbeeren, Krähenbeeren – aller Art. Immer wieder mal im trockenen Sommer schlägt der Blitz ein und löst Waldbrände aus. Das wirkt verjüngend, die Hitze macht Mineralstoffe verfügbar; und nach dem Feuer bedecken sich die Flächen mit einem roten Blütenteppich aus Waldweidenröschen, dem *fireweed* (Feuerkraut), wie man in Kanada sagt. Aus dem Weidenröschen machen die Russen ihren beliebten Iwans Chai, einen Tee aus den fermentierten Blättern, der ihnen Kraft gibt und als Gesundheitselixier gilt.[66] (Storl 2018:183) Auch Pilze wachsen in den osteuropäischen Wäldern in Massen, und kaum jemand liebt Pilze so sehr wie die Slawen.

In diesen borealen Wäldern, wo auch Bären und Wölfe unterwegs sind, konnte man sich leicht verirren, man konnte verhungern oder wahnsinnig werden. Unter diesen Umständen wird der Schleier zwischen dieser Welt und der anderen Welt recht dünn. Da können einem leicht Götter, Geister, Gestaltenwandler, Werwölfe und andere magische Waldwesen über den Weg laufen.

NAHRUNG FÜR DIE SEELE

Wenn man die alten russischen oder auch die tschechischen Märchenfilme und alten Zeichentrickfilme sieht, kann man leicht in diese magische Waldwelt hineinverzaubert werden. Wer etwa in der DDR aufwuchs, konnte erleben, wie diese bunten Bilder tiefe Resonanzen im Unterbewusstsein auszulösen vermögen und die Seele nähren können. Die Bilder sind archetypischer, naturnäher und weniger sentimental als etwa die Cartoons aus den Walt Disney Studios. Da erscheinen Waldwesen, welche die slawischen Völker aus alten, vorchristlichen Zeiten her kannten, Wesen, die im Brauchtum und in Märchen weiterleben oder zu christlichen Heiligen metamorphosiert wurden. All diese Wesen sind Ausdruck der Seele des Waldes, so wie die Slawen sie seit eh und je erfuhren. Wie bei den anderen hier erwähnten Kulturgruppen prägte der Wald die Mythen, Sagen und Märchen der slawischen Völker. Es sind wahre Bilder, die Wesentliches, jenseits der Ratio Existierendes, aufgreifen.

Da tanzen wilde Waldfrauen unter moosbehangenen Fichten über den feuchten Waldboden; da gibt es Medulina, die Honigfrau, die ein Körbchen mit Kräutern und einen Strauß Blumen trägt und der man früher im Frühling etwas Honig opferte, damit man selber genug Honig bekam. An Flüssen und Seeufern und in den Erlen können einem die verführerischen Rusalken begegnen. Ähnlich wie die Lorelei kämmen diese Jungfrauen ihr wallendes, mit Blumen geschmücktes, blondes Haar; sie locken und verzaubern den ahnungslosen Wanderer und stürzen ihn ins Verderben. Besonders im Frühling verlassen sie das Wasser, um unter den Bäumen und auf Waldwiesen zu tanzen. Es sind die Seelen ertrunkener Jungfrauen, die Wodjanoi, der Wassermann, einst in sein Reich entführte. Auch schöne Waldfeen, Wilen (*Véli*) genannt, können einem an einsamen Orten begegnen; wo sie tanzten, zeigen sich »Hexenringe«, wo Pilze kreisförmig wachsen oder das Gras ringförmig niedergetrampelt ist. Man hüte sich, in einen solchen Ring zu treten! Es könnte Entrückung oder Wahnsinn zur Folge haben.

Der Herr des Waldes ist der Leschij (*Leshovik*), ein zottiger, bockshörniger, geißfüßiger Waldmann. Grünes Haar hat er, Krallen statt Nägel und, wie der mit ihm verwandte Rübezahl, einen langen Bart. Auf der Wiese nimmt er die Höhe der Gräser an, im Wald ist er so hoch wie die Tannenwipfel. Gerne springt er von Ast zu Ast oder tanzt als Windwirbel. Er ist ein Gestaltwandler, gut getarnt, der sich im Nu in einen Baum, ein Tier oder, im selteneren Fall, in einen Menschen verwandeln kann. Wer achtsam ist, kann ihn dennoch erkennen, denn er hat keine Augenbrauen oder Wimpern. Meistens lässt sich seine Anwesenheit nur durch unheimliches Knacken im Geäst oder das Rauschen eines plötzlichen Windzugs erahnen. Man sei achtsam! Er lockt Wanderer auf Irrwege, lässt Schlittenkufen anfrieren, bläst die Mütze vom Kopf und versucht, die Menschen mit unheimlichen Geräuschen, Rufen oder irrem Gelächter verrückt zu machen.

Der Leschij beschützt das Wild, besonders den Bären, den König der Tiere. Bär und Wolf sind seine Diener, sie helfen ihm, wenn er mal von Fliegenpilz oder Wodka vollkommen berauscht ist. Er ist es aber auch, der den Jägern das Wild zuschickt. Mit einem Stück Lindenholz konnte man sich vor seinem Schabernack schützen. Und um diesen Waldgeist gut zu stimmen, opferte man ihm Brot und Salz, Pfannkuchen, Tabak, das erste erjagte Tier und, wenn es nottat, sogar eine Kuh. (Vána 1992:123)

Wie anderswo in Europa gibt es wildes Volk, wilde Männer und wilde Frauen, in den Wäldern. Auch sie sind nicht ungefährlich, manchmal führen sie Wanderer auf Irrwege. Manchmal hinterlassen sie riesige Fußspuren im Schnee oder im Schlamm, die aussehen wie die Fußabdrücke eines Yetis, Fauns oder – in Oregon – wie die des Big Foot oder Sasquatch. Man sagt, sie seien heilkräuterkundig, und wer sich gut mit ihnen verstehe, dem verrieten sie manches Geheimnis.

Auch die furchterregende Hexe Baba Jaga wohnt wie die menschenfressende Hexe im Märchen von Hänsel und Gretel im tiefsten Wald. Wir kennen Baba Jaga aus dem Märchen von Wassilissa, der Wunderschönen (siehe Seite 233). Vor langer Zeit war die finstere Alte noch einer der drei Aspekte der dreifachen Großen Göttin, die als weiße Jungfrau erscheint, als die rotgekleidete Sommergöttin und als die alte, schwarze Göttin des Todes und der Wiedergeburt. Dieser archaischen Göttin erging es wie der Frau Holle, die im Mittelalter zur »Großmutter des Teufels« umgedeutet wurde. In der slawischen Kultur spielt sie noch immer eine wichtige Rolle. Wie die Märchen uns erzählen, merkt man, wenn die alte Hexe in ihrem Mörser vorbeifliegt, den sie der Sage nach mit einem Mörserstößel lenkt: Dann knarren die Bäume unheimlich, ein Schauer läuft einem über den Rücken, ein Kolkrabe krächzt oder ein plötzlicher Hagelschlag kommt herab. Wie des Teufels Großmutter hilft sie oft dem Helden oder der Heldin aus großer Not.

Wie viele andere Waldvölker sahen die alten Slawen das Universum als einen lebenden Baum, einen mächtigen Baum, der drei Ebenen hat:

- die Oberwelt, die des blauen Himmels, der Vögel und des Blitzkeilträgers Perun,
- die Mittelwelt, deren Vertreter der Mensch und ebenso die Bienen sind,
- die Unterwelt, die durch Schlangen, Biber und die unterirdische Gottheit Veles (Volos) vertreten ist.

Der im Himmel lebende Perun, der sich in Blitz und Donner kundtut, war wie Donar bei den Germanen beim einfachen Volk besonders beliebt. Sein Name entstammt dem indoeuropäischen **perk,* was so viel wie »einschlagen wie ein Blitz« bedeutet.[67] Die Balten kennen ihn als Perkunas oder Perkons. Dieser Name ist verwandt mit dem lateinischen *quercus* (»Eiche«; aus dem älteren **perkuus*).[68] Dieser Baum, der am häufigsten vom Blitz getroffen wird, war dem Träger des Himmelfeuers, Perun, geweiht. Aus dem heidnischen Russland sind Bildnisse des Gottes bekannt, die aus Eichenstämmen geschnitzt und mit Eberhauern versehen sind, denn im mythologischen Sinn schlägt der Eber mit seinen rasierklingenscharfen Hauern wie der Blitz zu. Unter der Eiche sprachen die Slawen ihre Gebete, schworen ihre Eide und opferten Perun zu Ehren Hühner und Brot. Später, als das Christentum gesiegt hatte, lasen die Priester unter den alten Eichen – ähnlich wie bei den *Gospel oaks* der bekehrten Angelsachsen – die heilige Messe. Die Verehrung des Gottes, der das Himmelsfeuer besaß, wurde später auf den Propheten Elijas, der mit einem Feuerwagen den Himmel überquerte, übertragen. Neben der Eiche sollen die brennende Nessel, der Wiesensalbei und die Hasel dem Gott geweiht worden sein.

Peruns Gegenspieler war Veles (*Volos*), Herr der Unterwelt. Er wurde mit einem Bärenkopf mit Hörnern, hängenden Ohren und dem Körper einer Schlange oder eines Drachen dargestellt. Sein Baum war die Weide, der Baum des kühlen Wassers, im Gegensatz zu dem Baum, der das himmlische Feuer fängt. Perun, der die Ordnung im Kosmos aufrechterhält, richtet seine Blitzschläge gegen den wandelhaften Gott der Tiefe. Dieser aber ist ein Meister der Verwandlungen; er entkommt, indem er sich in einen Bären oder eine Schlange verwandelt und in die Erde flüchtet. Manchmal nimmt dieser Gott der Zauberer und Musikanten die Gestalt eines Baumes oder eines Wolfes an. Auch wenn Veles ein Gegenspieler des Himmelsgottes ist, galt er nicht als böse. Die Bauern verehrten ihn als Beschützer des Viehs und Geber guter Ernten. Als Opfer gossen sie für ihn Bier auf die Wurzeln von Bäumen. Wie so viele slawische Götter lebte auch er nach der Christianisierung weiter – ihm wurde die Rolle des Teufels zugewiesen.

Alle slawischen Völker kannten heilige Haine – sorbisch *Svatobor* – als Wohnstätten der Götter. Außer Priestern oder schutzsuchenden Verfolgten durfte niemand sie betreten. Im gewissen Sinn ähnelten sie den heiligen Eichenhainen (*Drunemeton*) der Kelten. Es waren Refugien, die – aus heutiger Sicht – auch hohen ökologischen Wert hatten, in denen seltene Arten überlebten, denn hier durfte weder gejagt noch durften Kräuter, Beeren oder Wildgemüse gesammelt und kein Baum gefällt werden. Wasser, das aus einem solchen Wald floss, galt als besonders heilkräftig; sogar im eisigen Winter wurde darin gebadet. An die Bäume am Rand der Haine hängte man die Kleider von Kranken, die auf Heilung hofften. Noch bis ins 19. Jahrhundert kannten die Russen Gotteshaine (*Bozelesje*) und Gebetswälder (*Moljonyi les*). (Vána 1992:177)

Auch sonst gab es heilige Bäume, Dorflinden und Eichen, in denen Geister wohnten. Wer einen solchen Baum fällt, hieß es, der wird sterben oder von schwerem Siechtum getroffen. An Feiertagen schmückten Frauen diese Bäume mit Stickereien, bunten Bändern oder Ostereiern. (Vána 1992:140f). Die Linde, die im Gegensatz zu der Eiche als weiblich galt, wurde in christlichen

Zeiten weiterhin verehrt: Fromme Seelen stellten Heiligenbilder oder Statuen an ihrem Fuß auf, zündeten Kerzen an, baten um Hilfe für die Kranken und küssten den Baum; Schwangere umarmten ihn. Man glaubte, Lindenholz habe eine magische Kraft gegen Dämonen und Vampire. Das Holz eignet sich auch, um Liebeszauber damit zu betreiben.

Wie bei den anderen Waldvölkern spielten die Tiere des Waldes, vor allem der Wolf, der Bär und der Hirsch, eine große Rolle in der slawischen Mythologie. Der Karpfen, zu Hause in Waldseen und langsam fließenden Flüssen, wird von den Slawen genauso verehrt wie von den Japanern. Der Weihnachts- oder Neujahrskarpfen ist eine Kultspeise der Wintersonnenwende; seine Schuppen werden um das Haus gestreut, in der Hoffnung, dass sie Glück und Segen, auch genügend Geld, für das kommende Jahr bringen. Auch der Schwan, der Kuckuck, das Wiesel, die Taube galten als heilig. Bei den Ostseeslawen wurden Pferde und Eber dem Sonnen- und Kriegsgott Radegast (*Dazbog*) geweiht; als Orakel beobachteten die Priester, wie sich ein im Tempel gehaltener Eber bei Kriegsgefahr im Schlamm wälzte. Der Bär galt als König der Tiere; der Wolf, auch wenn er gelegentlich ein Schaf oder Kalb riss, galt als Schutz gegen das Blendwerk der Dämonen und bösen Feen. Hirsche waren ebenfalls heilig. In der orthodoxen Ikonographie wurden öfters Heilige und Engel mit goldenem Geweih dargestellt, mit der Sonne auf der Stirn und dem Mond auf der Brust.

Auch der Herr der Tiere, der hörnertragende Waldgeist Leschij, nahm nach der Christianisierung eine neue Gestalt an – er wurde durch den heiligen Georg ersetzt.

Was ist der Mensch ohne Tiere.
Wären alle Tiere fort,
so stürbe der Mensch
an großer Einsamkeit des Geistes.

Seattle (1786–1866),
Häuptling der Squamish und Duwamish

VII. DIE SEELE DES LANDES: WALDTIERE

Menschen drücken ihre tiefsten Erkenntnisse in Bildern aus, die ihre Umwelt ihnen zur Verfügung stellt. Auch die Götter und Geister – die Kräfte, die im Unsichtbaren schicksalsgestaltend wirken – kleiden sich in bildhafte Imaginationen ein, die der Wald, die Wiesen, die Jahreszeiten, die Berge, Flüsse, Seen und vor allem auch die Tiere liefern, die dort ihren Lebensraum haben.

Die Tiere in den Mythen, Märchen, Sagen und Götter-Theophanien der Indios im Amazonasregenwald sind selbstverständlich andere als die des europäischen Waldlandes. Die Spirits zeigen sich im Amazonas in der Gestalt des mächtigen Jaguars (*jaguareté,* aus der Sprache der Tupi-Indianer: »Raubtier, das seine Beute mit einem Sprung erlegt«), in verschiedenen Affen, in schweineähnlichen Pekaris, in Blattschneiderameisen und bunten Vögeln wie Aras (Riesenpapageien) und Tukanen. Auf Sumatra und Borneo waren es der Tiger, die Orang-Utans, die gefährlichen Riesenechsen, die Warane, Elefanten, Hirschschweine, schwarze Makaken und andere in unseren Ländern unbekannte Tiere, die die animistische und hinduistische Götter- und Märchenwelt einst bevölkerten – ehe die islamische Religion ihnen andere Bilder schenkte. Die Zauberwesen in den afrikanischen Regenwäldern nehmen die Gestalt von Flusspferden, Bongos, Antilopen, Affen, Waldelefanten und anderen Tieren an.

Im östlichen Waldland Nordamerikas gleichen viele der Totemtiere und Göttererscheinungen unserer bekannten euro-asiatischen Fauna: Braunbären, Wölfe, Elche, Hasen, Lachse, Gänse, Rehe, Hirsche, Otter, Biber, Vielfraße (Bärenmarder), Waldbisons (amerikanische Wisente) und ähnliche Tiere gibt es da, die als spirituelle Lehrer bei der Visionssuche, als verbündete Krafttiere der Medizinleute oder als Totemtiere der Stämme erscheinen können. Viele dieser Arten sind vor rund 15.000 Jahren, zusammen mit den paläosibirischen Jägern, aus der Alten Welt über die Beringstraße in die Neue Welt eingewandert. Aber unter den Waldbewohnern in den dichten grünen Wäldern des Appalachen-Gebirges und des Ohio-Tals gibt es auch viele unbekannte Gesichter wie das Stinktier (Stinkdachs), das die Algonkin Skunk (*segankw* = Pisser) nannten, da es bei Gefahr nicht flieht, sondern einen Handstand macht und eine stinkende Flüssigkeit versprüht, die man nicht abwaschen kann. Dazu gehören auch die niedlichen, nachtaktiven Beutelratten oder Opossums (Algonkin: *aposoum* = weiße Tiere), die während des Tages kopfüber hängend in den Bäumen schlafen, indem sie ihre Schwänze um die Äste kringeln. Auch sie rennen bei Gefahr nicht weg, sondern stellen sich tot. Dann gibt es die cleveren Waschbären, die sich inzwischen als eingeschleppte invasive Art auch in unseren Wäldern verbreiten. Auch der Steppenwolf oder Kojote ist hier zu nennen, den die Indianer als »Medizin-Hund« betrachteten, wobei Medizin nicht die Bedeutung hat wie bei uns, sondern magische Kraft bedeutet; der Kojote ist der große Schelm oder Schalk, ähnlich wie der Fuchs in unseren Fabeln, er ist der Schamane unter den Tieren, und bei einigen Stämmen tritt er sogar als eine Schöpfergottheit auf. Ja, und dann gibt es noch den amerikanischen Schwarzbären (*Baribal*), der, wie auch andere Bären, bei den Indianern als Meister des Heilpflanzenwissens gilt; eine ungewöhnliche Begegnung mit einem Bären oder ein starker Bärentraum gilt als Berufung zum Heilpflanzen-Schamanen. Weitere indianische Medizintiere sind das Streifenhörnchen oder Chipmunk (Algonkin: *adjidamoo* = Kopf zuerst – also das Tier, das kopfüber den Stamm hinunterrennt), das Baumstachelschwein, verschiedene Reptilien wie etwa die Schnappschildkröte, die Klapperschlange, die Kupferkopfschlange (*copperhead*) und die Wassermokassinotter (*cottonmouth*) sowie eine ganze Menge Vögel, wie der metallisch glitzernde, schwirrende, nektarsaugende Kolibri und andere, die die europäischen Siedler nicht kannten und deren Gezwitscher und Pfeifen ihnen oft Angst einjagte, da sie nicht wussten, ob es tatsächlich Vögel sind oder versteckte indianische Krieger, die auf diese Weise Zeichen austauschten.

Die Wälder, überhaupt die Pflanzendecke, verkörpert die Lebenskraft eines Landes. Sie ist, wie Rudolf Steiner sagt, der »Ätherleib« einer Region. Die Vegetation ist der Energiekörper, der die Kraft der Sonne auffängt und sie allen Lebewesen zur Verfügung stellt. Die Tiere, die in einer Region leben, verkörpern dagegen die Seele des Landes.

Tiere sind beseelte Wesen. Allein das Wort »Tier« drückt das aus; es entstammt der indogermanischen Wurzel **dheu,* was »atmen, schnaufen« bedeutet. Das Tier ist also ein atmendes Wesen. Verwandt ist das altslawische *duša* (tschechisch *duše*) für »Atmen, Seele«. Einatmen und Ausatmen charakterisieren das Seelenleben; mit dem ersten Atemzug beginnt das Leben, mit dem letzten Aushauchen verlässt die Seele den Leib. Beseelte Wesen, wie Tiere es sind, bewegen sich zwischen Freude und Leid, Sympathien und Antipathien. Ihre Seele gleicht der See – die Worte sind verwandt. Diese kann stürmisch aufgewühlt oder so still sein, dass sich die Sterne an ihrer Oberfläche spiegeln und man tief in sie hineinschauen kann. Auch das lateinische *animalis* (Tier) drückt das aus: *Anima* oder *animus* bedeutet Lebenshauch oder Seele.

Mit dieser Erläuterung im Sinn kann man sagen, dass die Tiere, die in einem Land leben, die Seele eben dieses Landes verkörpern. Wenn also Bären, Wölfe oder Wisente zurückkehren, ist das zugleich eine Stärkung der Landesseele. Das wussten die Druiden, das wussten die Medizinleute und Schamanen aller naturnahen Völker. Schauen wir nun mal, welche Tiere das bei den Kelten und Waldvölkern waren:

BÄR

Der Bär galt bei den Waldvölkern schon immer als der Häuptling beziehungsweise der König der Tiere. Das war auch bei den nordamerikanischen Indianern der Fall. Erst in historischen Zeiten, als der Adel mit der antiken mediterranen Mythologie Bekanntschaft machte, wurde der Bär als König der Tiere durch den Löwen ersetzt.

Überall begegneten die Menschen dem furchtlosen, klugen Bären mit Hochachtung. Man mochte ihn nicht bei seinem Namen – indoeuropäisch **rktos*, »der Schreckliche, der Zerstörer« – nennen, damit er nicht unberufen erscheine. Die Germanen nannten ihn lieber beschwichtigend Bär, was »der Braune« bedeutet; die Slawen nannten ihn Medved, den »Honigfresser«, oder, wenn man ihm unverhofft in der Taiga begegnete, »Väterchen« oder »Gevatter«.

Und da der Bär der König der Tiere war, wurde er von so manchem Stammesfürsten auch als sein Totemtier oder Schutzgeist auserkoren. Der Name des mythischen Königs der keltischen Briten, Arthur oder Artus, bedeutet Bär (walisisch *Arth;* altirisch *Art;* gälisch *Artos*).

Die in Höhlen, unter Burgen oder ins Sternbild des Großen Bären entrückten Herrscher, von denen eben die Rede war (siehe Seite 165f), sind nicht tot. Sie gleichen dem Bären, dem König der Waldtiere, der sich zum Winterschlaf in seine Höhle zurückzieht. Im Frühling, in einem neuen Jahreszyklus, wird er wieder erscheinen.

Die alten Griechen nannten den Bären *Árktos.* Daher haben wir das Wort Arktis, denn überall im hohen Norden, über dem die Sternbilder des Großen Bären (*Arctus major*) und des kleinen Bären (*Arctus minor*) um den Nordstern (*Polaris*) kreisen, leben Bären.

Bärenhemden oder Berserker nannten die Germanen ihre wildesten Krieger. Einst war der Berserker-Gang eine Initiation junger Männer, die, mit nichts als einem Schwert oder Speer bewaffnet, in den Wald geschickt wurden, um einen Bären zu erlegen, dessen Fell sie dann als Mantel trugen. Das Märchen vom Bärenhäuter, der, vom Teufel angestiftet, einen Bären erlegt und sich dann sieben Jahre weder waschen noch die Haare und Nägel schneiden durfte, ist eine stammesgeschichtliche Erinnerung an diesen Brauch. In späteren Zeiten bezeichnete man die ein Bärenfell tragende Leibgarde der Könige ebenfalls als Berserker. Bis zum heutigen Tag trägt die Garde des britischen, dänischen und schwedischen Königshauses Mützen aus schwarzem Bärenfell.

In mehreren Legenden wird von Missionaren, die in Gallien oder Germanien unterwegs waren, erzählt, dass sie wilde Bären zähmten und zur Arbeit einsetzten. Am Bodensee etwa mussten Bären für den iroschottischen Mönch Gallus das Holz für den Bau einer Kapelle heranschleppen; und Korbinian zwang auf der Wallfahrt nach Rom einen Bären, seine Lastenbündel zu tragen. Wahrscheinlich handelt es sich bei diesen »Bären« um ehemalige Berserker, deren König zum neuen Glauben bekehrt worden war.

Neben verschiedenen keltischen Bärengottheiten, Artaius und Matunus genannt, sind auch Bärengöttinnen bekannt. So wurde in der Nähe von Bern eine Bronzeplastik gefunden mit der Inschrift ihres Namens, Artio. Die Statuette zeigt einen Bären und eine Frau mit einem Korb voller Früchte. Der Bär mag ein furchtloser Kämpfer sein, aber die Bärin ist eher ein Symbol der Mutterliebe, sie ist eine Ernährerin, die sich liebevoll um ihre Jungen kümmert. Manche Sagen erzählen von Waisenkindern, die von einer Bärenmutter adoptiert werden. Diese Kinder wachsen zu außerordentlich starken Menschen heran, denn Bärenmilch – so glaubte man – gibt besonders viel Kraft.

Donar (Thor), der Midgard mit seinem Blitzhammer vor der Midgardschlange und vor Dämonen schützt, war bei den germanischen Bauern sehr beliebt. Es heißt, er sei selber bärenstark und stark behaart. Als Asenbär (skandinavisch *Asbjörn,* altenglisch *Osborne*) nahm dieser Ase (Gott) auch Bärengestalt an. Seine Tatzenschläge werden als Blitzschläge sichtbar.

HIRSCH

Der Hirsch wurde bei den indigenen Waldvölkern mit der Sonne und dem Wachstum der Pflanzen in Verbindung gebracht. Sein Geweih wächst im Einklang mit dem Sonnenlauf und dem Verlauf des jährlichen Pflanzenwuchses. Im Vorfrühling mit der Schneeschmelze werfen die Hirsche ihre Geweihe ab. Für die Bauern ist es die Zeit der Aussaat. Die neuen Stangen wachsen dem Tier sofort nach. Die Kolben, überzogen von feinhaarigem, durchbluteten Bast, wachsen ähnlich der Frühlingsvegetation schnell heran und gabeln sich. Im Sommer haben sie ihre volle Größe erreicht und im Juli, wenn das Getreide heranreift und im Begriff ist geerntet zu werden, fangen die Hirsche an, den absterbenden Bast von dem nun verknöcherten Geweih an den Bäumen abzureiben und abzustreifen. Von September bis Oktober ist Brunftzeit, wenn die Sonne immer weiter in die tieferen Tierkreiszeichen hinabsteigt und die Menschen ihre Erntefeste feiern. Somit ist der Hirsch eindeutig ein Tier der Sonne und als solcher wurde er wahrscheinlich schon in der Jungsteinzeit gefeiert. Felsritzungen aus der Bronzezeit in Schweden zeigen den Hirsch mit der Sonnenscheibe.

Man sah die Sonne ja in früheren Zeiten nicht als einen riesigen nuklearen Fusionsreaktor im All, sondern als eine Gottheit, die die Pflanzen wachsen lässt und Gesundheit schenkt. Diese Gottheit, die bei den Kelten im Frühling als der schöne Belenos (*Bhel*), als Bräutigam der Vegetationsgöttin, erscheint und im Herbst zum feurigen Meister Lugus (*Lugh*) wird, der alles zur Reife bringt, kann verschiedene Gestalten annehmen. In der unterirdischen Welt der Zwerge erscheint der Sonnengott als das Metall Gold, unter Menschen als ein strahlender Held, wie es Christus oder Alexander der Große waren, und unter den Tieren vor allem als Hirsch. Die Kräuter in ihrem Wachstum folgen dem Lauf der Sonne wie die Hinde (Hirschkühe) dem Kapitalhirsch. Pflanzen wie die Wegwarte, die mit dem Öffnen ihrer Blüten den Sonnenaufgang begrüßen und die ihre Blütenköpfe immer dem himmlischen Gestirn zuwenden, wurden Sonnenbraut oder auch Hindlauf genannt. Überhaupt glaubte man im europäischen Raum, dass der Hirsch der beste Kenner der Heilpflanzen und ein Feind der krankheitsbringenden Schlangen ist; deswegen gibt es in vielen Städten noch immer Apotheken »zum Hirschen«.

Einer der indigenen Waldgötter der Kelten war der Hirschgott Cernunnos. Dessen bekannteste Darstellung ist der Kessel von Gundestrup, wo er, wie ein Yogi mit einem Hirschgeweih auf dem Haupt dasitzend, als Herr der Tiere erscheint. Ein Hirsch steht auf seiner rechten Seite, ein Wolf zu seiner linken. Er hält einen typisch keltischen Halsreifen (*Torques*) in der rechten Hand und eine Widderkopf-Schlange in der linken. Dieser Hirschgeweihträger ist, wie der Hirsch selber, der Herr der Fruchtbarkeit, die Verkörperung der Sonne in der Tiefe des Waldes. Er treibt das Pflanzenwachstum von unten an.

Bei den Germanen war es Freyr, der Zwillingsbruder der holden Freya, der ein Hirschgeweih mit sich trug. Auch er war ein Gott der Fruchtbarkeit, ein phallischer Gott, dessen Begleiter der goldborstige Eber ist, der nach der Wintersonnenwende, nach der Wiedergeburt des Sonnenkindes, das Jahresrad wieder in Gang setzt.

In der walisischen Mythologie wird der Sonnenhirsch im Spätherbst (zu Samhain) von dem schwarzen Gott der Unterwelt gejagt und getötet. Die Braut des Hirschs, die Blumengöttin, nimmt der düstere Jäger mit in sein unterirdisches Reich und der Winter beginnt. So beliebt war der sonnentragende Hirschgott, dass die Kirche auf ihn nicht verzichten konnte. Sie machte aus ihm den heiligen Hubertus, den verwegenen flämischen Jäger, der einen prächtigen weißen Hirsch vor seiner Jagdwaffe hat. Zwischen dem Geweih des Tieres leuchtet plötzlich ein sonnenhelles Licht vierstrahlig wie ein Kreuz auf. Hubertus fällt auf die Knie und vernimmt dann die Stimme des Heilands.

Von einem anderen Jäger, dem Eustachius, wird ebenfalls erzählt, dass er mit seinem Ross einen stattlichen weißen Hirsch jagte. Das Tier blieb stehen, und auf einmal erstrahlte zwischen dem Geweih ein Kruzifix. Der Hirsch sprach: »Warum verfolgst du mich, ich bin Christus, das Licht der Welt.«

Auf diese Weise wurde Christus den Heiden nahegebracht. Im Unterbewussten des einfachen Volkes lebt der Hirschgott noch immer. In manchen Wohnzimmern hängt das Bild eines röhrenden Hirschen über dem Sofa. Und der Hirsch mit dem Lichtkreuz zwischen dem Geweih ist – in dieser dunklen Zeit des Kali-Yuga – noch immer präsent, und zwar auf dem Etikett eines geistigen Getränks – dem Jägermeister Kräuterschnaps.

WOLF

Wölfe galten bei den Germanen wie auch anderen Naturvölkern zwar als gefährlich, aber sie wurden geehrt für ihre Tapferkeit und ihren Freiheitswillen – und selbstverständlich waren sie die Begleiter des wilden Ekstase- und Schamanengottes Wotan (Odin). Ähnlich den Berserkern gingen junge Männer als Teil ihrer Jugendinitiation auf »Wolfsgang« in die Wildnis, manchmal mit einem Wolfsfell bekleidet, um Kraft und Überlebenswillen zu beweisen. Als Krieger zogen diese Ulfhednir (»*Wolfshemden*«) »ohne Brünnen [Panzerhemden] in die Schlacht und sie waren wild wie Hunde oder Wölfe; sie bissen in ihre Schilde und waren stark wie Bären oder Stiere.«[69] (Snorri, *Yinglinga Saga,* Kap. 7) Auch viele Schamanen hatten Wölfe als Gehilfen, Begleiter und Führer auf Geisterpfaden. Sie mussten aber rein und klaren Geistes sein, denn nur wer selber rein ist, kann unbehelligt mit Wölfen verkehren.

Allgemein glaubte man, dass ein von einer Wölfin gesäugtes Kind wild, stark und mutig wird. Eine beliebte mittelalterliche deutsche Sage erzählt, wie der kühne Ritter Wolfdietrich – ähnlich wie der weise König Cormac mac Airt in einer irischen Sage – kurz nach seiner Geburt von einer Wölfin verschleppt und zusammen mit den Wolfswelpen großgezogen wurde (siehe Seite 237ff). Ihm war daraufhin die Kraft der Wildnis eigen. Auch die im Wald ausgesetzten Zwillinge Romulus und Remus, die Gründer Roms, wurden von einer Wölfin gesäugt, ebenso wie die Stammväter der Mongolen und der Türken.

Bei den Balten spielen Werwölfe – Menschen, die sich in Wölfe verwandeln – eine wichtige Rolle im Volksglauben. Werwölfe galten aber nicht als böse, sondern ähnlich den Berserkern und Ulfhednir als Beschützer der Gemeinschaft. Im Frühling zogen sie in die Wildnis, um die Geister des lebensfeindlichen Winters zurückzudrängen. Bei den slawischen Sorben gilt der Wolf (*Vuk*) zwar als gefährlich, aber er bietet Schutz gegen Dämonen; er zerfleischt sogar böse Feen und Teufel. Die Bulgaren hielten sogar das Reißen eines Schafes für ein Glückszeichen, das die

Vermehrung der Herde und größere Mengen an Milch und Wolle ankündigte. (Vána 1992:147)

Im Allgemeinen verehren Jäger-und-Sammler-Völker den Wolf, der wie sie in Gemeinschaft lebt und auf die Jagd geht. Für sibirische und nordamerikanische Völker gilt der Wolf oft als wichtiger spiritueller Lehrer. Hirten und Bauern dagegen entwickelten ein eher zwiespältiges Verhältnis zu dem Tier. Noch lange sahen die germanischen Völker die unbezwingbare wölfische Lebenskraft im Wachstum des Getreides. Man versuchte den »Kornwolf« oder »Roggenwolf« im Feld zu halten, damit er nicht verschwinde. In einem christlichen Weltbild dagegen, in welchem Gott als guter Hirte seiner menschlichen Schafherde erscheint, kann es nicht anders sein, als dass der Wolf zum Sinnbild des Bösen, des Teufels, wird, dem man erbarmungslos nachstellt.

Die Kelten hatten ebenfalls ein eher zwiespältiges Verhältnis zu Meister Isegrim. Ein Wolf war ständiger Begleiter Merlins; aber der alte Urzauberer hatte als Kind eines Waldteufels selber einen zwiespältigen Ruf. Der keltische Gundestrup-Kessel zeigt Cernunnos zwischen einem Hirsch und einem Wolf sitzend. Der Hirsch, so deutet man das, versinnbildlicht Leben und Sommer, der Wolf Tod und Winter.

Auch den Wikingern war das Tier Odins, das ab und zu Rinder oder Schafe reißt und im Winter den Hof umkreist, nicht ganz geheuer. So glaubten sie, dass eine Sonnen- oder Mondfinsternis zustande käme, wenn ein kosmischer Monsterwolf diese Himmelsgestirne jagt und sie zu schlucken versucht. Auch die Geschichte vom Fenriswolf, den die Asen als niedlichen Welpen fanden, deutet das an. Der Wolfswelpe wurde so groß und so gefährlich, dass die Götter versuchten, ihn anzuketten, aber der Wolf ließ es nicht zu. Da gingen die Asen zu den klugen Zwergen und baten diese, eine magische, unzerreißbare Kette zu schmieden, dünner als ein Spinnenfaden. Die Zwerge brachten das zuwege. Die Asen taten, als wollten sie ein Spiel spielen, bei dem sie den hauchdünnen Faden um seinen Hals legen würden. Der Wolf mistraute ihnen aber. Nur wenn einer der Götter bereit wäre, ihm als Pfand seinen Arm in den Rachen zu legen, würde er es zulassen. Falls sie ihn betrogen, würde er den Arm abbeißen. So verlor Tyr, der Hüter des wahren Wortes, seinen Arm. Erst am Weltenende, in der Götterdämmerung, würde der Fenriswolf seine Fessel zerreißen und schreckliche Rache nehmen.

FUCHS

Der Fuchs tritt in den europäischen Sagen, ähnlich dem Steppenwolf (Coyote) in den indianischen Überlieferungen, als listiger Schelm und Gauner auf. Der germanische Feuergeist Loki (*Lodur*), der unter den Asen selbst gerne den Schalk spielt, nimmt gerne mal die Gestalt eines Rotfuchses an. In den Fabeln überlistet der verschlagene Meister Reineke immer wieder den als eher gemütlich und dümmlich dargestellten Meister Petz, den Braunbären. Die Christen rückten den schlauen Überlebenskünstler in die Nähe des Teufels. Das teuflische Tier wurde zum Symbol für Ketzer und falsche Propheten. Es war häufig auch ein Reittier oder Familiar (*spiritus familiaris*) der Hexen und Zauberer. Sie waren in der Lage, mit ihren vom eigenen Leib losgelösten Seelen in den Fuchs zu schlüpfen und so durch die Nacht zu streifen. Sein roter Pelz galt, wie auch das rote Holz der Erle, als dämonisch; daher das Sprichwort: »Erlenholz und fuchsig Haar sind aus gutem Grunde rar.«

AUEROCHSEN, STIERE UND OCHSEN

Unsere Hausrinder stammen von den Auerochsen oder Uren ab. Das waren einst mächtige Bewohner der europäischen Urwälder. Als Caesar ihnen in den Wäldern Galliens begegnete, wurde ihm vor ihrer Wildheit und ihren großen und langen Hörnern Angst. »Sie sind etwas kleiner als Elefanten, sehr stark und behände und schonen weder Menschen noch Tiere, die ihnen zu Gesicht kommen«, schrieb er. Sie zu erlegen war nur einem Helden wie Siegfried in der Nibelungensage möglich, der gleich vier dieser Ure zur Strecke brachte. Germanen und Kelten tranken ihren Met aus Auerochsenhörnern, denn da ging nach ihrer Überzeugung die Kraft der Huftiere auf sie über. Auch die zweite Rune der altgermanischen Futhark-Zeichen ist die Uruz-Rune (ᚢ), die die Kraft der Erde vermittelt. Der Auerochsenstier bedeutete auch männliche Zeugungskraft.[70] Leider wurde der letzte Auerochse im Jahr 1627 in der Nähe von Warschau erlegt. Die Art gilt als ausgestorben.

Wie wir schon sehen konnten, wurden zwei weiße Stiere geopfert, während die keltischen Druiden den »goldenen Zweig« mit einer goldenen Sichel schnitten (siehe Seite 163). Das Ritual sollte dem neuen König die Zeugungskraft des kosmischen Stieres übertragen. Das Bild von zwei weißen Stieren oder Ochsen erscheint immer wieder in keltischen Legenden und Geschichten. Brigit, die Göttin der Birken und des neuen Lichts, die Schutzherrin der Dichter, Schmiede und Heiler – alle drei sind schamanische Berufe – galt als Besitzerin zweier edler weißer Ochsen, Fea und Femen genannt.

Die heilige Notburga aus Tirol wird als Patronin des Feierabends verehrt. Sie soll als Schnitterin bei der Getreideernte geholfen haben, als die Abendglocken läuteten. Als der Bauer ihr befahl weiterzuarbeiten, hängte sie die Sichel an den letzten Sonnenstrahl. Der Bauer fiel vor ihr auf die Knie. Als sie starb, wurde ihr Sarg auf einen Ochsenwagen gelegt und dort begraben, wo die Tiere von alleine stehenblieben. Man glaubte, die Ochsen hätten ein Gespür für heilige Orte. Ähnliche Legenden sind im ganzen ehemaligen Siedlungskreis der Kelten anzutreffen.

Oft benutzte man beim Maifest, dem keltischen Beltaine, ein Gespann mit weißen Ochsen, um den Maibaum aus dem Wald zu holen und ins Dorf zu bringen.

VÖGEL

Alle Vögel waren heilig; sie sind Zwischenwesen zwischen Himmel und Erde und sind den Göttern näher als die Erdbewohner. Durch das Beobachten ihres Fluges oder ihres Erscheinens zu gewissen Zeiten meinte man die Zukunft oder den Willen der Götter erraten zu können.

RABEN

Besonderes Ansehen hatten die Raben, insbesondere die Kolkraben. Oft erschienen die Verstorbenen in Rabengestalt. Odin hatte zwei Kolkraben als Begleiter, Hugin und Munin; sie verkörperten seine Gedanken und sein Erinnern. Die klugen, schwarzgefiederten Vögel waren auch ein Aspekt des Zaubergottes Lugus (*Lugh*), der ja vieles mit Odin gemeinsam hat. Auch mit dem Krieger Brennus, der die Römer das Fürchten lehrte, waren die aasfressenden Vögel verbunden, wobei Brennus nicht unbedingt ein persönlicher Name ist, sondern eine allgemeine Bezeichnung eines Heeresführers, der den Raben als Totemtier hat. Der britische Bran, dessen Kopf angeblich in London begraben liegt und dort Orakel spricht, ist ein todbringender Krieger; ihm gehört der Westen, wo die Sonne blutrot untergeht und wo die »Inseln der Seligen« liegen. Bran (gallisch *Brano*) bedeutet Rabe. Raben sind ebenfalls Attribute der düsteren Göttin des Todes, Morrigane, der auch die Eibe heilig ist, sowie des Midir, des »Herrn der Feenhügel«, der Sidé-Hügel (der aufgeschütteten Megalithgräber oder Hünengräber).

SCHWAN

Der Schwan mit seinem schneeweißen Gefieder, roten Schnabel und schwarzen Höcker – den Farben der archaischen dreifachen Göttin – war für die Kelten und andere Waldvölker ein elfenhaftes Wesen der Zwischenwelt, nicht ganz auf der Erde zu Hause, sondern ebenso in den mehr ätherischen Elementen, auf dem Wasser und in der Luft. Er war ein Vogel, aber mit seinem langen, biegsamen, beweglichen Hals hatte er auch etwas von einer Schlange.

Die Kelten achteten immer auf die Zwischenwesen wie die Mistel, die nicht in der Erde wurzelt, sondern zwischen Himmel und Erde in den Wipfeln der Bäume, oder den Morgentau, der sich zwischen Tag und Nacht wie aus dem Nichts bildet. Der Schwan gehörte in diese Kategorie.

Bei den Slawen nehmen die Toten oft Schwanengestalt an und fliegen zum Nordstern entlang der Milchstraße. Bei ihnen sind es auch die Schwäne, die die Kinderseelen zu den Frauen bringen. Die alten Sagen erzählen von Schwänen, die beim Baden in Waldseen gelegentlich ihr Gefiedergewand ablegen und die Gestalt wunderschöner Jungfrauen annehmen. Wenn es einem Mann gelingt, ihnen das Federkleid zu stehlen, dann können sie diese Schwanenjungfrauen zur Frau nehmen. Für Künstler und Poeten sind solche Frauen Musen. Sie sind hellsichtig und können – wie wir aus der Nibelungensage wissen – die Zukunft sehen. Der Ritter Lohengrin – Wagner hat eine gleichnamige Oper geschrieben – kommt mit einem von einem Schwan gezogenen Boot aus dem Nebel hervor und singt:

> *»Nie sollst du mich befragen,*
> *noch Wissens Sorge tragen,*
> *woher ich kam der Fahrt,*
> *noch wie mein Nam' und Art.«*

Diese träumerische, elfenhafte Gemütsart gehört seit alten Zeiten zum Mythos des Schwans. »Es schwant jemandem etwas« sagen wir noch immer, wenn wir etwas erahnen. Die nordgermanische Mythologie kennt zwei Schwäne, die unter den Wurzeln des Weltenbaumes auf dem Urd-Brunnen schwimmen, dort, wo die drei Urgöttinnen, die Nornen, das Schicksal von Menschen und Göttern spinnen.

STORCH

Auch der Storch ist ein Zaubervogel. Auch er besitzt die Farben der dreifachen Göttin, das Schwarz, Weiß und Rot. Auch er ist ein Bote der Anderswelt. Als Adebar – der »Glücksbringer« – bringt er die Seelen der Kinder. Er setzt sie beim Schornstein oder Rauchfang ab, denn das ist die Pforte, durch die auch die anderen Geistwesen – Santa Claus, die Hexen auf ihren Besen und eben die Seelchen der Kinder – ins Haus hinein- oder herausfahren. Ein Storchennest auf dem Dach oder Schornstein zu haben galt nicht nur als große Ehre, sondern auch als Schutz gegen Blitzeinschlag. Und die Ankunft des Frühlingsverkünders wurde überall mit Jubel begrüßt.

KUCKUCK

Ein magischer Vogel ist auch der Gauch oder Gauck, der heute eher unter dem lautnachahmenden Namen Kuckuck bekannt ist. Er galt als der Herold, der mit seinem Ruf das Maifest, die Vermählung der jungen Blumengöttin mit Belenos (*Bhel*), verkündet. Und wenn die Götter feiern und sich den Menschen nähern, hat das nüchterne Alltagsbewusstsein keinen Bestand. Vom göttlichen Rausch erfasst, singen, tanzen und lieben die Menschen dann in zügelloser Ausgelassenheit; sie werden närrisch. Deswegen ist der Vogel, der nicht einmal sein eigenes Nest baut, ein Gauch, ein Narr, ein Schelm. In Amerika, wo es den Kuckuck nicht gibt, bedeutet *cuckoo* nur noch »verrückt«, und eine psychiatrische Anstalt heißt im Volksmund Kuckucksnest (*cuckoo's nest*), wie in dem Film *Einer flog übers Kuckucksnest.*

Der frühlingsverkündende Vogel symbolisierte einst auch die Wiederverkörperung, die den Tod narrt, wie wir es aus dem beliebten Kinderlied »Auf einem Baum ein Kuckuck, Simsalabim Saladusaladim« kennen. Obwohl der Jäger ihn totschießt, ist er im nächsten Jahr wieder da.

Ich floh den gelben Menschenneid,
ich floh in die grüne Waldeinsamkeit.
Im Wald, im Wald! Da konnt' ich führen
ein freies Leben mit Geistern und Tieren;
Feen und Hochwild von stolzem Geweih,
sie nahten sich mir ganz ohne Scheu.

Heinrich Heine (1797 – 1856)

Wenn die Märchen verstummen,
verdunkelt sich unser Lebensweg!

Wolfdietrich Siegmund (1923 – 2018), Tiefenpsychologe

VIII. DER WALD IN MÄRCHEN UND SAGE

Der Geist des Waldes hat viele Gesichter. Im Riesengebirge erscheint er in der Gestalt des Rübezahl, die Tschechen nennen ihn Krakanosch, »Träger der Bergkiefer«. Er ist Wetterherr, Behüter der Bäume und Tiere und ein Gestaltenwechsler; er bestraft böse und geizige Menschen und hilft den Guten. Jeder Wald hat einen solchen Geist. Auf der Adelegg, einem Waldgebiet im westlichen Allgäu, war es einst ein Berggeist, der gerne die Gestalt eines Drachen annahm. Der iroschottische Wandermönch Magnus (Sankt Mang), ein Gefährte des heiligen Kolumban, der sich anschickte die heidnischen Alemannen zu bekehren, begegnete diesem Drachen, der ihn verschlingen wollte. Der Gottesmann aber griff zu Weihwasserflasche und Rosenkranz und warf diese in den Rachen des Ungetüms, sodass es elendig zugrunde ging. Ihres Meisters beraubt, verließen auch alle bösen Tiere, Bären, Wölfe und Schlangen, den Berg.

Ich bin mir aber nicht ganz sicher, ob dieser Geist wirklich verschwunden ist. Denn Geister gehören der Anderswelt an, man kann sie eigentlich nicht töten, sie verwandeln lediglich ihre Gestalt. Immer wieder hört man von dem sogenannten G'schneitweible, einem alten Weib mit wirrem weißen Haar. Sie erscheint den Wanderern, die sich hoffnungslos in den Wäldern und Tobeln (Schluchten) der Adelegg verirrt haben. Sie bietet an, ihnen den Weg zu zeigen, führt sie aber dann in großen Kreisen herum, sodass es oft Tage braucht, bis sie wieder herausfinden. Etwas Wahres muss schon daran sein, denn obwohl ich sonst einen guten Orientierungssinn besitze, verirrte ich mich in dem dichten Wald. Erst als ich an einer Stelle war, an der das Laubdach sich lichtete und ich die Sonne sah, erkannte ich, dass ich in die entgegengesetzte Richtung lief und mich immer weiter von dem Haus entfernte, in das wir gerade eingezogen waren. Vielleicht handelt es sich um einen geomantischen Energiewirbel, dass sich die Leute da verirren. Wenn die Bundeswehr in diesen Wäldern ihre Manöver abhalten, dauert es manchmal bis zu zwei Tage, ehe versprengte Soldaten ihren Weg wiederfinden. Um fünf Uhr morgens klopfte einmal ein Leutnant an unsere Tür und fragte, ob er unser Telefon benutzen könne, da er keinen Feldfernsprecher habe. Er hob den Hörer ab, nahm Haltung an und ich hörte, wie er dem Vorgesetzten mitteilte: »Hier Leutnant Krüger. Objekt nicht erreicht, die Männer streunen noch in den Schluchten herum!«

REFUGIUM DER ZWERGE

Es ist nicht nur die landschaftliche Schönheit des Schwarzwaldes, die Massen von Urlaubern anzieht, es sind vor allem die vielen Zwerge und Naturgeister, die dort hausen. Es scheint, dass sie sich nicht wie anderswo von den Touristenmassen vertreiben ließen. Obwohl die meisten Menschen sie nicht bewusst wahrnehmen, werden sie dennoch unbewusst in ihren Bann gezogen. Die alten Schwarzwaldbauern haben sie noch gekannt. Im Mittelalter erschien einem Gottesmann in der Wildnis im Südschwarzwald die Jungfrau Maria; bald wurde ihr zu Ehren eine Kapelle gebaut. So entstand der Wallfahrtsort Todtmoos. In einem Kreis von mehreren Kilometern rundherum lassen sich Naturgeister als Wächter dieses Heiligtums finden. Sie bewohnen alte moosbehangene, knorrige, gezwieselte Bäume. Oft weisen die Stämme der Bäume merkwürdige Drehungen auf, oft harzen sie heftig und sind voller Wurmlöcher und Insekten. Es wirkt, also würden körperlose Astralwesen diese Bäume zu ihren Körpern oder Behausungen machen. Wünschelrutengänger und Geomanten entdecken unter diesen Bäumen fast immer Wasseradern oder erdmagnetische Energiewirbel. Wanderer bleiben am Fuße solcher »besessenen« Bäume unwillkürlich stehen.

Als wir einmal auf einer Kräuterwanderung an einem solchen Wächterbaum vorbeigingen, standen einer älteren Frau plötzlich die Haare zu Berge. Erschrocken fragte sie, ob das Wesen, das sie so berührte, gut oder böse sei? Ich konnte ihr sagen, dass es einfach ein Naturgeist ist, weder gut noch böse. Oft beobachteten wir, wie abends Nebelschwaden aus dem Todtmooser Tal in Richtung des Baumes hinaufschwebten und sich im Geäst auflösten.

Ja, es gibt sie noch, die Zwerge, Moosmännlein, Holzmännchen, Waldschrate, Waldgeister, die heilkundigen Waldfrauen, die den Menschen einst im abendlichen Zwielicht oder zur hohen Mittagszeit erscheinen, wenn unser Bewusstsein vorübergehend in die Zwischenwelt abgleitet. Es gibt sie noch, die Riesen, die im Wintersturm durch die Wälder stampfen und Bäume und Äste brechen. Das leugnete auch die Kirche nicht; sie sah in ihnen lediglich »Waldteufel« oder auch »arme Seelen«. Wehe aber demjenigen – sagten die Kirchenherren –, der Umgang mit ihnen pflegt: Der hatte sein Seelenheil verwirkt.

WALDGEISTER

In früheren Zeiten, vor der Inquisition und ehe die strengen Schulmeisterlein der Aufklärung den Zugang zum Traumzeitbewusstsein kappten und ehe iPhone und elektronische Scheinwelten ihre Seelen in Besitz nahmen, konnten Menschen die Anderweltlichen erleben, die jenseits des Alltagsbewusstseins existieren.[71] Wesen sind das, die zwar keinen materiellen Körper besitzen, aber doch einen unsichtbaren Energiekörper und auch einen Seelenleib. Unter ihnen befinden sich die sogenannten Elementarwesen: die Gnome in der Erde, die Nixen, Nymphen und Undinen im Wasser, die Sylphen in den Lüften und die sogenannten Salamander im Feuer. Für den Gärtner, den Kräutersammler oder den Bergmann ist ein gutes Verhältnis zu den Gnomen, den Erdwichteln, wichtig. Diese Zwerge sind äußerst klug, oft mürrisch, aber handwerklich begabt.

Wer viel mit Wasser zu tun hat, sollte Freundschaft mit den Wassergeistern pflegen; sie sind es, die dem Surfer eine ego-überschreitende Ekstase schenken können und dem Fischer oder Angler das »Petri Heil«. Wassergeister singen gerne. Derjenige, dessen Sinne fein sind, kann ihren lieblichen Gesang im Wasserfall oder im strudelnden Bach vernehmen. Wassergeister können auch verführerisch sein, wie etwa die slawischen Rusalka oder die verlockende Lorelei, sie lassen den Betörten ertrinken und nehmen ihn in ihr Unterwasserreich mit.

Die schönen Sylphen begleiten den Flug der Schmetterlinge und der Vögel. Auch den Drachenflieger hoch in den Lüften und die Gleitschirme werden von ihnen umwoben.

Es gibt auch Waldfräulein (*Sylvani*), die alle Kräuter und ihre Heilkräfte kennen. Während der Pestzeit erschienen sie immer wieder den erschöpften und verzweifelten Menschen, die am Ende ihrer Kräfte waren und zwischen dem Alltags- und dem Traumbewusstsein schwebten, und gaben ihnen gute Ratschläge, wie zum Beispiel: »Esst Baldrian und Bibernell, dann sterbet ihr nicht so schnell.« Die Wirkung der Kräuter, die so auf übernatürliche Weise den Menschen offenbart wurden, ist nicht von der Hand zu weisen. Es sind tatsächlich Pflanzen, die voller Vitamine und Vitalität stecken und inzwischen als immunstärkend anerkannt sind. Am häufigsten werden Baldrian, Eberwurz, Meisterwurz, Wacholder (Kranewitt), Arnika, Bibernelle, Bärlauch und Waldengelwurz erwähnt. (Storl 2016a:240)

Man sah früher die Elfen, verführerisch schöne, menschenähnliche Wesen einer Parallelwelt, in Waldlichtungen und Auen tanzen und musizieren. Man wusste aber zugleich, dass sie – wie etwa der Erlkönig und seine Töchter – sehr gefährlich sein konnten. Die Zeit in ihrer Welt ist eine andere als unsere; was für sie ein Tag ist, ist für uns ein Jahr. Wer mit ihnen tanzt oder unter ihren Zauber fällt, bleibt oft mehrere Jahre verschollen, obwohl er meint, er habe nur kurze Zeit mit ihnen verbracht.

In den Alpenländern kannte man auch die Saligen Frauen. Diese Feen wohnen im hohen Gebirge, oft in alten Lärchen. Sie hüten Kinderseelen und schicken diese in die Täler zu den Frauen. In Graubünden und Tirol wird erzählt, dass ganze Dörfer von ihnen bevölkert wurden. Oft erschienen die Saligen armen Bergbäuerinnen oder Köhlerinnen in Kindesnöten und halfen bei der Geburt, wenn keine Hebammen zugegen waren.

DER WALD ALS ORT DES SCHICKSALS UND DER VERWANDLUNG

Märchen sind Landkarten der Seele. Sie sind wahre Botschaften aus der metaphysischen Welt. Der Wald spielt in den Märchen eine wichtige Rolle, denn er symbolisiert diese Dimension jenseits des Alltags ebenso wie die Tiefen unseres Unbewusstseins. Wer sich in diesem Wald verliert, wird mit unerwarteten Wundern, aber auch seinen tiefsten Ängsten konfrontiert. Denn der Wald ist voller Hexen, Drachen, Zauberer oder gar Teufel. Niemand geht in diesen Wald hinein, ohne eine seelische Verwandlung zu erfahren.

Oft ist es ein weißer Hirsch, dem ein junger König im Jagdfieber nachpirscht und der ihn immer tiefer in die Waldwildnis hineinlockt. Die Farbe des Tieres verrät, dass es sich um ein Geistertier handelt. In dem grimmschen Märchen *Die sechs Schwäne* verirrt sich ein König auf diese Weise hoffnungslos im Wald. Es wird dunkel, er hat Angst zu erfrieren, zu verhungern oder von Wölfen gefressen zu werden. Da begegnet ihm eine alte, scheußliche Hexe mit Wackelkopf. Ja, meint sie, sie würde ihm helfen, den Weg aus der Waldwildnis heraus zu finden, aber nur unter der Bedingung, dass er ihre Tochter heirate. In seiner Verzweiflung geht der König auf den Handel ein. Er war Witwer und hatte sieben Kinder, sechs Söhne und eine Tochter. Da ihm vor seiner neuen Frau graute – sie war zwar bezaubernd schön, aber doch eine Hexe –, versteckte er seine Kinder in einem Waldschloss. Die böse Frau fand es heraus, machte sich auf den Weg dorthin und verwandelte die Knaben in Schwäne. Allein das Schwesterlein, das gerade nicht im Waldschloss war, entging der Verzauberung. In einen Schwan verwandelt zu werden, bedeutet entrückt zu sein, nicht mehr mit beiden Füßen auf dem festen Boden zu stehen (siehe Seite 223f). Um ihre Brüder zu erlösen, musste das Mädchen selber in den tiefen Wald gehen und schweigend aus Brennnesseln Fasern spinnen, zu Tuch weben und daraus Hemden für ihre Brüder nähen. Dass es gerade diese Faserpflanze war, kommt nicht von ungefähr. Mit Brennnesseln hat man früher entrückte und »seelisch schwebende« Menschen geschlagen, um sie wieder zurück ins Hier und Jetzt zu bringen.

Das beliebte russische Märchen von Wassilissa der Wunderschönen spricht ebenfalls von der verwandelnden Kraft des Waldes. Nachdem seine Mutter gestorben war, wohnte das Mädchen bei der Stiefmutter und zwei hässlichen Stiefschwestern. Diese waren, da Wassilissa so schön war, krankhaft eifersüchtig auf sie. Die Arme musste Aschenputtelarbeit verrichten, aber eine magische Puppe, die ihr ihre Mutter auf dem Sterbebett gegeben hatte, half ihr dabei. Eines Tages löschten die Stiefschwestern mutwillig die einzige Kerze im Haus und schickten Wassilissa in den dichten Wald, wissend, dass dort die Baba Jaga, die menschenfressende Hexe, wohnt. Dort sollte sie neues Feuer holen.

Die Baba Jaga wohnt in einem Häuschen in einer Waldlichtung, das auf einem Hühnerbein mit drei Zehen steht und sich ständig dreht. Das Häuschen ist umgeben von einem Zaun aus Totenknochen. Nachts ist die Waldlichtung hell erleuchtet, denn aus den Augen der aufgepfählten Totenschädel strahlt feuriges Licht. Die alte Hexe gab dem Mädchen schwere, kaum zu bewältigende Aufgaben: Sie sollte kochen, putzen, verunreinigtes Getreide und Mohn säubern und Gartenarbeit verrichten. Mithilfe ihrer Puppe gelang ihr das. Schließlich gab die alte Hexe dem Mädchen das Feuer – es war ein Totenkopf, in dessen Augen Feuer glühte – und schickt es heim. Dort richtete sich der Schädel auf die Stiefmutter und ihre Töchter und verbrannte sie zu Asche. Hinter der Person der Baba Jaga verbirgt sich wieder einmal die alte paläolithische Göttin (siehe Seite 111ff).

Das Häuschen, das sich ständig dreht, ist der drehende Sternenhimmel, und das Hühnerbein, auf dem es steht, symbolisiert den Weltenbaum mit seinen drei Wurzeln. Die gefährliche Begegnung mit der alten Göttin im tiefen Wald macht es schließlich möglich, dass die schöne Wassilissa – sie repräsentiert die Lichtseele eines jeden Menschen – den jungen Zaren heiratet. Das ist wiederum ein Bild der Hierogamie, der heiligen Hochzeit von Seele (*anima*) und Geist (*spiritus*), oder der Seele und dem göttlichen Selbst.[72] Es ist, wie Carl Gustav Jung (1875–1961) zeigte, die Heilwerdung.

In dem Märchen *Der Teufel mit den drei goldenen Haaren* wird von einem Jungen erzählt, der mit einer Glückshaube[73] geboren wurde und dem es gelang, im tiefen Wald, jenseits des Flusses, der die Lebenden von den Toten trennt, drei goldene Haare des Teufels zu bekommen, die es ihm erlaubten, eine Königstochter zu heiraten. Des Teufels Großmutter, eigentlich die Frau Holle, half ihm dabei. Die Reise des Jungen ähnelt in jedem Detail einer schamanischen Reise in die Anderswelt.

Der Archetypus des Waldes kommt auch im Märchen vom Schneewittchen und den sieben Zwergen zum Ausdruck, wie auch in dem Märchen von Hänsel und Gretel, die sich im Wald verlaufen, zum Hexenhaus gelangen und schließlich reich und glücklich werden.

WALDGEISTER SEHEN

Die heutigen Menschen sind seelisch ausgehungert. Ach, wie gerne würden sie Geister, Zwerge und Elfen sehen! Aber sie können es nicht und glauben auch kaum mehr an sie. Für einfache Leute früher, für das Landvolk, für Köhler, Holzfäller und Bergbauern, war es selbstverständlich, dass ihnen diese Wesen immer wieder mal über den Weg liefen. Wenn sie abends, müde von des Tages Mühen und Plage, erschöpft in das »Zwischenreich« schlüpften, da besuchte sie der Hauskobold und manch anderes Geistwesen.

An einigen besonderen Flecken, die Esoteriker heute als Kraftorte bezeichnen, wird der Schleier zwischen den Welten dünner und durchsichtiger. Schon in heidnischen Zeiten waren das Orte der außergewöhnlichen Begegnungen. Oft sind diese Stellen von geomantischen Verwerfungen, Kreuzungen von Wasseradern, Energiefeldern, geologischen Störzonen und dergleichen gekennzeichnet. Unser »Ätherleib« – unser »Wasserkörper« – kommt leicht mit diesen Feldern in Resonanz, er schwingt sozusagen mit. Ohne zu wissen warum, merken wir, wie diese Orte eine harmonisierende, vitalisierende oder heilende Wirkung haben; oder auch anders herum, wie sie uns Kraft absaugen und negativ beeinflussen können. Die Heiden errichteten an solchen Stellen Steinkreise, Menhire, Weihestätten oder Tempel. Als die Missionare des neuen Glaubens kamen, wurden viele dieser Kraftorte als unheimliche, dämonische Spukorte stillgelegt, andere aber wurden zu Wallfahrtsorten, auf die man Kirchen, Kapellen oder Bildstöcke gesetzt hatte. Menschen fühlten die positiven Energien, die oft Visionen hervorriefen oder Wunderheilungen bewirkten, und schrieben diese den Heiligen oder der Maria zu. Man kann sogar von den heilenden Kräften der Kirchen sprechen. (Dimde 1998:16)

Heutzutage sind die meisten Menschen weniger resonanzfähig. Sie verspüren weniger, geschweige denn, dass diese subtilen Energien in ihnen seelische Bilder und Imaginationen hervorrufen. Der elektrische Strom ist eine Energie, die diese Art von Wahrnehmen fast völlig blockiert. Die Elementarwesen und Naturgeister fliehen den Strom, sagte zum Beispiel der Waldbauer Arthur Hermes. Wir sind durch unseren viele Jahre dauernden Schulunterricht, der uns lehrt, die Welt als Gegenstand zu betrachten, und durch unsere Technologie geistig blind geworden. Was uns bleibt, ist lediglich der Glaube an diese Wesen. Und wer sich als aufgeklärt und rational definiert, wird auch den Glauben daran längst aufgegeben haben. Bestenfalls wird er ihn den Kindern und den Primitiven zugestehen oder ihn in den Bereich der Psychoanalytik verbannen.

Dennoch suchen Menschen nach den verborgenen Schätzen der Seele und sehnen sich nach Kontakt mit diesen ätherisch-astralischen Mitbewohnern unserer Erde. Viele projizieren diesen Wunsch ins räumliche All und imaginieren Aliens von anderen Galaxien oder Planeten.

Für andere sind bewusstseinserweiternde *Botanica* wie der indische Hanf, der mittelamerikanische Peyote-Kaktus, die als *Ayahuasca* bekannte südamerikanische Waldliane *Banisteriopsis caapi,* auch entheogene Pilze, wie etwa der Spitzkegelige Kahlkopf, oder das Sakrament der euroasiatischen Schamanen, der Fliegenpilz, Rammböcke, die das Tor zu den anderen Dimensionen und ihren Bewohnern aufzusprengen vermögen. Für viele, die Erfahrung mit den – meist verbotenen – sogenannten Schamanenpflanzen haben, sind Wesen wie Zwerge, Elfen und Waldgeister keine Angelegenheit des Glaubens mehr.

Das Wissen über diese Zauberkräuter und Pilze war in traditionellen Kulturen meist den Schamanen vorbehalten. Unreife, nicht-initiierte Menschen, die nicht zentriert und mit ihrem innersten göttlichen Kern verbunden sind, können bei der Anwendung leicht entgleisen. Seelische Probleme und Belastungen können da leicht die Form von Dämonen annehmen.

Es gibt auch noch andere gute Gründe zur Vorsicht. Es kommt nicht von ungefähr, dass diese Wesen als die Hollen und Hollinnen (die Verhohlenen) bezeichnet werden oder dass man sagt, die Zwerge trügen Tarnkappen. Sie wollen nicht gesehen werden, wenigstens nicht von neugierigen, ego-gesteuerten Personen. Davor warnt uns die im 18. Jahrhundert aufgeschriebene Geschichte von den Heinzelmännchen in Köln. Nachts, während die Leute schliefen, machte sich das Wichtelvolk ans Werk. Fleißig half es Zimmerleuten, Tischlern, Fleischern, Schuhmachern, Böttchern, Töpfern, Schneidern und anderen Handwerkern, unfertige Arbeiten fertig zu machen und knifflige Probleme zu lösen. Was die Handwerker am nächsten Tag erwartete, war dann ein leichtes und frohes Schaffen. Man wusste um die Heinzelmännchen, aber gesehen hatte sie noch niemand. Die Frau des Schneiders war aber neugierig. Es ließ ihr keine Ruhe, sie wollte die kleinen Helfer unbedingt sehen. Da streute sie eines Abends Erbsen auf die Stiege und lauerte mit einer Laterne in der Hand hinter einer Türe. Als sie dann hörte, wie die Zwerge auf den Erbsen ausrutschten, die Stiege hinunterpurzelten, schimpften und jammerten, sprang sie hervor und sah, wie sie flüchteten. In dieser Nacht blieb die Arbeit liegen und in den nächsten Nächten auch. Die Heinzelmännchen kamen nie wieder, und die Arbeit wurde mühselig.

Es ist das Licht der Aufklärung, das die helfenden Geister flüchten ließ. Ihm ist kein Mysterium heilig, und so gelang es ihm, unserer Welt ihren Zauber zu nehmen. Auch, dass es ausgerechnet des Schneiders Frau war, die die Zwerge durch ihre Neugierde vertrieb, war kein Zufall. Das Schneidern hat mit dem Zerlegen, Zerschneiden, Analysieren (griechisch *análysis* = Auflösung, Zergliederung) zu tun. Der analysierenden Mentalität sind die Zwerge nicht zugänglich.

Dass das Wichtelvolk des Nachts schafft, will besagen, dass die besten Einsichten und Problemlösungen im Schlaf und über Nacht geschehen. Oder wie ein russisches Sprichwort sagt: »Der Morgen ist weiser als der Abend.«

WOLFDIETRICH UND DIE RAUE ELSE

Das fränkische Wolfdietrich-Epos aus dem 12./13. Jahrhundert, eine echte mittelalterliche Seifenoper, erzählt auf seine Weise von der transformativen Kraft des Waldes und der Wildnis. Da wird von einem König erzählt, der in den Krieg ziehen musste. Ein ihm untergebener Herzog sollte sich während seiner Abwesenheit um die Angelegenheiten des Hofes kümmern und ein schützendes Auge auf seine Frau und die übrige Familie haben. Der Herzog aber, der ein verdorbenes Herz hatte, nutzte die Gelegenheit, der jungen Königin unsittliche Anträge zu machen. Zürnend wies sie ihn ab und drohte, es ihrem Manne zu sagen. Der Lüstling redete sich aus der Angelegenheit heraus, indem er vorgab, er hätte nur ihre Treue prüfen wollen. Daraufhin versprach die gutgläubige Königin, es ihrem Mann nicht zu sagen.

Noch ehe ihr Mann vom Feldzug nach Hause kehrte, gebar sie einen Sohn. Sie war zwar schon schwanger geworden, ehe er in den Krieg zog, aber aus Angst vor Verleumdung steckte sie das Neugeborene in einen Korb und ließ es die Burgmauer hinunter. Eine treue Dienerin sollte es an eine sichere Stelle in den Wald mitnehmen, es sauber halten und versorgen. Als die Dienerin eines Tages mit Windelnwaschen beschäftigt war, kamen ein Wolf und eine Wölfin daher. Die Wölfin packte das Kind mit ihrem Maul und nahm es mit in ihre Höhle in einer Felswand. Sie wollte es ihren Jungen zum Fraß vorwerfen. Die Wolfswelpen taten dem Kind jedoch nichts und bald spielten sie mit ihm. Und wenn sie bei ihrer Mutter tranken, trank der Junge genüsslich mit.

Einige Zeit später jagte der Vater der jungen Königin in der Waldwildnis. Die Jagdpartie spürte die beiden Wölfe auf, verfolgte sie bis zur Höhle und streckte sie mit Pfeilen nieder. Der alte König hieß einen mutigen Jagdgefährten in die Höhle kriechen, um zu sehen, ob noch andere Wölfe drinnen waren. Da fanden sie vier Welpen und einen weinenden Menschensäugling.

Er wickelte das Kind in seinen Mantel, ritt zurück zur Burg und zeigte es seiner Frau. Die alte Königin ging gleich zum Turmgemach, in dem die Tochter wohnte, und erzählte ihr von dem wundersamen Vorfall. Die junge Königin wurde blass und verlegen, sie erkannte, dass es ihr eigenes Kind war. Auf die bange Frage, wer wohl der Vater sein möge, antwortete sie, dass es kein anderer sei als der König, ihr angetrauter Mann. Nur mit ihm habe sie ihr Bett geteilt. So kam das Kind wieder zu seiner Mutter. Bald darauf gingen sie alle mit dem Kleinen zu einer Einsiedelei im Wald, wo ein frommer Einsiedler hauste, und ließen es segnen und, da es mit den Wölfen in der Wolfshöhle gelebt hatte, auf den Namen Wolfdietrich taufen.

Als der junge König zurückkehrte und das kräftige, muntere Kerlchen sah, freute er sich über den neuen Sohn. Der Kleine fing gerade an zu laufen, als man ihm einmal ein Stück Brot in die Hand gab. Ein Hund wollte nach dem Brot schnappen, da packte der Knabe den Hund und schleuderte ihn gegen die Wand. Als die Anwesenden das sahen, waren sie über seine Stärke verwundert. Wolfsmilch verleiht eben Kraft: »Du bist mit Recht geheißen, o Kind, Wolfdietrich!« Trotzdem wuchs beim König der Zweifel, ob seine Frau ihm treu gewesen war; der falsche Herzog flüsterte ihm ein, der Knabe sei ein Bastard. Schweren Herzens ließ der König den Knaben im Wald aussetzen. Also wuchs der junge Wolfdietrich im Wald, fern der Zivilisation, bei einem Einsiedler auf. Er schlief auf Stroh und trank lauteres Quellwasser; Haferbrei, Wildbret, Kräuter und hartes Brot waren seine Speise. Im Laufe der Zeit lernte er Ritter kennen, die ihm den Schwertkampf, das Bogenschießen, das Reiten und Jagen und alle ritterlichen Tugenden beibrachten und ihm schließlich Gefolgschaft schworen.

Viele lange Reisen hatte der Held hinter sich, aber als er hörte, dass seine Kameraden in einem Burgverlies gefangen gehalten wurden, versuchte Wolfdietrich auf schnellstem Wege in seine Heimat zu gelangen, um sie zu befreien. Er legte auf seinem Schwert den Eid ab, dass weder eine Frau noch Land und Burgen ihn seine Rückkehr vergessen machen sollten. Er ritt so schnell er konnte, verirrte sich aber in der Wildnis. Ross und Reiter kamen kaum vorwärts. Walddickicht, Schluchten, gefüllt mit Geröll und umgestürzten Bäumen, und reißende Ströme verstellten ihm den Weg. Hunger plagte ihn, und sein erschöpftes Pferd strauchelte mehrmals.

Eines Abends fand er eine Waldlichtung, einen Erlengrund, wo genug saftiges Gras wuchs, sodass sein Pferd fressen konnte. Da machte er sich sein Lager, zündete ein Feuer an und schlief ein. Während er da schlief und das Feuer nur noch Asche und rote Glut war, näherte sich, wie ein Tier auf allen Vieren kriechend, ein wildes Weib. Ihre verfilzten, mit Moos behangenen Haare reichten ihr bis zu den Füßen. Rau und struppig sah sie aus, hatte lange Nägel und war ganz behaart, wie eine Bärin. Es war die Erlenfrau, Raue Else oder Raue Elfe genannt. Liebeshungrig war sie und so legte sie sich ihm an die Seite. Er wachte auf und erschrak.

> *»So sprach die raue Else zum König fürwahr:*
> *›Nun minne[74] mich, Wolfdietrich, so wirst du sorgenbar!*
> *Ein Königreich dir geb' ich, dazu ein weites Land,*
> *dass es für eigen dienet, o Herre, deiner Hand.*
> *Ich bin dir nachgegangen bis in das dritte Jahr,*
> *ich hätt dich gern zum Manne, das sag' ich dir fürwahr.‹«*

»Hinweg, du Teufelsweib«, antwortete er ihr barsch, »weiche von mir!« Da warf die wilde Frau einen Zauber über ihn, der seine Sinne verwirrte, nahm sein Schwert und sein Ross und verbarg diese in einem riesigen hohlen Baum. Als Wolfdietrich wieder zu sich kam, suchte er als erstes seine Waffe, fand sie aber nicht. Er dachte, er hätte einen Alptraum gehabt und Räuber hätten ihm sein gutes Schwert genommen. Er rannte hin und her, aber weder Schwert noch Pferd waren zu finden. Die Alte aber zauberte eine Straße durch den Wald, auf der er nun, vom Wahn besessen, loslief. Zwölf lange Meilen rannte er durch die mondhelle Nacht, bis er gegen Morgen die Raue Else unter einem schönen Lindenbaum sitzend fand.

»Lass mich in Frieden, du Ungeheuer!«, fuhr er die wilde Frau an, die, ohne dass er es wusste, die Herrin des Waldes war.

»Wer übrigens hat dir erlaubt, hier in meinem Wald zu übernachten?«, fragte sie ruhig und schaute ihn zärtlich an.

»Das bringt dir doch keinen Schaden, dass ich hier auf deinem Land schlafe!«, hielt er ihr entgegen und begann zu erzählen, wie er sich verirrt habe und wie schlecht es ihm ergangen war. Von dem bösen Ratgeber, dem Herzog, erzählte er, von seinen Brüdern, die ihn verstoßen hatten, von der Not, in der sich seine Dienstmannen befanden und davon, dass ihm jemand sein Schwert aus der Scheide gezogen und sein Pferd entführt habe.

> *»Will's Gott, dass ich soll sterben, so lass es balde sein!*
> *Jedoch genäs' ich leichtlich, hätt' ich nur Speis und Wein.*
> *Zu meiner Arzeneie gehört wenig Meisterschaft,*
> *der Durst und auch der Hunger benimmt mir meine Kraft.«*

Die Raue Else, die Herrin des Landes, hörte zu und versicherte, sie würde ihm gerne helfen – natürlich noch viel lieber, wenn er ihr hold wäre: »Wenn du willst, dass es dir wieder gut geht, so tu', worum ich dich bitte! Sei nicht so abweisend und nimm mich zum Weibe, denn schon lange liebe ich dich!«

»Nein, nein«, entgegnete er, »du verlangst Unmögliches. Werde nicht zornig, wenn ich dir sage, dass ich allen Frauen bis an den Tod abgeschworen habe!«

»Dann schlaf! Du bist ein müder Mann«, flüsterte sie daraufhin und legte einen Schlafzauber über ihn. Und nachdem ihm sein Bewusstsein schwand, schnitt sie ihm zwei Locken von den Schläfen und von den Fingern die Nagelspitzen. Diese besprach sie mit starken Zauberworten und nahm ihm dadurch den Verstand. Wie von Sinnen rannte er, als er erwachte, in den finsteren Wald. Einem wilden Tiere gleich, irrte er ein halbes Jahr lang durch die Wildnis und ernährte sich von Kräutern, Beeren und Wurzeln, schlief auf Moos und trank aus Bächen und Pfützen. Sein Haar verklebte und verfilzte sich, und schuppig wurde seine Haut.

Es soll der liebe Gott selber gewesen sein, der sich seiner erbarmte. Er schickte einen Engel zu der wilden Naturkönigin und drohte ihr, wenn sie den Zauberbann nicht löse, dann würde ein Blitz sie erschlagen. So näherte sich die Raue Else abermals dem verwahrlosten Ritter, der nun genauso rau und struppig aussah wie sie, und hob den Zauber auf.

»Willst nunmehr du mich minnen, Wolfdietrich?«, fragte sie ihn. Diesmal sagte er Ja, er sei bereit, ihr seine Liebe zu schenken, aber nur, wenn sie sich taufen ließe, schließlich sei er ein christlicher Ritter. Sie führte ihn an einen Jungbrunnen, dessen Wasser auf der einen Seite warm und auf der anderen Seite kalt war. Sie tauchte den Helden unter Wasser, da wurde er wieder gesund und stark. Auch sie stieg in den Brunnen:

> *»Auch ihre Haut, die raue, ließ sie im Brunnen dort,*
> *zur allerschönsten Fraue ward sie da allsofort.*
> *Da ward sie wohl getaufet: Rau-Else sonst genannt,*
> *hieß sie nun Siegesminne, die schönst' ob allem Land.*
> *Sie schloff aus ihren Schuppen und warf sie auf das Gras.*
> *Wie da Wolfdietrich staunte, dass sie so schöne was!*
> *Sie leuchtete vor den Weiben als wie der Sonne Licht;*
> *aller Mägde Schöne war gegen sie zunicht'.«*

Siegminne, »Sieg der Liebe«, so heißt die überirdisch schöne Frau, die es vermochte, die harte Askese des Ritters zu brechen und ihn in die Wonnen der sinnlichen Liebe einzuweihen. Lange genossen sie ihr Glück. An sonnigen Sommertagen lagen sie zusammen auf der blühenden Heide unter einem Lindenbaum. Da sprang einmal ein Hirsch vorbei. Ein Riese, der die schöne Frau begehrte, hatte das Tier geschickt, wissend, dass Wolfdietrich ihm nachjagen würde. Tatsächlich schwang dieser sich in den Sattel und verschwand im Galopp im Wald. Da erschien der Riese, packte die schöne Frau und zerrte sie fort. Als Wolfdietrich wieder zu dem Liebeslager zurückkam, war Siegminne nirgendwo zu finden. Verzweifelt rief er sie und suchte die Gegend ab nach ihr. Der Unhold schleppte sie mittlerweile in seine Burg und wollte sie gleich in Besitz nehmen. Siegminne aber versuchte Zeit zu gewinnen. Um ein halbes Jahr Aufschub bat sie ihn, auf dass sie sich vorbereiten möge. Dann, versprach sie, würde sie sich ihm hingeben. Wolfdietrich wanderte derweil, als bettelnder Pilger verkleidet, auf der Suche nach ihr durch Länder, Städte und Dörfer. Am letzten Tag des halben Jahres entdeckte er sie mithilfe kundiger Zwerge auf einer düsteren Burg. Sie erkannte ihn trotz seiner Verkleidung und ging zu dem Riesen: »Es geziemt sich für einen großen Herren wie dich, großzügig zu sein«, sagte sie, »lass den armen Pilger herein, damit wir ihm etwas geben können«. Kaum war Wolfdietrich in der Halle, zückte er sein Schwert, köpfte den Riesen und befreite Siegminne.

Wieder verbrachten sie Monate der süßen Liebe. Schließlich aber hatte er keine Ruhe mehr. Er erinnerte sich seiner treuen Gefährten, die im Lande der Langobarden gefangen gehalten wurden. Er hatte ja geschworen, sie zu befreien.

Die schöne Frau lässt ihn gehen. Sie weiß um die Heiligkeit eines Eids. Ehe er fortreitet, schenkt sie ihm ein Zauberhemd, das sie selber gesponnen, gewoben und genäht hat. Es soll ihn unbesiegbar machen. Für sein Heil gibt die holde Herrin des Waldes ihm noch eine Kraftwurzel. Wie jede wilde Frau kennt sie alle Heilkräuter, Heilwurzeln und Kraftelixiere:

> *»›Ich geb' dir eine Speise, die ist dir nütz und gut.*
> *Die dir wohl an dem Leibe und sanft dem Herzen tut,*
> *die du gar leicht magst führen mit in der Tasche dein;*
> *sie müht dich auch nicht sehre, 's ist weder Speise noch Wein.*
> *Du gibst die Speise niemand, als der getreue sei!*
> *Willst du mir das geloben, so bleibst du sorgenfrei.*
> *Ich sage dir der Wurzel geheime Meisterschaft:*
> *Wenn ihrer du genießest, so hast du Löwenkraft.‹*
> *Sie führt ihn zu einem Baume, die Wurzel fand er da.*
> *Sie lehrt ihn, dass er sie kannte, wo immer er sie sah.«*

Die Geschichte geht, wie heutzutage die TV-Serie, weiter und immer weiter. Wir wollen hier aber aufhören zu erzählen. Dass es sich bei der Rauen Else um ein elfisches Wesen handelt, wird allein schon dadurch angedeutet, dass sie dem Ritter in einem Erlenbruch begegnet. Solche morastigen, unheimlichen Erlengründe galten seit alters als magische Orte, an denen man Elfen, insbesondere Erlenfrauen begegnen kann, als Übergänge zwischen dem festen Land und der Wasserwelt, zwischen der hiesigen Welt und der Anderswelt.

Die Hauptbotschaft der Wolfdietrich-Sage ist, dass der Held seine Kraft aus der Natur, aus Wald und Wildnis bekommt. Das ist eine wichtige Botschaft. Auch für uns.

Weißt du nicht, dass die Wälder
das Leben eines Landes sind?

Babylonische Keilschrift

Jeder Teil dieser Erde ist meinem Volk heilig,
jede glänzende Kiefernnadel,
jeder lichte Nebel in dunklen Wäldern,
jede Lichtung und jedes summende Insekt
ist heilig der Erinnerung und Erfahrung meines Volkes.

Seattle (1786–1866), Häuptling der Squamish und Duwamish

IX. AUẞEREUROPÄISCHE WALDKULTUREN

Die bewaldete Natur prägte das Leben der Menschen nicht nur in Europa, sondern überall auf der Erde, wo es Bäume gab. Es gibt viele Waldvölker auf unserer schönen Erde. Da wären die Lakandonen, Nachfahren der Mayas, die sich tief in den Urwald des Yukatan zurückgezogen haben, den Bekehrungsversuchen der Missionare zähen Widerstand leisteten und noch immer die Waldgötter mit rauchendem Kopalharz füttern. Der Ethnologe Christian Rätsch hat sie liebevoll in seinem Buch *Die Kinder des Regenwaldes* beschrieben. Diese Indianer jagen Wildschweine, Affen und andere Tiere des Waldes und bauen auf kleinen Rodungen Mais, Süßkartoffeln, Tapioka, Baummelonen, Tabak und andere Pflanzen an. Da wären auch noch die Jivaro (Shuar), die in den Wäldern des Amazonastieflands in Ecuador leben und in der populärwissenschaftlichen, völkerkundlichen Gruselliteratur für die Schrumpfköpfe bekannt sind, die sie aus ihren getöteten Feinden machten; heutzutage interessiert man sich eher für die entheogene Trance-Medizin, die sie aus der Urwaldliane Ayahuasca gewinnen. Ja, und dann gibt es noch verschiedene Wildbeuterstämme in Südostasien, die Waldgärtner in Neuguinea, die für ihre Bärenrituale bekannten Ainu auf der nordjapanischen Insel Hokkaido, die Rentierzüchter Sibiriens, wie etwa die Ewenken, die verschiedenen Adivasi(Ureinwohner)-Stämme in Indien und viele weitere.

ABORIGINES: TRAUM DER AHNEN

Auf dem abgelegenen Erdteil Australien und Tasmanien gibt es nicht nur endlose Wüsten und Buschland, sondern auch Wälder. Für die Ureinwohner Australiens ist alles, die gesamte Natur, der Traum der Ahnen. Dieser Traum war da, ehe er feste Form annahm und sich die Lebenselemente zusammenfügten. Jeder Teil der Schöpfung ist voll von der vibrierenden, bewussten Kraft, die die Ahnen auf die Bäume, die Hügel, Seen, Felsen, Flüsse übertrugen. Man kann den Traum der Ahnen nicht verbessern! Man kann die Natur nicht verbessern! Sie ist perfekt. Man kann sie lediglich bewahren und erhalten.

Das innere Leben, die Träume der Götter und Ahnengeister, ist unsere äußere Wirklichkeit. Die Erde ist mit einem Netzwerk unsichtbarer Energielinien durchzogen. Es sind die Wege, auf denen die Ahnen wandelten. Diese Wege durchkreuzen die Landschaften des ganzen Kontinents. Die Ureinwohner erhalten den Traum der Ahnen, indem sie auf diesen Pfaden die Natur durchwandern und besingen. Es sind Traumpfade. Die Engländer nennen sie *songlines,* da die Lieder und Gesänge die Taten der schöpferischen Ahnen im Bewusstsein halten. Diese Taten werden auch in Tänzen getanzt und durch Zeremonien, Rituale und das Bemalen der Felswände erneut mit Energie gefüllt. Auf diese Weise bleibt die Erde fruchtbar, die Bäume und Pflanzen wachsen und gedeihen, und das Tor zu den Göttern und Geistwesen bleibt offen.

Als man einen Ureinwohner bat, ein Höhlengemälde zu erklären, sprach er vom einheitlichen Puls des Lebens:

> *»Baum …*
> *er sieht dich an.*
> *Du schaust zum Baum,*
> *er hört dir zu.*
> *Er hat keine Finger,*
> *er kann nicht sprechen.*
> *Aber dieses Blatt …*
> *es pumpt, wächst,*
> *wächst in der Nacht.*
> *Während du schläfst,*
> *träumst du etwas.*
> *Baum und Gras* [träumen] *dasselbe.*
> *Sie wachsen mit deinem Körper,*
> *mit deinem Fühlen.« (Lawlor 1999:97)*

Der Verlust der Wildnis, des Waldes – durch »Entwicklung«, Ausbeutung der Bodenschätze, Kahlschlag der Wälder und dergleichen – bedeutet für die Aborigines den Verlust des Traums, den Verlust der Wahrheit und den Verlust des Sinnes des Lebens. Die Natur zu zerstören bedeutet, die Geschichte der Menschen und die Wirklichkeit unverständlich zu machen.

Das bedeutet auch: Was wir der Erde antun, tun wir uns selber an. Der Künstler Robert Lawlor, der tief in die Welt der Aborigines eingetaucht ist, schreibt diesbezüglich: Alle Pflanzen, Tiere und natürlichen Substanzen, die wir im Namen der Zivilisation unterjocht haben, sind Teil sowohl unserer Seele als auch unseres Geistes und unseres Körpers.

Die chinesische Naturphilosophie des Taoismus hat einen ähnlichen Ansatz:

> *»Die Welt ist heilig,*
> *man kann sie nicht verbessern.*
> *Willst du sie manipulieren,*
> *dann wirst du sie zugrunde richten.*
> *Behandelst du sie wie einen Gegenstand,*
> *dann wirst du sie verlieren.«*
> *Laotse (Tao Te King, 29)*

Was für ein Gegensatz zur manipulativen Mentalität der Geo-Engineering-Befürworter!

DIE PYGMÄEN IM KONGOLESISCHEN REGENWALD

Die kleinwüchsigen Völker, die in den Regenurwäldern des Kongobeckens zu Hause sind, wurden von den Völkerkundlern als sehr friedlich, schüchtern und frohgemut beschrieben. Sie leben autark und völlig im Einklang mit dem Urwald; sie sind dessen Ureinwohner, und die Kleinwüchsigkeit ist eine genetische Anpassung an die Bedingung der tropischen Urwälder. Dem englischen Ethnologen Colin Turnbull erklärten die Ba-Mbuti-Pygmäen:

»Der Wald ist Mutter und Vater für uns. Wie Mutter oder Vater gibt er uns alles, was wir brauchen: Essen, Kleidung, Heilung, Unterkunft, Wärme… und Liebe. Normalerweise ist alles gut, denn der Wald ist gut zu seinen Kindern, aber wenn es mal nicht gut geht, dann muss es einen Grund dafür geben.« (Turnbull 1962: 89) Der Völkerkundler fragte sich, was dieser Grund sein könnte. Hexerei, böse Geister, der Fluch eines Zauberers oder einer Hexe? Solche Erklärungen für Disharmonien oder Krankheiten hört man bei den schwarzafrikanischen Bantus, die hier und da den Wald gerodet haben und sesshaften Feldbau betreiben. Nein, bei den Pygmäen war die Erklärung einfacher. Einer der Waldbewohner erklärte: »Meistens geht alles gut, aber nachts, wenn wir schlafen, kann etwas passieren, weil wir nicht wach genug sind, um es zu verhindern. Da können Wanderameisen in unser Lager schwärmen; ein Leopard kann einen unserer Hunde holen oder gar ein Kind. Wenn wir wach wären, würde das nicht passieren. Wenn etwas ganz Schlimmes passiert, wie eine Krankheit oder das Ausbleiben der Jagdbeute oder gar ein Tod, dann muss der Grund sein, dass der Wald selber schläft und nicht nach seinen Kindern schaut. Was machen wir dann? Dann müssen wir ihn wecken. Wir wecken ihn mit Gesang, damit er wieder glücklich wird. Dann wird alles wieder gut und wohlauf sein. Aber auch wenn alles gut in unserem Leben ist, dann singen wir auch, denn wir wollen, dass der Wald an unserer Freude teilhat.« (Turnbull 1962:90) Oft wird die ganze Nacht gesungen und getanzt, und der Wald tanzt mit.

Die Ba-Mbuti, das kleine Volk im Ituri-Urwald, nennt diese nächtliche Singzeremonie Molimo. Das Singen, unterstützt von Klanghölzern, Flöten und »Harfen« aus Holz, ist nicht zu vergleichen mit anderer afrikanischer Musik. Es sind sanfte, polyphone (mehrstimmige), harmonische, man kann sagen elfenhafte Gesänge; für manche Ohren ähneln sie der Zwölftonmusik. Mich erinnern sie an den Gesang der Unken im Teich. Aber nicht nur beim nächtlichen Molimo wird gesungen, sondern die Frauen singen auch beim Sammeln von Wurzeln, Wildfrüchten, Kräutern und Blättern.

Der »ökologische Fußabdruck«, wie man heute sagt, ist bei den Pygmäen praktisch nicht vorhanden. Sie bauen im Kreis aufgestellte, kleine, korbförmige Hütten aus Zweigen und Blättern; sie jagen mit Netzen, Pfeilen und Bögen und sammeln ihre pflanzliche Nahrung nicht auf Vorrat, sondern nur das, was sie für den Tag brauchen. Wenn es nach ungefähr zwei Monaten in dem aktuell bewohnten Teil des Waldes nichts mehr zu jagen, zu fischen oder zu sammeln gibt, ziehen sie weiter, der Wald regeneriert sich, und es ist, als wären sie nie dagewesen. Falls ein Dorf der Ackerbau betreibenden Bantus in der Nähe ist, tauschen sie Wildhonig, Heilkräuter, manchmal auch Fleisch und Felle gegen Eisenwerkzeuge.

Seit einigen Jahren geht es den sanften Waldvölkern schlecht. Multinationale Holzkonzerne sind in die Regenurwälder eingerückt und hinterlassen Kahlschläge. Auch der wachsende Bevölkerungsdruck der sesshaften Bauern verringert die Waldfläche. Gesetze, die angeblich dem Erhalt der Umwelt dienen, haben vielen Pygmäen das Jagen verboten. Die Pygmäen werden eingeschüchtert und aus ihrer Waldwelt vertrieben. Viele vegetieren nun am Rande der Bantu-Siedlungen, viele hungern, einige verhungern oder leiden gesundheitlich, da sie sich nicht mehr traditionell ernähren können, sondern sich mit einer Mangeldiät aus Maniokwurzeln und Feldfrüchten zufriedengeben müssen. Die Männer werden von den Bantu-Landbesitzern als billige Arbeitskräfte auf den Feldern praktisch versklavt, und viele Frauen der Pygmäen werden in die Prostitution gezwungen. Alkoholismus und Krankheiten raffen die einst glücklichen Waldmenschen dahin. »Seit wir den Wald verlassen haben, folgt uns der Tod«, sagen sie. »Wir sind Kinder des Waldes, wenn der Wald stirbt, sterben wir auch.«

JAPAN: DIE SPIRITUELLE DIMENSION DES WALDBADENS

> *»Komm in die Hütte*
> *und bring vom Winde mit,*
> *der durch die Fichtenzweige weht.«*
> *Bashó (1644–1694), Haiku-Dichter*

Shinto[75], »der Weg der Götter (*Kami*)«, ist die eigentliche Religion der Japaner. Shinto verehrt die Geistwesen, die überall in der Natur leben, in den Bäumen und Hainen, den Bergen, Flüssen und Wasserfällen. Und die typisch japanische Gedichtform, das *Haiku,* verbindet uns immer wieder mit dem Sinnenhaften unserer Erfahrungen. Shinto ist diesseitsbezogen, es braucht keinen Schöpfergott und kein heiliges Buch, die Natur selber ist die Heilige Schrift. Auch Priester und Schreine gab es in Japan am Anfang nicht. Erst durch chinesische Einflüsse entwickelten sich eine Priesterschaft und heilige Schreine, und erst mit dem Buddhismus, einer fremden Religion aus Indien, fing man an, die größeren Kami zu anthropomorphisieren, das heißt, sie sich in Menschengestalt vorzustellen.

Kurz und wie ein *Zen*-Moment sind die Haikus. Im Westen kaum verstanden, zündet das Haiku in der Seele sofort eine naturnahe Imagination. So wie dieses berühmte, von Meister Bashó geschaffene Gedicht:

> *»Uralter Teich.*
> *Ein Frosch springt hinein.*
> *Plop.«*

Shinto ist uralt. Die Naturreligion hat sich aus schamanischen Wurzeln entwickelt und beruht auf einem erweiterten Bewusstsein, das auch die ästhetischen, seelisch-geistigen Dimensionen der Erscheinungen wahrnimmt. In dieser Sichtweise ist alles von Kami, »Göttern« oder »Geistern«, gefüllt und belebt. Kami zeigen ihre Anwesenheit, indem sie die Menschen innehalten lassen und Bewunderung, Ehrfurcht, Freude, Angst, Verwunderung oder Faszination hervorrufen. Kami sind weder gut noch böse. Es kann sich bei ihnen um Naturgeister, seltsame Naturerscheinungen, Zaubertiere wie Füchse oder Schlangen oder auch Ahnengeister handeln. Mächtige Kami gibt es, wie die Sonnengöttin, aber auch in Steinen, Gräsern, Blättern, Käfern sind sie vorhanden. Manche sind arm, wie wir aus dem Haiku des Dichters Issa (1763–1827) vernehmen:

> *»Arm wie ihr seid, meine Hausgötter –*
> *geht nur, geht mit den anderen*
> *zum Götterfest!«*

Ähnlich wie die vielen »Mütter« bei den Letten, gibt es unendlich viele Kami. Mehr, als man je zählen kann. Sogar kleine Teufelchen (*Oni*) mit Hörnern gibt es, und diese sind genauso dumm wie die armen Teufel in der europäischen Volksmythologie.

Die Landbevölkerung versucht, einvernehmlich mit den Kami zu leben. Mit einem kleinen Geschenk an die Wald-Kami bedankt sich der Jäger für das Wild und der Holzhauer für den Baum, den er fällen musste. Ein angemessenes Opfer für die Gaben der Natur kann ein Schluck Reiswein (*Sake*) sein. Auch bewunderndes Schauen, wie etwa beim Fest der blühenden Kirschbäume, erfreut die Geister.

In diesem Zusammenhang besteht das traditionelle Shinrin-Yoku, das »Waldbaden«, nicht nur aus dem Einatmen gesundheitsfördernder, terpengeschwängerter Waldluft, sondern es ist die Kommunion mit Göttern und Geistwesen, mit den Kami, die in den Wäldern leben. Besonders alte, ehrwürdige Bäume wirken als Yorishiro. Mit diesem Begriff bezeichnet man das, was die

Götter anzieht. Ein solcher Baum darf nie gefällt werden; wenn man das täte, würde großes Unglück folgen. Solche Bäume werden als Yorishiro markiert, indem man sie mit einem armdicken Hanf- oder Reisstrohseil umwindet.

Die Japaner lieben ihre Wälder, so wie einst die Deutschen ihre Wälder liebten. Es gibt sogar offizielle Erholungswälder, wie den Akazawa National Recreation Forest. Als ich einmal unter den uralten Bäumen eines solchen Waldes spazierte, sah ich, völlig unerwartet, völlig fern von irgendwelchen anderen menschlichen Machwerken, einen Kaffeeautomaten stehen. Ich kramte einige Münzen heraus, warf sie in den Schlitz. Ich konnte es kaum glauben, da surrte die Kaffeemühle und im Ausgabeschacht erschien ein Becher heißer, wunderbar duftender, erstklassiger Kaffee! Der Buddha in der Maschine! Wieder einmal erkannte ich: Für die Japaner sind Technologie und Natur kein Gegensatz; sie können harmonisch Seite an Seite stehen.

BHARATA: IM WALD DER GÖTTER

Bharata, wie Indien einst genannt wurde, war ein Waldland. Vor 150 Jahren waren die indischen Landflächen, bis auf die Wüsten in Rajasthan, größtenteils mit dichten Wäldern und schwer durchdringlichen Dschungeln (persisch *jangal* = Dickicht) bedeckt. Die indische Kultur war durch und durch eine Waldkultur. Der Wald (*Vana*) ist für die Hindus ein Symbol für »die Welt« an sich.

Im Wald haben alle Wesen, nicht nur der Mensch, sondern auch alle Tiere, Bäume und Kräuter ein gleiches Recht, da zu sein. Alle sind Kinder des Göttlichen, und das Wohlergehen der Natur und der Menschen kann nicht getrennt werden. Selbst die größte indische Metropole fing einst als Dorf im Wald an. Daher haben noch immer Tiere und Bäume ihr Daseinsrecht in der indischen Stadt; Kühe können frei herumlaufen und sich mitten auf der Straße niederlassen, die Stiere auch; Hunde schlafen auf

Straßenkreuzungen; auch wenn sie den Verkehr aufhalten und die Fahrzeuge einen Bogen um sie machen müssen, gibt es keine Hundefänger, um sie einzusammeln und einzusperren. Es heißt sowieso, Hunde träumen von den Göttern und bringen dadurch die Götter näher. Die kleinen, schwarzen Schweinchen der Unberührbaren suhlen sich in Pfützen, als seien sie noch im Urwald, Hühner laufen gackernd herum. Rhesusaffen klettern im Gestrüpp der Stromleitungen umher, als seien diese Lianen im Urwald, und Languraffen springen über die Dächer. Mangusten (*mongoose*) streifen durch die Hinterhöfe auf der Suche nach Ratten und Schlangen, die sie fressen können. Alle haben ihr Daseinsrecht.

Auch wenn die Stadt den echten Wald größtenteils verdrängt hat, so gibt es immer wieder alte Feigenbäume, die der Göttin Durga oder Shiva, Vishnu, dem beliebten Elefantengott Ganesh oder dem »Affengott« Hanuman geweiht sind und wo man in deren göttliche Gegenwart eintauchen kann.

In jedem Stadtteil befindet sich ein Platz, Panchavati – »fünf Bäume« – genannt, wo die Ratsversammlungen der Älteren und Gemeindeführer stattfinden. Die fünf Bäume stehen stellvertretend für den ganzen Wald, aber auch für die fünf Elemente, die die physische Welt ausmachen: Feuer, Luft, Wasser, Erde und Akash, den leeren Raum. Panchavati hieß auch der Wald, in dem das göttliche Paar, Rama und Sita, während ihrer Verbannung ihre Waldeinsiedelei hatte. Es ist auch offizieller Name der Residenz des Premierministers Indiens. Die fünf Bäume sind folgende:

- Der Banyan (*Ficus benghalensis*), die Würgerfeige, die von ihren Ästen Luftwurzeln herabwachsen lässt, die sich ihrerseits in der Erde verwurzeln. Er ist ein beliebter, schattenspendender Marktbaum, der nach den Händlern (*Banyas*) benannt wurde, die in seinem Schatten ihre Ware feilbieten. Wenn ein Same dieses Feigenbaums auf den Ast einer anderen Baumart fällt, schlägt er Wurzeln, umwächst allmählich seinen Gastgeber und erwürgt ihn schließlich. Ähnlich landet der göttliche Geist im Menschen, wurzelt in ihm, übernimmt ihn, sodass zuletzt nur noch das Göttliche übrigbleibt – sagen die Hindus. Dieser Baum ist dem Waldhirtengott Krishna geweiht, und seine Blätter »enthalten die Weisheit der Veden«.

- Der Bel- oder Bilva-Baum (*Aegle marmelos*), auch Holzapfelbaum oder Bengalische Quitte genannt, ist Shiva, dem Gott der Götter, geweiht, der in seiner Meditation das Universum erschaffen hat und wieder vergehen lässt. Die hartschalige, runde Frucht symbolisiert die prallen Brüste der Glücksgöttin Lakshmi. Mit den dreiteiligen Blättern kann man Shiva verehren. Wie das Kleeblatt bei den Kelten, symbolisieren die dreizahlig gefiederten Blätter das dreifache Universum. In der Frucht, sagt man, sind Millionen von Welten enthalten. Bei einem *Puja*-Ritual[76] kann man die harte, kanonenkugelgroße Frucht anstelle einer Kokosnuss – als Symbol des Kopfes und des sich abkapselnden Egos – vor der Götterstatue als Opfer zerschlagen. Medizinisch hilft die Frucht bei Diarrhö und Magen-Darm-Beschwerden.
- Der Amla-Baum, auch als Indische Stachelbeere (*Phyllanthus emblica*) bekannt, ist Vishnu, dem Weltenerhalter geweiht. Der Baum, heißt es, sei entstanden aus einem vom Himmel herabfallenden Tropfen des »Trankes der Unsterblichkeit« (*Amrit*), als sich Götter und Dämonen um den Krug mit dem ambrosischen Saft stritten. Daher glaubt man, dass die säuerliche Frucht, auch Blätter, Samen, Rinde und Wurzeln, gegen (fast) alle Krankheiten helfen.
- Der Ashoka-Baum (*Saraca asoca*) mit seinen feuerroten Blüten ist dem indischen Amor, dem Liebesgott *Kama-Deva,* geweiht, der die honigsüßen Pfeile des Liebesverlangens in die Herzen schießt. Der Baum, sagt man, bricht in Blüte aus, wenn eine schöne Frau ihn mit ihrem Fuß berührt. In den Blüten wohnen verführerische Yakshinis, Naturgeister, die die Frauen fruchtbar machen. Für die Buddhisten ist der Baum heilig, weil die Geburt Buddhas unter einem Ashoka-Baum stattfand, während seine Mutter sich an einem

der Äste festhielt. Unter dem Ashoka traf der treue Affe Hanuman auf Sita – Ramas Frau und die Verkörperung der Weltenseele –, als diese von Ravanna, dem Erzmagier und Meister der Illusionen, in einem Zaubergarten in Sri Lanka festgehalten wurde, und sagte ihr, sie brauche sich keine Sorgen zu machen, sie würde bald befreit werden. Ashoka bedeutet im Sanskrit übrigens »sorgenfrei«.

- Der Pipal-Baum (*Ficus religiosus*), auch Bo-Baum, Heilige Feige oder Pappelfeige genannt, ist der heilige Baum, unter dem der Königssohn Siddhartha die Erleuchtung fand und zum Buddha wurde. Die Ikone von Buddha unter dem Baum ist alt, auch Shiva wird oft unter einer mächtigen Pappelfeige meditierend dargestellt. Als die indoeuropäisch sprechenden arischen Stämme in Indien einfielen, fanden sie ihren heiligen Weltenbaum, die Eiche (sanskrit = *drú*), nicht. Sie übernahmen den mächtigen, graustämmigen Feigenbaum von den Ureinwohnern und nannten ihn wegen den pappelförmigen Blättern Pipal.

DREI ARTEN DES WALDES

Die alten Inder kannten traditionell drei verschiedene Arten des Waldes.

- Jede Ortschaft besaß einen gemeinschaftlichen Shrivan, einen »Wald, der Wohlstand bringt«. In diesem Nutzwald holten sich die Menschen Holz und sammelten Heilkräuter, Honig, Wildfrüchte und andere Gaben der Natur.
- Der Mahavan war der wilde Wald, in dem der Maharadscha und sein Gefolge jagen konnten. Diese Waldgebiete entsprechen den Bannwäldern und Königsforsten, welche der Adel in Europa seit den Merowingern für sich beanspruchte.
- Der Tapavan war der Wald, in dem die Asketen, Yogis, die Sadhus[77] und Sadhvis, meditieren und strenge asketische Übungen (*tapas*) vornehmen, um ihre Seelen vom verhängnisvollen Karma zu läutern, die Macht der Illusion und Täuschung zu brechen, die Erlösung (*Moksha*) vom ewigen

> Kreislauf der Geburten zu erlangen und sich mit Shiva oder Vishnu, dem wahren Selbst, zu vereinen, so wie ein Fluss sich schließlich mit dem Meer vereint. In der Einsamkeit des Waldes, weit abseits der städtischen Hektik und dem Gewühl, ist dieses Einswerden, diese Erfahrung der Einheit, möglich. Der Wald öffnet den Raum dafür. Hier kann man das Sprachgeplapper (*Vrittis*) abstellen und wahres Joga (von *jug,* »vereinen«) betreiben.
> Kein Tier durfte in einem Tapavan getötet werden, kein Baum gefällt; hier hatte auch der Maharadscha nichts zu sagen. Der heilige Wald strahlte Frieden über das ganze Land. Aus heutiger ökologischer Perspektive war der Tapavan auch ein Rückzugsgebiet für seltene Tiere und Pflanzen.

Die heutige Stadt Varanasi (Benares) am Ufer des Ganges-Flusses war einst ein solcher heiliger Wald, der seit Jahrtausenden Gottessucher und Meditierende anzog und auch heute noch anzieht. Er ist so heilig, dass es als Segen gilt, dort zu sterben und nach alter arischer Sitte auf einem Scheiterhaufen verbrannt zu werden.

MANKANAKA

Im großen indischen Epos Mahabharata (9, Kap. 38) wird von einem jungen Mann namens Mankanaka berichtet, der sich in einen solchen Asketenwald begab und voller Hingabe seine Bußübungen machte. Als er eines Tages etwas Gras abrupfte, um sich einen Meditationssitz zu machen, schnitt er sich mit dem scharfen Blattrand in den Finger. So stark waren seine Tapas (Bußübungen) gewesen, dass nicht Blut, sondern grüner Pflanzensaft aus seiner Schnittwunde floss. Der Weise freute sich so sehr, dass er zu tanzen anfing, denn es zeigte, dass sein Bewusstsein so kosmisch geworden war wie das der Pflanzen. Alle, die davon hörten, tanzten aus lauter Begeisterung mit, bis schließlich der ganze Wald tanzte.

Da kam ein fremder Brahmane des Weges und fragte: »Warum die Aufregung?« »Siehst du nicht, werter Brahmane«, antwortete der Weise, »dass grüner Pflanzensaft aus meiner Wunde fließt? So stark ist meine Läuterung!«

Da lachte der Fremde, schnitt sich ebenfalls in den Finger, und heraus rieselte Asche, weiß wie frischer Schnee. Da erkannte Mankanaka Shiva, seinen Meister.

Der Wald ist also der Ort, an dem man die Weisheit findet und den Göttern begegnet. Die Bäume selber sind die Gurus, denn sie sind absolut weise. Mit ihren Wurzeln nehmen sie die Weisheit der Erde auf und mit ihrem grünen Laub vernehmen sie das Tönen der Sonne.

In unserer Kultur war es Goethe, der von diesem Tönen der Sonne sprach: »Die Sonne tönt nach alter Weise in Brudersphären Wettgesang.«[78] Und dieses Tönen, sagen die Hindus, ist der von der Sonne ausgehende Ur-Ton, das OM, das A-U-M, das den Anfang, die Mitte und das Ende aller Dinge beinhaltet. Der Wald ist ein Tirtha, eine Furt, ein Übergang in die spirituelle Dimension, wobei die Bäume Erscheinungsformen der Götter sein können. Für den Asketen Siddharta Gautama war der Feigenbaum in Bodh Gaya ein solches Tirtha zum Nirvana, dem Erlöschen der Illusion.

Sarasvati ist die jungfräuliche Göttin mit dem weißen Schwan und der harmonischen Laute. Ihr ist die Birke heilig, denn sie ist die Herrin der Weisheit und die Veden wurden zuallererst auf Birkenrinde geschrieben. Einer ihrer Namen ist Vac[79], »die wahre Sprache«. Eine Geschichte erzählt, dass es im Himmel einst zuging wie auf einem Rummelplatz. Die Götter stritten sich und redeten lauter dummes Zeug, daher flüchtete Sarasvati in den Wald. Die Götter wollten sie dafür bestrafen, aber der Wald lieferte sie nicht aus. Die Bäume schenkten ihren Anhängern, die ihr in den Wald gefolgt waren, Flöten, Lauten, Trommeln und Schreibgriffel, sodass sie inspirierte Wahrheiten verkünden konnten.

Fast alle Märchen, Sagen und Erzählungen der Inder beziehen sich auf den Wald. Das gilt auch für die großen Epen, die Ramayana und die Mahabharata. Die Ramayana erzählt die Geschichte von dem heldenhaften Rama und seiner Frau, der schönen Sita. Immer, wenn die Welt aus den Fugen gerät und die Ungerechtigkeit und das Leid der Erdenbewohner unerträglich werden, dann verkörpert sich Vishnu, der Erhalter des Universums. Im Ramayana kam er in der Gestalt von Rama und Sita. Sie sollten als König und Königin die Herrschaft übernehmen, wurden aber durch höfische Intrigen in den Wald verbannt, wo sie ein einfaches Leben als Waldeinsiedler führten. Als Rama einmal im Wald unterwegs war, nahm der mächtige, trickreiche Dämon Ravanna die Gestalt eines süßen Rehkitzes an. Als die tierliebe Sita es streicheln wollte, verwandelte er sich wieder in seine Dämonengestalt und entführte sie in sein Zauberreich am Südende der Welt. Mit Sita verschwand die Lebensfreude auf Erden. Rama und alle Tiere im Wald, Affen, Bären, Vögel, Gazellen, Ameisen und Kriechtiere, machten sich auf die Suche nach ihr und konnten sie schließlich befreien.

Wohl das beliebteste Märchen Indiens aus dem Vana Parva, dem »Waldbuch« aus der Mahabharata, ist das von der schönen, willensstarken Savitri. Da sie eine Königstochter war, wurde sie nicht von ihren Eltern verheiratet, sondern durfte ihren Mann selbst auswählen. Auf einer Reise sah sie in einem tiefen Wald einen armen, in Lumpen gekleideten Holzfäller und erkannte, dass er ihr Seelengefährte aus vielen vergangenen Leben war. Sie wählte ihn, tauschte ihre königlichen Kleider gegen ein schlichtes Kleid aus Baumrinde und lebte mit ihm und seinen alten Eltern in einer kleinen Hütte, abgelegen im Wald. Von einem Wandermönch erfuhr sie, dass ein Fluch auf dem Mann lag, den sie liebte; nur ein Jahr hätte er noch zu leben und an einem bestimmten Tag würde er sterben. Vor diesem Tag fastete und wachte sie drei Tage lang. So konnte sie sehen, wie der schwarze Totengott Yama[80] kam, der Seele ihres Mannes einen Strick um den Hals legte und ihn wie ein Kälbchen fortführte. Sie folgte ihnen ins Totenreich, das übrigens auch ein Wald war, und es gelang ihr, ihren Mann wieder ins Leben zurückzubringen. Savitri ist sozusagen eine Schamanin, der es gelang, die Grenze zur anderen Welt zu überschreiten.

Auch das Leben des Hirtengottes Krishna, einer weiteren Herabkunft (Avatar) Vishnus, spielt sich im Wald ab, im heiligen Wald Vrindavan. Dort spielt er Flöte, hütet Kühe und tanzt im Mondlicht mit den Milchmädchen.

ASHRAMA: DIE VIER LEBENSSTADIEN

Für die Hindus teilt sich das Leben der Menschen in vier Stadien. Zuerst ist man Schüler, lebt enthaltsam und keusch, übt sich in Gewaltlosigkeit und Aufrichtigkeit und dient seinem Guru. Im nächsten Stadium (*grihastha*) wird man zum verheirateten Hausvorstand, genießt die sinnlichen Freuden und mehrt den Wohlstand der Familie. Nachdem die Kinder erwachsen sind und die Familiengeschäfte übernommen haben, folgt Vanaprastha, der »Waldaufenthalt«. In diesem dritten Ashrama ziehen sich Mann und Frau in den Wald zurück, widmen sich der Meditation und dem Studium heiliger Schriften. Im vierten und letzten Lebensstadium (*Sanyasa*) wird der Mensch zum heimatlosen Wandermönch; er entsagt der Welt vollkommen, da er das trügerische Spiel materieller Freuden durchschaut hat, und richtet sein ganzes Streben auf die Verwirklichung des Göttlichen.

CHIPKO: BÄUME UMARMEN

Ehe die britischen Kolonialherren kamen, war Indien mit dichten Wäldern bedeckt. Aber seit Anfang des 19. Jahrhunderts wurden große Flächen der Urwälder systematisch gerodet, um den Holzbedarf für den Schiffbau zu decken. Als 1853 die ersten Eisenbahnen fuhren, musste für die Eisenbahnschwellen, die Waggons und als Heizung für die Lokomotiven noch mehr Holz geschlagen werden. Die Züge brachten die Ausbeute der Kolonie nach Kalkutta, Madras oder Bombay für den Export nach England. Als dann später Steinkohle die Loks in Gang hielt, ging es dem Wald nicht besser, denn für die Stützpfeiler in den Kohleschächten benötigte man weiterhin große Mengen an Schlagholz. Bald waren mehr als die Hälfte der Wälder Indiens verschwunden. Deswegen wurde 1878 der sogenannte Forest Act verabschiedet, um den Holzbedarf des Empires besser zu regeln. Das bedeutete, dass die Nutzungsrechte der Bauern in ihrem Shrivan beschnitten wurden. Allein im Zweiten Weltkrieg wurden 16.400 Quadratkilometer Wald für den Bedarf des Militärs gefällt. (Prime 1994:13) In den 40 Jahren nach der Unabhängigkeit wurde die Hälfte des übrig gebliebenen Waldes gerodet. Nicht nur der Bevölkerungsdruck war dafür verantwortlich, sondern vor allem auch die Profitgier internationaler Holzkonzerne. Als Resultat nehmen die Überschwemmungen und die Bodenerosion nach dem Monsunregen immer mehr zu, und die Überschwemmungen in Bangladesch und im Ganges-Delta fallen immer drastischer aus. In den Medien kriegen wir zu hören, die Überflutungen seien die Auswirkung des Klimawandels. Aber das stimmt nicht ganz. Sie resultieren aus der Abholzung der Himalaja-Hänge.

Die Bauern dort merkten selbstverständlich, dass durch den Kahlschlag der fruchtbare Boden und das Weideland weggeschwemmt wurde und die Quellen und Bäche versiegten. Die Frauen wehrten sich, indem sie die für das Fällen vorgesehenen Bäume umarmten: »Wenn ein Leopard ein Kind fortschleppen will, dann umarmt die Mutter das Kind, um es zu schützen; so schützen wir unsere Bäume.« So entstand die Chipko-Bewegung. Chipko ist Hindi und bedeutet »Umarmung«.

Ähnliches hat der Stamm der Bishnoi vor 300 Jahren in Rajasthan getan, als der Maharadscha von Marwar die Khejari-Bäume (*Prosopis cinerari,* ein trockenheitsresistentes Mimosengewächs) in der Region fällen wollte. Die Bishnoi umklammerten die Bäume, um sie zu schützen. 363 Dorfbewohner, die die Bäume umarmten, wurden von den Soldaten des Maharadschas niedergemetzelt. Amrita Devi, die heute als Heilige verehrt wird, war die Erste dieser Widerständler. Chipko und die mutigen Bishnoi wurden zum Vorbild heutiger Naturschützer.

Ähnliches geschah auch in Kalifornien. Bekannt und vorbildlich ist Julia Butterfly Hill. Sie verbrachte 738 Tage auf einer

60 Meter hoch gelegenen, kleinen Plattform in einem der Redwood-Bäume in Nordkalifornien, um den Baumriesen vor den Kettensägen zu schützen. (Bauer et al 2005:26)

INDIANER DES ÖSTLICHEN WALDLANDES NORDAMERIKAS

Die indigenen indianischen Waldbewohner, die Irokesen, Algonkin und Cherokee, sind uns aus den Lederstrumpf-Geschichten (etwa: *Der letzte Mohikaner*) des Schriftstellers James Fenimore Cooper (1789–1851) und den Romanen über französische Trapper, Pelzhändler und Waldläufer (*les coureurs des bois*) gut bekannt. Auch wer in der DDR oder anderswo hinter dem Eisernen Vorhang aufwuchs, wird die Irokesen kennen, denn diese wurden von Friedrich Engels als urkommunistische Gesellschaft bejubelt, die dem Kapitalismus der habgierigen Yankees Widerstand leistete. Kinderbücher erzählten spannende Geschichten von Siedlerkindern, die von den Irokesen zwangsadoptiert wurden. Als sie dann befreit wurden, wollten sie nicht mehr in die Zivilisation zurück, sondern sehnten sich nach dem Leben mit den Indianern im Wald.

Die Waldindianer waren keine pferdereitende, prächtige Federhauben (*war-bonnets*) tragende Büffeljäger, die in Tipis lebten und auf Mustangs durch die Prärie galoppierten, wie wir es in den meisten Hollywoodfilmen präsentiert bekommen. Sie waren Waldvölker, die in Palisadendörfern, in Wigwams aus Birken- oder Ulmenrinde oder in Langhäusern lebten, ähnlich den Bandkeramikern in unserer eigenen Geschichte, und die als Brandroder verschiedene Sorten Mais, Bohnen, Kürbis, Sonnenblumen und Grünzeug anbauten. Die Frauen, die die ganze Feld- und Gartenarbeit verrichteten, das Säen, Pflanzen, Hacken und Ernten, waren zuständig für das Hervorbringen des Lebens. Die Aufgabe der Männer war eine andere; sie waren zuständig für das Töten. Sie erlegten das Wildbret – Rehe, Weißwedelhirsche, Truthähne, Biber, Waschbären, Waldmurmeltiere, Elche, auch Baribal-Bären und

Braunbären – und töteten die Feinde, die die Gemeinschaft bedrohten. Wenn neue Anbauflächen notwendig wurden, waren sie es, die die Bäume ringelten oder fällten. Das Jagen war kein Sport wie bei uns, sondern diente dem Überleben. Selbstverständlich wurde mit dem Geist oder Hüter der Tiere verhandelt; man nahm nur, was man benötigte und versöhnte die Tierseele rituell mit Tabakrauch. Während der Visionssuche suchte man Tierlehrer und Tierverbündete; und die Clans benannten sich nach Waldtieren.

Die Welt dieser Völker waren die endlosen Laubwälder, in denen ungefähr 150 verschiedene Harthölzer wuchsen; lediglich die Hemlocktanne und die Weymouthskiefer waren als Nadelbäume vorhanden. Viele Bäume und Sträucher dienten der Ernährung: Hickorynüsse, Pekannüsse, Schwarze Walnüsse, Butternuss (*Juglans cinerea*), dazu verschiedene Eichenarten mit essbaren Eicheln, die Wilde Kakipflaume (*Diospyros virginiana*), die Papau oder »Indianerbanane«, die amerikanische Esskastanie (*Castanea dentata*) sowie wilde Weintrauben (*Vitus*- und *Parthenocissus*-Arten) – letztere wuchsen im Mittelalter bis nach Labrador hinauf, weswegen die Wikinger die Neue Welt Vinland, also »Weinland«, nannten. Außerdem wurden viele verschiedene Beerenfrüchte gesammelt, Zucker und süßer Sirup vom Zuckerahornbaum gewonnen und vitaminreiche Getränke aus dem Essigbaum, dem Gewürzbaum (*Lindera benzoin*) und der Hemlocktanne gebraut. Auch essbare Pilze schenkte der Wald, wobei vor allem der Austernpilz beliebt war.

IROKESEN, UR-MATRIARCHAT UND DIE KOMMUNISTISCHE UTOPIE

Der amerikanische Rechtsanwalt Lewis Henry Morgan, Spross einer reichen Familie, gründete 1843 eine Loge mit dem Namen *The Grand Order of the Iroquois*. Nicht Griechen oder pharaonische Ägypter sollten Vorbilder für die Logenbrüder sein, sondern »edle Wilde«, Indianer, die im Staat New York indigen sind. (Storl 1974:126) Tatsächlich machte er sich die Mühe, die Irokesen aufzusuchen und kennenzulernen. Er fand eine Gesellschaft, die kein

Privateigentum kannte und wo Nahrungsmittel und Güter nach Bedarf geteilt wurden. Den Frauen gehörten die Häuser, die Felder und die Ernte – aber nicht der einzelnen Frau, sondern dem matrilinearen Clan. Auch die Kinder gehörten dem Stammesverband der Mutter an. Die Männer zogen nach der Eheschließung in das Langhaus des Clans ihrer Frau. Wenn es zum Streit kam, war es leicht für die Frau, sich scheiden zu lassen: Sie legte seine Habseligkeiten einfach vor die Tür, und er kehrte zum Langhaus der Mutter zurück. Die alten Matronen bestimmten, wer in der Sippe Häuptling (*Sachem*) werden konnte. Die Clan-Älteste reichte ihm ein Hirschgeweih als Symbol seines Amtes, konnte es ihm aber wieder wegnehmen, falls er versagte.

Morgan baute die Ergebnisse seiner Untersuchung in ein dreistufiges evolutionäres Schema ein. Auf der untersten Stufe waren die Wilden, die primitiven Jäger und Sammler; etwas höher entwickelt die Barbaren, die als sesshafte Hackbauern oder Hirten lebten; und an der Spitze standen die modernen zivilisierten, patriarchalischen, monotheistischen Völker, die auch Privatbesitz kannten. Er publizierte seine Erkenntnisse in dem 1877 veröffentlichten Buch *Ancient Society*. Das Werk – von Karl Kautsky, dem Sekretär von Friedrich Engels, als *Die Urgesellschaft* übersetzt – wurde von Friedrich Engels, August Bebel und Karl Marx mit Begeisterung gelesen. Hier glaubten sie einen ethnologischen Beweis für den Urkommunismus gefunden zu haben.

Was sie nicht wussten, war, dass mutterrechtlicher Gemeinschaftsbesitz und matrilineare Erbfolge bei primitiven Pflanzengesellschaften Sinn machen, nicht aber für Jäger und Sammler oder für Hirtenvölker und schon gar nicht in der modernen Industriegesellschaft.

Ohne es zu wissen, hatte das Waldvolk der Irokesen also einen großen Einfluss auf die europäische Geschichte. Sie wurden in den Dienst einer Ideologie gestellt, die sich mit dem Problem der Industrialisierung, der gerechten Verteilung der Güter und des Kapitals sowie der Rolle von Frauen und Männern in der modernen Gesellschaft auseinandersetzte.

Auch auf die Organisation des föderalen Regierungssystems der USA hatten die Irokesen Einfluss. Bei der Frage, wie sich die dreizehn Kolonien, die gerade ihre Selbstständigkeit errungen hatten, organisieren sollten, wurden sie für den einflussreichen Politiker Benjamin Franklin (1701–1790) zum Vorbild, denn auch die Irokesen bestanden aus einem Staatenbund aus fünf Völkern.[81] Dieser war von dem visionären »großen Friedensstifter« Deganawidah im 15. Jahrhundert gegründet worden. Vorher hatten sich diese Stämme heftig befehdet. Er rief sie zusammen und pflanzte eine Weymouthskiefer als Symbol des Friedens. Diese Kiefer, so die Überlieferung, hat vier Wurzeln, eine für jede Himmelsrichtung; die Wurzeln ruhen auf der Schildkröte, die die Erde auf ihrem Rücken trägt; auf der Spitze des Baumes sitzt ein Adler und hält Wache. Die jeweils in einem Büschel zusammengefassten fünf Nadeln dieser Kiefer, erklärte Deganawidah, stellen die fünf Stämme dar. Er lud die Häuptlinge ein, ihre Kriegsbeile unter den Wurzeln der Kiefer zu begraben (*to bury the hachett,* »das Kriegsbeil begraben«, hat noch immer die Bedeutung »Frieden machen«). Ein System wurde eingeführt, bei dem sich die Sachems von jedem Stamm und jedem Clan – ähnlich wie beim germanischen Thing – regelmäßig zur Beratung trafen. (Weatherford 1990:135)

FALSCHGESICHTER

Das Leben der Haudenosaunee[82], »Menschen der Langhäuser«, wie sich die Irokesen selber nannten, ist zu komplex, um es hier ausführlicher zu beschreiben. Die Falschgesichter, die mit der Heilkunde zu tun haben, wollen wir hier aber nicht übergehen. Im Gegensatz zu den Algonkin waren es hier weniger die Schamanen, die Kranke heilten, sondern Medizingesellschaften. Es gab die Zwergen-Gesellschaft, die Otter-Gesellschaft, die Adler-Gesellschaft, die Bären-Gesellschaft und viele mehr. Jede war verantwortlich für eine spezifische Krankheit oder ein Leiden. Wer an Fieber und Rheuma litt, der ließ sich von der Bären-Gesellschaft behandeln und wurde dann zugleich Mitglied dieses Heilerbundes. Wer an Schwindsucht litt, wurde Teil der Adler-Gesellschaft. Wenn während einer Entbindung Probleme auftraten, wurden die Frauen der Otter-Gesellschaft gerufen, denn der Otter rutscht leicht den Uferhang hinab. Durch diese Erfahrung wurde die Frau dann selber Mitglied. Die Mitglieder der jeweiligen Medizingesellschaft gaben den Kranken Heilkräuter, fütterten sie, tanzten Heiltänze für sie, rieben sie mit Asche ein und sangen Zauberlieder. (Parker 1909:163f)

Von der Falschgesichter-Gesellschaft heißt es, dass sie mit negativen Energien (*Utgon*) arbeiten. Mit dieser Energie können sie Krankheiten und Stürme vertreiben. Wie diese Medizingesellschaft entstanden ist, erzählt folgende Geschichte: Einst wüteten menschenfressende Steinriesen im Land. Der Schöpfer erbarmte sich, er verwandelte sich selber in einen solchen Riesen und vernichtete alle – bis auf einen mit dem Namen Ganusquah. Dieser verzog sich ins Appalachen-Gebirge, wo er herumpolterte und Bäume ausriss. Ein Jäger, der in den Bergen jagte und durch Hagelschlag vorübergehend erblindet war, fand Zuflucht in einer Höhle. Während er da lag und schlief, erschien ihm Ganusquah im Traum und befahl ihm, aus einem Baum eine Maske zu schnitzen. Als er erwachte, sah er neben dem Höhleneingang eine Linde stehen, auf deren Stamm ein Gesicht erschien. Wie geheißen, schnitzte er daraus eine Maske.

Der Riese hatte ihn dermaßen verzaubert, dass er den Weg zurück in sein Dorf nicht fand. Viele Jahre irrte er in der Waldwildnis umher, lernte die Sprache der Tiere, der Vögel und der Waldgeister. Aus Lindenholz schnitzte er viele Masken, welche die Geister darstellten. Erst als alter, weißhaariger Mann kehrte er schließlich mit den Masken in sein Dorf zurück, gründete den Falschgesichter-Bund und lehrte die Mitglieder die Riten, Gesänge, Tänze und das Rasseln mit der Schildkrötenpanzerklappe, mit denen man heilen kann.

Wer eine solche Maske trägt, wird ganz und gar zu dem Wesen, das sich darin verkörpert. Er spricht, läuft und gebärdet sich wie der jeweilige Geist. Die Falschgesichter, die voller wilder, negativer Kraft sind, muss man mit Maisbrei füttern, denn sie sind immer hungrig, man muss ihnen Tabak zum Rauchen geben, sie mit Sonnenblumenöl einreiben und ihre geheimen Wünsche erraten und erfüllen. Wenn man sie vernachlässigt, dann werden sie böse, bringen Krankheit und Unglück. (Herrick 1995:83)

Die Falschgesichter berufen die Menschen, indem sie ihnen im Traum erscheinen. Dann muss der Berufene eine Linde finden und eine Maske aus dem lebendigen Baum herausschneiden. Ähnlich wie bei der alemannischen Fasnet wird das Fest dieser chaotischen Geister, die aus der wilden Natur stammen, vor allem zur Mittwinterzeit gefeiert.

Übrigens haben auch die Germanen mit der Linde ihren Geistern Ausdruck verliehen. Sie überzogen ihre Schilde mit Lindenbast und bemalten diese mit den bunten Bildern ihrer verbündeten Totemtiere und Geister. Wenn wir etwas »schildern«, bezieht es sich noch immer auf diesen Brauch.

Im ganzen Universum Planet für Planet,
doch hier auf Erden der Weltenbaum steht.
Ein Ursymbol lebendiger Kraft,
der unseren Atem durch sein Wesen erschafft.

Aus einem Stammbaum beide Wesen kamen.
Mensch und Baum aus einem Samen.
In Liebe hat die Mutter Erde
es aufgenommen, damit Es werde.

Im Schatten der Steine eine Quelle entspringt,
das Lied vom Kreislauf das Wasser dir singt.
Das feuchte Nass ins Erdreich dringt.
Tief zu den Wurzeln das Leben es bringt.

Auch der junge Spross wird einst urig alt.
Der Stamm und die Äste sind seine Gestalt.
Knöchern und karg steht er im Wind.
Blüten und Blätter. Der Frühling beginnt.

Nüsse und Früchte wie jedes Jahr.
Der Himmel im Sommer tiefblau und klar.
Goldbraun dann das Laub erscheint
und die liebe Wolke weint.
Schnee wird fallen, es wird kalt.
Mit seinen Brüdern und Schwestern
ist er der Wald.
Der Weltenbaum.

Mark Störkel, Naturpoet

X. WELTENBAUM: DAS UNIVERSUM IST EIN BAUM

Der Weltenbaum ist ein Archetypus. Fast alle Ethnien kennen ihn in irgendeiner Form. Er ist die senkrechte Achse, die Himmel, Erde und Unterwelt verbindet, und er entspricht der aufrechten menschlichen Gestalt, vom Kopf bis zu den Füßen. Von dem Schamanenbaum der Sibirer und anderer zirkumpolarer Völker haben wir schon gehört (siehe Seite 121). Dieser Weltenbaum kennt viele Abwandlungen. Eine davon ist die Irminsul der alten heidnischen Sachsen.

IRMINSUL

Die Irminsul (*Irmin* = urgroß; *sul* = Säule), eine vermutlich aus einem mächtigen Eichenstamm bestehende Säule, war das allerheiligste Heiligtum der heidnischen Sachsen. Die unter freiem Himmel stehende Säule galt als Mitte der Welt, sie stützt das Himmelsgewölbe. So wie die Firstsäule im germanischen Haus, die das Dach trug, war diese Säule oben flach gegabelt.

Im Jahr 772 n.u.Z. begann Karl der Große einen Feldzug gegen die widerspenstigen Heiden. Er stürmte den heiligen Hain in Westfalen, der die Säule umgab, plünderte den Ort und ließ den Weltenpfeiler zerstören. Die fränkischen Soldaten brauchten mehrere Tage, um ihn zu vernichten. Die Maßnahme diente dem Zweck, die heidnischen Sachsen zu demoralisieren und ihnen zu demonstrieren, dass ihre Götter gegenüber dem einzig wahren Gott machtlos waren. Diese Tat löste einen Krieg aus, der sich über dreißig Jahre hinziehen sollte. Unter dem Anführer Widukind – dem »Kind des Waldes« – wehrten sich die Sachsen gegen die militärisch überlegenen Truppen des Kaisers mittels zermürbender Guerilla-Taktiken. Karl der Große scheute nicht vor Massakern zurück, wie etwa in Verden, wo er an einem Tag 4500 Heiden, die sich nicht bekehren lassen wollten, köpfen ließ.

Die in einem Erlen-Eschen-Wald gelegenen Externsteine im Teutoburger Wald waren den Heiden ebenfalls heilig. In einen der Sandsteinfelsen meißelten fromme Mönche ein Relief, das die Kreuzabnahme des Heilands darstellt und zu dessen Füßen auch eine geknickte Irminsul abgebildet wird.

Auch die auf die britischen Inseln ausgewanderten Sachsen und Angeln kannten heilige, den Himmel stützende Säulen, die dem Yggdrasil oder der Irminsul entsprachen und die sie *steapol,* »hohe, stehende Pfosten«, nannten. Daraus wurde in der Wessex-Mundart *stiepel* und schließlich im modernen Englisch *steeple,* was »Kirchturm« bedeutet. Die frühen christlichen Kirchen hatten keine Türme, erst im 11. Jahrhundert wurde es allgemeiner Brauch, diese zu errichten. Im gewissen Sinn ist also die Irminsul in den Kirchtürmen wiederauferstanden. Und vielleicht sollte erwähnt werden, dass es sich dabei nicht unbedingt um Phallussymbole handelt, wie Sigmund Freud glaubte.

DER KREUZBAUM

Das Kreuz, auf dem sich – nach christlicher Sichtweise – der barmherzige Gott selber opferte, um die sündige Menschheit zu retten, stellt ebenfalls eine Abwandlung des Weltenbaumes dar. Golgatha, die »Schädelstätte«, wo Jesus hingerichtet wurde, befindet sich in der Mitte des Universums, am Nabel der Welt. In einigen Apokryphen wird berichtet, dass genau an dieser Stelle Adam begraben wurde. Kurz vor dem Tod des ersten Menschen wird Seth, dem Sohn Adams, eine besondere Gnade gewährt. Er darf das Paradies, aus dem seine Eltern vertrieben wurden, vorübergehend besuchen. Dort gibt ihm der Erzengel drei Baumsamen. Sie stellen die heilige Dreifaltigkeit dar. Der Same der Zeder symbolisiert Gottvater, der Zypressensame den Sohn und ein Pinien- oder Palmensame den Heiligen Geist. Diese Samen sollte Seth dem sterbenden Adam unter die Zunge legen. Als er das tat, so die Legende, habe Adam das erste Mal seit der Vertreibung aus dem Paradies wieder gelächelt. Die aus dem Munde des verblichenen Adam wachsenden Keimlinge verwuchsen ineinander und wurden zu einem einzigen Baum. Aus dem Holz dieses Baumes wurde viertausend Jahre später das Kreuz gezimmert.

Noch lange glaubte man, dass am Fuße des Kreuzes die stärksten Heilkräuter entstanden. Sie wuchsen hervor aus dem Schweiß, den Tränen, dem Blut und der Galle des gekreuzigten Heilands. Das ist vergleichbar mit dem sibirischen Glauben, dass die besten Heilpflanzen unter dem ursprünglichen Schamanenbaum hervorsprossen. Auch in Indien heißt es im ältesten Schriftzeugnis, der *Rigveda,* dass die Heilkräuter – die »Mütterchen« – drei Zeitalter vor den Göttern unter dem Weltenbaum den Weg ins Dasein fanden: *Am Ashvattha-Baum ist euer Sitz!* (RV,10:97.4) Damit wird besagt, dass alles Heil von der Mitte, von dem Weltpfeiler, dem Weltenbaum, ausgeht. Aber auch die Opfer, sei es Odin oder der christliche Heiland, wurden immer an diesen Baum gehängt.

Auch der säkularen Welt ist die Kreuzessymbolik noch erhalten geblieben, und zwar in dem von dem jesuitischen Philosophen und Mathematiker René Descartes konzipierten kartesischen Koordinatensystem, mit dem sich die räumliche Welt erfassen und kartieren lässt.

Auch die moderne Biologie kennt den Lebensbaum. Es ist der Stammbaum der Evolution, der im Erdaltertum, im Präkambrium, wurzelt und uns mit unseren biologischen Vorfahren verbindet.

Eine Abwandlung des Weltenbaums erscheint auch in Oswald Spenglers (1880–1936) Geschichtsphilosophie. Für Spengler – dessen Vorname Oswald übrigens »Wald der Asen (Götter)« bedeutet – entwickelt sich die Geschichte nicht linear, sondern organisch wie das Leben eines Baumes. Kulturen keimen auf, durchwachsen ein vitales Jugendstadium, kommen zur Blüte und gehen schließlich in den Verfall. In seinem Hauptwerk *Der Untergang des Abendlandes* (1918) sieht dieser Philosoph die europäische Kultur auf den Zustand der Dekadenz und des Zerfalls zusteuern.

Diese organische Sichtweise ist nicht neu. In der *Ilias* von Homer (18. Kap., 6. Gesang, Vers 146) lesen wir:

> *»Gleich wie Blätter im Walde,*
> *so sind die Geschlechter der Menschen;*
> *einige streuet der Wind auf die Erd' hin,*
> *andere wieder treibt der knospende Wald,*
> *erzeugt in des Frühlings Wärme:*
> *So der Menschen Geschlecht,*
> *dies wächst, und jenes verschwindet.«*

ARBOR INVERSUS

Ein in verschiedenen Kulturen wiederkehrendes Motiv ist das des *Arbor inversus,* des umgekehrten, im Himmel wurzelnden Baumes, dessen Zweige die Erde bedecken. In Indien heißt dieser Baum Ashvattha, was im Sanskrit, der Sprache der vedischen Arier, bedeutet: »der Baum, unter dem die Pferde stehen«.

In der Bhagavadgita (15. Gesang) heißt es dazu:

> *»Die Rishis wissen um den Baum Ashvattha,*
> *Im Himmel wurzelnd, Stamm nach unten wachsend.*
> *Jedes Blatt bringt die Vedas hervor.*
> *Wer dieses weiß, weiß alles.«*[83]

Für die Philosophen bedeutet das, dass die Schöpfung vom Himmel ausgeht und sich auf materieller Ebene offenbart; sie stellt also einen Prozess des Niedergangs dar.

Für das einfache Volk ist es anders. In jedem indischen Dorf wird dieser Baum, in den Himmel weisend, in der Gestalt des heiligen Feigenbaumes *(Pipal;* botanisch: *Ficus religiosa)* verehrt. Er ist das Tor zur spirituellen Welt. Unter ihm meditieren die Sadhus und rauchen ihr Chillum[84], hier werden beim Morgen-Puja Blumen und Räucherwerk geopfert, hier werden die Toten gespeist und Frauen pilgern zu dem Baum und berühren den Stamm, um Kinder zu bekommen.

Die jüdische Tradition kennt den Otz Chiim, den kabbalistischen Lebensbaum, der, von der Sonne beschienen, im Himmel wurzelt und dessen Äste nach unten hängen. Er soll den Abstieg des Geistes in die Materie, in die Dualität, symbolisieren. Der islamisch-sufische Baum des Paradieses, der Tuba-Baum, wird als edelsteinbehangen und ebenfalls himmelwurzelnd beschrieben. Die Lappländer (Sami) opferten einst jedes Jahr vor einem umgekehrt aufgestellten Baum einen Ochsen für die Vegetationsgottheit. Bei einigen australischen Ureinwohner-Stämmen pflanzten die Zauberer während der Initiationsriten einen Baum umgekehrt in die Erde, betupften dessen Wurzeln mit Blut und verbrannten ihn schließlich. (Eliade 1963:275) Auch Dante (1265–1321) erzählt in seiner *Göttlichen Komödie* von einem kosmischen Baum, dessen Früchte immer gut sind, dessen Blätter nie welken und dessen Wurzeln nach oben gerichtet sind; dieser Baum verbindet wie ein Kranz alle himmlischen Sphären.

Weitere Abwandlungen des Weltenbaumes, des Lebensbaumes oder der Weltachse finden wir in dem jüdischen Menorah, dem siebenarmigen Leuchter, dessen Form die gleiche ist wie die des mesopotamischen Lebensbaumes. (Brosse 1990:60) Auch die im Rheinland gefundenen keltisch-römischen Jupitersäulen aus dem 1. Jahrhundert n. u. Z. stellen einen Weltenbaum dar. In Hausen (an der Zaber) wurde eine solche Säule gefunden, die von oben bis unten mit Eichenblattdekor geschmückt war. Sie ist eigentlich eine versteinerte Eiche.

Der Pfosten (*Yupa*), an den in der brahmanisch-vedischen Opferzeremonie die Opfertiere gebunden waren, ist ebenfalls Symbol des Weltenbaumes. Es ist die senkrechte Achse, die das Opfertier mit den Jenseitsmächten verbindet.

In der mitteleuropäischen Kultur lebt der Weltenbaum in der Gestalt von Maibäumen auf den Rathausplätzen der Dörfer und Städte weiter und im Weihnachtsbaum, den wir uns in der dunklen Jahreszeit in die Stube holen.

DER MENSCH ALS BAUM

Was hat es mit diesem himmelwurzelnden, umgekehrten Baum auf sich? Er ist, wie Platon schon erkannte, auch ein Bild des Menschen. Im Vergleich zu normalen Bäumen haben wir, wie schon Aristoteles bemerkte, ein umgekehrtes Verhältnis zur Mutter Erde: Bäume haben ihren Kopf in der Erde und strecken ihre Fortpflanzungsorgane – die Blüten – dem Himmel entgegen.

Eine ähnliche Vorstellung kannten die Alchemisten. Was beim Menschen der Kopf ist, sind bei den Pflanzen die Wurzeln; und was beim Menschen der Unterleib und die Fortpflanzung ist, ist bei den Pflanzen der Blühprozess und die Samenbildung. Die Alchemisten, auch Paracelsus, unterschieden dabei drei universelle Prozesse.

1. Der Sulfur- oder Schwefelprozess ist das ausstrahlende, verdunstende, ausweitende, zentrifugale, flüchtige, heiße Prinzip. Im Menschen herrscht dieses Prinzip im Unterleib vor, da werden Ausscheidungen, Düfte und Sexualflüssigkeiten abgegeben. Dem entspricht bei den Pflanzen das Blühen und Fruchten, das Verstäuben von Pollen, der Duft der Blüten, die Verbreitung der Samen. In beiden Fällen ist dieses der wärmste Pol des Organismus. Der Stoffwechsel in der Blüte entwickelt messbare Wärme.
2. Sal nannten die Alchemisten das aufnehmende, saugende, zusammenziehende. konzentrierende, zentripetale Salz-Prinzip. Im Menschen ist es der harte Schädel, der kühle Kopf, das Tor, durch das die Sinneseindrücke – das Hören, Sehen, Schmecken, Riechen – den menschlichen Organismus erreichen, die dann vom Hirn verarbeitet werden. Bei den Kräutern und Bäumen ist dieser Pol in den Wurzeln zu finden, die wie ein feines Sinnessystem den Erdboden durchtasten und Wasser, Mineralstoffe, Spurenelemente und, über die Pilzmyzelien, chemische und elektrophysikalische Botschaften aufnehmen.

- Mercurius oder der Quecksilberprozess vermittelt zwischen den beiden Polen. Beim Menschen sind es der Herzschlag und das rhythmische Atmen, welches den Sauerstoff aufnimmt und Kohlendioxid abgibt. Bei den Pflanzen sind es die Blätter, die im Gegensatz zu Menschen und Tieren Sauerstoff abgeben und Kohlendioxid aufnehmen.

Die Sichtweise, dass Mensch und Pflanze im umgekehrten Verhältnis stehen, teilen auch außereuropäische Kulturen, wie etwa die Lakandonen im südmexikanischen Regenwald, bei denen der Altamerikanist und Ethnobotaniker Christian Rätsch über Jahre Feldforschung betrieb. Diese Indianer erklärten ihm, dass Bäume ebenso Seelen hätten wie die Menschen. Aber bei ihnen sei es umgekehrt, die Köpfe der Bäume steckten in der Erde. Wenn ein Baum gefällt wird, dann wird er sozusagen geköpft. Das mache den Geist des Waldes wütend.

In Indien heißt es, in jedem Baum wohne die Götter-Trinität: Brahma, der Schöpfer, lebt in der Wurzel, Vishnu, der Welltenerhalter, lebt im Stamm, in Ästen und Blättern, und Shiva, der Zerstörer, lebt in den Blüten und Samen. Die Samen und der Blütenstaub sind die Asche, das Ausklingen des Lebensfeuers, zugleich aber der Übergang zu einem neuen Dasein.

Inzwischen nähert sich die moderne Biologie wieder dieser Ansicht. Für Charles Darwin stellten die Wurzelspitzen ein primitives Hirn dar. Sie besitzen eine Art Schwarmintelligenz. Sie erkennen einander zum Beispiel und überwachsen einander nicht. Sie suchen und selektieren auf intelligente Weise Nährstoffe, die der Baum braucht (siehe Seite 45).

Der umgekehrte Baum ist eigentlich der Mensch. Für einige spirituelle Traditionen bedeutet das: Wir haben unsere Wurzeln im Himmel, in der nichtmateriellen Welt, in die wir auch wieder zurückkehren. Es bedeutet andererseits auch, dass Menschen ein verqueres, oder besser: perverses (lateinisch *perversus* = umgekehrt, verdreht, verkehrt) Verhältnis zum Himmel und zur Erde haben. Normale Bäume – die Pflanzen überhaupt – sind makrokosmisch offen. Sie sind noch vollkommen mit dem Kosmos im Einklang. Über ihre lichtempfindlichen Blätter sind sie dem Licht der Sonne, des Mondes und der Sterne verbunden und zugleich über die Wurzeln mit den Kräften der Erde. Sie sind keine abgekapselten ego-haften Wesen; sie sitzen da in völliger Ekstase, fest verwurzelt in Mutter Erde, und baden zugleich im Licht des Himmels. Sie sind noch in vollkommener Harmonie mit den Göttersphären. Der Mensch dagegen ist gewissermaßen frei, er kann Irrwege gehen, kann sich verlaufen. Er hat sich vom Urgrund entfernt und ist dadurch, wie es in der christlichen Lehre heißt, sündig, sodass es des Gottesopfers am Lebensbaum bedurfte, ihn wieder in Einklang zu bringen. Die buddhistische Heilslehre dagegen rät uns, es sei hilfreich, in einen abgelegenen Wald zu gehen und sich auf einen alten Baum einzustimmen, wie es Buddha tat, um sich von all den Illusionen, dem Wahn, den wir in unserem Schädel herumtragen, zu befreien. Ähnliches meinte wohl auch der inspirierte Dichter Friedrich Schiller, als er sagte:

> *»Suchst du das Höchste, das Größte.*
> *Die Pflanze kann es dich lehren:*
> *Was sie willenlos ist, sei du es wollend – das ist's!«*

Pflanzen sind heil, deswegen können sie uns heilen! Nicht nur unsere physischen Beschwerden können sie heilen, sondern auch unsere wurzellose Seele.

WIR ENTSTANDEN AUS DEN BÄUMEN

Baum und Mensch sind gleichen Wesens. Dieser Gedanke findet sich bei fast allen Völkern, deren Welt die Wälder sind. Bäume sind nicht nur unsere Brüder und Schwestern, aus den Bäumen ist das Menschengeschlecht überhaupt hervorgegangen.

Die altnordische Sage erzählt Folgendes über die Entstehung des ersten Menschenpaares: Einst, an einem taufrischen Morgen, am Anfang der Zeit, wanderten drei Ur-Götter, Wodan (Odin), Wili (Hönir) und We (Lodur, Loki), entlang der Gestade des Ur-Meeres. Am Strand entdeckten sie zwei angeschwemmte Baumstämme. Der eine Stamm war der einer Esche (*Askr*), der andere der einer Ulme (*Embla*). Wodan, der Herr der Winde, blies sie an und schenkte ihnen den Lebensatem – den Geist und die Stimme; Wili erweckte in ihnen die Seele voller Empfindung und Leidenschaft; und We, der Gott des Feuers, schenkte ihnen rotes Blut und rote Backen, die Lebenswärme und das innere Feuer. Die klugen Zwerge eilten herbei mit Schnitzmesser und Meißel und gaben ihren Körpern menschliche Gestalt. So wurde aus dem Eschenstamm der erste Mann und aus der Ulme die erste Frau. Noch waren sie unschuldig – hatten kein Karma, wie man heute sagen würde –, aber die drei Nornen wirbelten ihre Wirtel (Handspindel) und begannen, das Schicksal für sie zu spinnen.

Auch bei den Kelten entstanden die Menschen aus zwei Bäumen. Der walisische Dichter Iolo Goch (1315–1402) erzählt, dass die Frau aus der Eberesche entstand, der Mann aus der Erle.

Die Bewohner der sibirischen Taiga führen ebenfalls ihre Abstammung auf die Bäume zurück. Bäume, sagen die Altsibirer, sind älter als die Menschen, sie sind die Ahnen. Indigene Völker wie die Nanei und verschiedene rentierzüchtende Ewenken erzählen, der erste Mensch sei aus einem Baum geboren, der sich in zwei Stämme spaltete. Ein Mann und eine Frau traten aus ihnen heraus. Diese ersten Menschen waren, wie die Bären, mit dichtem Haarpelz bedeckt; das erste Kind wurde jedoch ohne Haare geboren. Bei den Negidalen, einem kleinen Jäger-und-Sammler-Volk am Amur, traten die ersten Menschen aus einer Lärche hervor. Bei den Sym-Ewenken spaltet ein mystisches Rentier eine Fichte, aus deren Mitte eine singende Frau, die Mutter der Menschen, erscheint. (Schlesier 1985:54) Die Algonkin erzählen, das erste Menschenpaar entstand, als der Große Geist einen Pfeil auf einen Eschenstamm abschoss.

Die Indianer in der Karibik erzählen ihrerseits, dass das ursprüngliche Menschenpaar in der Form von zwei Bäumen existierte. Da kam eine mächtige Schlange angekrochen und nagte ihnen ihre Wurzeln weg. So konnten sie als Menschen fortgehen.

MENSCHEN WERDEN IN BÄUME VERWANDELT

Nicht nur können Bäume in Menschen verwandelt werden, es geht auch anders herum: Menschen können auch in Bäume verwandelt werden.

Eine griechische Sage erzählt, wie der Göttervater Zeus und der göttliche Schamane Hermes einst auf die Erde herabstiegen und wieder einmal die Gestalt obdachloser Wanderer annahmen. Sie wollten die Seelen der Menschen prüfen, indem sie an die Türen klopften und um eine milde Gabe baten. Im Lande der Phrygier waren die Leute besonders hartherzig, für Landstreicher und Bettler hatten sie nichts übrig. Auf einer Anhöhe am Rande der Ortschaft, in der man die beiden Fremden auf unsanfte Weise hinauskomplimentiert hatte, stand eine ärmliche Hütte, in der ein altes Paar, Philemon und Baucis, in Liebe und Eintracht miteinander lebte. Sie baten die beiden Wanderer herein, schenkten ihnen mit Wasser verdünnten Wein ein und schämten sich, dass sie kaum etwas Gutes zu essen hatten, das sie ihnen vorsetzen konnten. Da schlachteten die Alten ihre einzige Gans, fegten den Tisch mit würzig duftendem Basilikum und trugen das Mahl auf. Da gaben sich die beiden Götter zu erkennen. Sie ließen die beiden Alten aus ihrer Hütte treten und über das Tal schauen, in der eine Flut die Häuser der hochmütigen Bewohner hinwegschwemmte. Als die Alten sich wieder umdrehten, hatte sich ihre ärmliche Hütte in einen prächtigen Tempel verwandelt. Hermes fragte: »Sagt, ehrwürdiger Greis, und du, eines solchen Gemahles würdiges Weib, was ihr wünscht.«

Sie wünschten sich, Priester in dem Tempel zu werden und auch, wenn sie einst sterben würden, für immer beieinander sein zu können. Der Wunsch ging ihnen in Erfüllung: Philemon wurde zu einer Eiche, dem Baum des Zeus, und Baucis verwandelte sich in eine Linde.[85]

Geschichten, in denen Menschen in Bäume verwandelt werden, gibt es in fast jeder Kultur. Sie kommen immer wieder in den Sagen der klassischen Antike vor. Der griechische Dichter Hesiod (7. Jahrhundert v. u. Z.) erzählt, dass Zeus das dritte, eiserne, mit Eschenlanzen bewaffnete Menschengeschlecht aus der Esche schuf. Eine hitzige, feurige Rasse, dem Ares (Kriegsgott) geweiht, sei das. Gemeint waren wahrscheinlich die indoeuropäischen Eroberer, die ihre Speere und die Deichseln ihrer Streitwagen aus Eschenholz fertigten. Auch die Wikinger nannten sich Eschenmänner, und in dem Amelungenlied erinnert der Recke Hildebrand seinen allzu stolzen Herren, den König Dietrich von Bern, an seine Herkunft:

> *»Du hast schon recht vernommen,*
> *nur sei nicht ahnenstolz,*
> *uns schnitzte Wotan alle,*
> *zuletzt aus Eschenholz.«*

Die alten Griechen kannten die Sage von den Töchtern der Sonne, den Heliaden, die ihrem Bruder unerlaubterweise halfen, den Sonnenwagen (Quadriga) anzuspannen. Der unerfahrene Junge, Phaeton, konnte den Wagen nicht richtig lenken; er flog zu niedrig, sodass die Erde austrocknete, die Wälder in Flammen aufgingen und die Saatfelder verdorrten. Mutter Erde rief um Hilfe. Zeus schleuderte einen Blitz, der Wagen wurde zertrümmert und der junge Wagenlenker stürzte in den Tod. Die Schwestern weinten und waren untröstlich und wurden zur Strafe in Pappeln verwandelt.

In der keltischen Überlieferung kommt es immer wieder vor, dass Menschen nach ihrem Tod in Pflanzen verwandelt werden. So etwa wurde das Liebespaar Tristan und Isolde nebeneinander begraben, wobei aus Tristans Grab ein Baum oder Strauch wuchs und aus dem Grab der Isolde ein Efeu, der den Baum umrankt.

Eine keltische arboreale Imagination ist auch der »Kampf der Bäume und Sträucher« (*Cad Goddeu*) des walisischen Barden Taliesin: Er erzählt von einer Schlacht zwischen dem Zauberer Gwydion und einem Fürsten der Unterwelt. Als die Schlacht für

Gwydion schlecht verläuft, verwandelt er mit seinem Zauberstab seine Krieger in Bäume. Hier eine Kostprobe der Verse (Ranke-Graves 1985:519):

> *»Die Erlen in der ersten Reihe*
> *begannen mit dem Gemetzel.*
> *Weide und Eberesche*
> *traten später in die Schlachtenrunde.*
>
> *Steineiche, dunkelgrün,*
> *hielt entschlossen stand;*
> *sie ist bewaffnet mit vielen Speerspitzen,*
> *die verwunden die Hand. [...]*
>
> *Die Birke, obwohl sehr edel,*
> *bewaffnete sich erst spät:*
> *ein Zeichen nicht von Feigheit,*
> *sondern von hohem Stand.«*

Der kämpfende Wald des walisischen Dichters wurde Jahrhunderte später in der aus dem Holz der Wälder Britanniens und ihrer Kolonien gebauten mächtigen britischen Flotte zur Wirklichkeit.

Auch in J. R. R. Tolkiens (1892–1973) Bestseller-Klassiker *Der Herr der Ringe* erscheinen die kämpfenden Bäume wieder: in der Gestalt der *Ents.* Diese von einer Vegetationsgöttin geschaffenen Wesen sollten die Wälder gegen die dämonischen Orks schützen. Mit Rinde als Haut, Ästen und Blättern sehen sie selber wie Bäume aus. Sie sind träge und verwurzeln leicht in der Erde. »Die Dinge laufen, wie sie laufen; es gibt keinen Grund, ihnen entgegenzuhasten«, erklärt Baumbart, ein uralter weiser Ent-Baum. Die Ents erwachen aus ihrem Schlummer, als der Fürst der bösen Mächte den Wald abholzen lässt.

Weißt du, dass Bäume reden?
Ja, sie reden. Sie sprechen miteinander,
und sie sprechen mit dir, wenn du zuhörst.
Aber die weißen Menschen hören nicht zu.
Sie haben es nie der Mühe wert gefunden,
uns Indianer anzuhören,
und ich fürchte,
sie werden auch auf die anderen Stimmen in der Natur
nicht hören.
Ich selbst habe viel von den Bäumen erfahren:
manchmal etwas über das Wetter,
manchmal über Tiere,
manchmal über den Großen Geist.

Tatanga Mani (1871–1967), Häuptling der Stoney

XI. AM RANDE DES ALLTAGS: SEX, TOD UND KRANKENHEILUNG

Die Geschichten, die eben erzählt wurden, sind natürlich Mythen und Sagen, nicht empirische, rationale Fakten. Sie haben dennoch einen wahren Kern: Sie deuten darauf hin, dass die Beziehung zwischen den Bäumen und den Menschen eine innige ist.

DIE VERSTORBENEN GEHEN IN DIE BÄUME EIN

Wenn die Hindus ihre Toten auf dem Scheiterhaufen verbrennen, wenn die Flammen – die von Bäumen aufgefangene und gespeicherte Sonnenenergie – die fünf elementaren Hüllen des Gestorbenen auflösen, dann wird die Seele frei von ihren körperlichen Banden. Zwar begleiten die Mantras und die Gebete der Brahmanen und der Familie den Verwandlungsprozess, dennoch ist die Seele darüber erschrocken, dass sie keinen Leib mehr besitzt, der ihr Halt gibt. Sie flüchtet sich eventuell in eine vorüberfliegende Vogelschar, aber schließlich findet sie neuen Halt in einem Baum, am besten einem heiligen Feigenbaum (*Pipal*). Der Baum wird vorübergehend ihr neuer Körper. Dort, im Baum, begegnet der Gestorbene dem Totengott, Yama. Dieser begleitet den Toten auf dem Totenweg, der über die Milchstraße zu den Ahnen, den Pitri, führt. Aus diesem Grund ist es wichtig, dass nahe der Leichenverbrennungsstätte alte Bäume vorhanden sind. Um den Toten für seine lange Reise zu stärken, werden ihm, eine halbe Lunation lang (14 Tage), Schalen mit Wasser und mit Reis an den Stamm des Baumes gehängt. Die getöpferten Schalen dürfen nicht glasiert sein, der Reis nicht gesalzen. Salz würde die Seele zurück ins Materielle ziehen und an die Erde binden; sie soll sich aber in dem Weltenbaum auflösen.

Ein Baum ist das geeignete Tor zur jenseitigen Dimension. Er ist, wie schon erwähnt, makrokosmisch offen, er verbindet mit dem Himmel und den Tiefen der Erde, er ist nicht in sich abgekapselt, er hat keinen harten Schädel, in dem sich das Ego verkriechen kann. Indem die Seele in den Baum eingeht, wird sie selber makrokosmisch offen. Nicht nur den Toten hilft der Baum, transzendente Dimensionen zu erreichen, sondern – wie bei Gautama Siddharta – auch den sich in Versenkung Übenden. Da der Baum eine Schwelle zur Jenseitswelt ist, umarmen Frauen – früher auch bei uns – Bäume, um schwanger zu werden, denn Kinder kommen aus der anderen Welt. (Eliade 1963:306f)

Bei den alten Ägyptern war es die Himmelsgöttin Hator oder Nut, die Herrin des Sykomore-Baumes (Maulbeerfeige, *Ficus sycomorus*), die den eben Gestorbenen mit Wasser und Brot begrüßt. Die Toten wurden in Särgen[86] bestattet, die vor allem aus dem Holz dieses Baumes gefertigt wurden. In anderen Worten: Der Tote ging, ähnlich wie in Indien, wieder in die mütterliche Umhüllung eines Baumes ein. Auf der Innenseite des Sargdeckels wurde die Göttin als Verzehrerin und Gebärerin der Sonne und der Sterne dargestellt – »sie gehen ein in ihren Mund und kommen wieder hervor aus ihrem Schoß«. (Lurker 1981:136) Auch als himmlische Kuh, die alles nährt, erschien die Göttin, oder als Sau, die ihre Ferkel frisst und wieder gebärt – was bedeuten will, dass der Tote irgendwann der Wiedergeburt entgegengeht.

Viele Indianerstämme, aber nicht alle, gaben ihre Toten den Bäumen zurück. Sie bestatteten ihre Verstorbenen in abgesonderten Hainen auf hölzernen Plattformen oder direkt in einem Baum.

Auch bei den europäischen Waldvölkern spielten Wald und Baum eine Rolle im Totenkult. Bei den Letten werden die Verstorbenen noch immer in waldähnlichen Friedhöfen bestattet, und man sagt, dass die Frauen vor allem in die Linden eingehen und die Männer in die Eichen. Die deutschen Friedhöfe ähneln oder ähnelten lange heiligen Hainen. Auch hier scheint man unbewusst erkannt zu haben, dass die Friedhofsbäume Aufenthaltsorte der Seelen sein können. Immer beliebter wird heutzutage die Waldbestattung in einem sogenannten Friedwald. Die Asche des Toten kommt, in einer biologisch abbaubaren Urne, dem Baum als Dünger zugute. Von der etablierten Kirche wird diese Entwicklung nicht gerne gesehen, denn sie wittert darin wieder aufkeimendes Heidentum. Bestattungswälder sind moderne heilige Haine, sie unterstreichen die Verbundenheit des Menschen mit dem Wald.

WER Aẞ ROGER WILLIAMS?

Vor vielen Jahren erschien in der Tageszeitung von Hartford (Connecticut) ein Artikel mit der Überschrift *»Who ate Roger Williams?«* Erzählt wird, wie die Stadtväter nach der Grabstätte des 1683 gestorbenen Roger Williams, des Gründers der Kolonie Rhode Island, suchten, um für ihn ein Denkmal zu errichten. Man fand das Grab auch, darin aber nur noch ein paar verrostete Nägel, Haken, einen Zopf und eine Spur verkohltes Holz. Neben dem Grab wuchs ein alter Apfelbaum, der eine seiner Hauptwurzeln durch den Sarg gestoßen hatte. Die Wurzel machte eine Drehung, wo einst der Schädel des Koloniegründers war, wuchs das Rückgrat entlang, teilte sich in zwei Gabeln unter dem Becken und wuchs bis zu den Fersen, wo die Wurzeln eine rechtwinkelige Biegung nach oben machten an der Stelle, an der einst die Zehen saßen. Eine Wurzel hatte sogar einen kleinen Knick an der Stelle von Williams' Knie. Die äußere Gestalt des edlen Pioniers war zu Holz geworden; der Phosphorgehalt seiner Gebeine hatte sicherlich Jahr für Jahr gute Apfelernten ermöglicht. Deshalb ist die Überschrift des Zeitungsartikels, »Wer hat Roger Williams gegessen?«, gar nicht so unpassend. (Storl 1982:176)

BAUMHOCHZEIT

In Indien und Nepal sieht der Tourist oft wunderschöne mit Girlanden und bunten Tüchern geschmückte Bäume. Was er wahrscheinlich nicht weiß, ist, dass der Feigenbaum, die bengalische Quitte (Bel-Baum) oder der Tulsi-Busch gerade geheiratet haben.

Mädchen werden gerne mit Bäumen verheiratet, wenn ihr Horoskop besagt, dass sie *Manglik* sind, das heißt, dass sie Unglück über die Familie ihres menschlichen Bräutigams bringen können. Die Vermählung mit dem Baum wird mit einer richtigen Hochzeitszeremonie, mit Mantras aufsagenden Brahmanen, Räucherungen, heiligem Feuer und Blumenkränzen für den Baumbräutigam durchgeführt. Der Baumehemann wird alles Übel, das von einem ungünstigen Stand der Sterne herrührt, abziehen. Danach wird die Frau ohne Probleme ihren menschlichen Partner heiraten können. (Mehta 1997:190) Solche Baumhochzeiten sind nicht selten und auch nicht auf hinterwäldlerische Dörfer beschränkt. Sogar die berühmte Bollywood-Filmschauspielerin und ehemalige Miss World, Aishwarya Rai, »die schönste Frau der Welt«, war Manglik und ließ sich mit einem Baum verheiraten.

Dieser indische Brauch mag uns fremd erscheinen, aber auch in der europäischen Kultur war es gang und gäbe, Negatives, wie etwa Siechtum und Leiden, auf Bäume zu übertragen (Seite 294f).

Baumhochzeiten sind nicht auf den indischen Subkontinent beschränkt. Hunderte von Männern und Frauen geben in Süd- und Mittelamerika den Bäumen das Jawort. Das geschieht unter Anleitung des peruanischen Schauspielers und Halbschamanen Richard Torres. Die außergewöhnlichen Eheschließungen werden mit Musik, Blumen, Konfetti, traditionellen Hochzeitskleidern und dem die Verbindung besiegelnden Hochzeitskuss durchgeführt. Auch ein Opfer von Blumen, Wasser, Salz und Zucker für Mutter Erde (*Panchamama*) ist Teil des Rituals. Torres, der als Priester fungiert, meint es ernst. Seine Zeremonien sollen auf die Heiligkeit der Bäume in einem Zeitalter der Baumvernichtung aufmerksam machen. Dass so etwas mehr als nur Spielerei sein muss, wurde mir über die Jahre hinweg klar, in denen ich im Schwarzwald Anleitungen zur Baummeditation gab. Ein Baum besteht nicht nur aus Holz; unsichtbar verbunden mit ihm ist auch ein seelisch-geistiger Aspekt, und wenn unsere Seele offen ist, kann es durchaus zu einer auf Gegenseitigkeit beruhenden seelischen Beziehung kommen. Und diese ist eine wonnevolle.

BAUMMEDITATIONEN

In einem Zeitraum von etwas über 20 Jahren führte ich im Schwarzwald[87] Baummeditationen durch. Jeden Tag nahmen wir uns eine andere Baumart vor, um ihr Wesen zu erkunden. Die Teilnehmer waren männlich und weiblich, jung und alt, Städter, die kaum ein Gänseblümchen von einem Löwenzahn unterscheiden konnten, sowie Naturfreunde und Outdoor-Freaks. Botanische Kenntnisse waren nicht nötig, wir sollten einfach lernen, bei einem Baum zu sein, das Geplapper des Intellekts zu stillen, sich zu öffnen und zu lauschen und zu schauen, ob etwas vom Baum herüberkommt. Nicht als Gruppe wollten wir am Baum sitzen, jeder sollte seinen eigenen Baum finden. Das war wichtig, denn wenn man in der Gruppe die Seele auf Empfang einstellt, dann nimmt man unwillkürlich die Schwingungen oder auch Gedanken der anderen Teilnehmer eher wahr als das, was möglicherweise von dem Baum kommt. Gegen Abend, nach der zwei- oder dreistündigen Meditation, blies ich ins Muschelhorn, um die Leute wieder zusammenzurufen. In einer Runde am Lagerfeuer sprachen wir dann über unsere Erfahrung mit der jeweiligen Baumart. Immer wieder war ich erstaunt, dass jede Baumspezies ihre ganz typischen, charakteristischen Eindrücke bei den Teilnehmern hinterließ. Besonders eindrucksvoll waren die Schilderungen der anwesenden Homöopathen; durch das Arzneimittelprüfen hatten sie Übung im Hineinfühlen und -lauschen.

Die Meditation war übrigens nicht eine, wie sie im Yoga oder bei der buddhistischen Versenkung geübt wird; man brauchte keine besondere Sitzposition einzunehmen oder die Augen zu schließen, sondern konnte den Baum besteigen, ihn umarmen, die Rinde fühlen, sie riechen, ein Blatt kosten oder was auch immer. Es war egal, die Hauptsache war, das Bewusstsein immer auf den Baum zu richten und auf das, was seine Gegenwart in unserer Seele in Resonanz bringt.

Am ersten Tag des Wochenseminars nahmen wir uns meistens die Birke vor. Schon bei den Kelten stand sie für einen Anfang, einen Neubeginn. Sie vermittelte den Teilnehmern immer das Gefühl, nach oben, ins Lichthafte gezogen und sanft gewiegt zu werden, wie in einer Kinderwiege.

Am Mittwoch, dem Tag des Merkur, nahmen wir gerne eine Haselstaude als Meditationsgefährtin. Die Teilnehmer berichteten von einem Gefühl energetischer Vitalität, die nach oben und nach unten schoss. Manchen erschien es, wenn sie mit geschlossenen Augen einen Zweig hielten, als ob sie eine lebendige Schlange in der Hand hätten; andere nahmen das Gewusel der Zwerge wahr, bei den nächsten erschienen freche Eichhörnchen.

Am Donnerstag gingen wir etwas höher auf den Berg, zu den Ebereschen, jenen der Kälte trotzenden Bäumen mit starken Wurzeln, für die die Schneemassen kein Hindernis sind. Vom Vogelbeerbaum – den die Germanen dem rotbärtigen Donnergott geweiht hatten – strahlte eine »ätherische« Wärme und ein dem Thor würdiges Gefühl der Kraft herüber. Der Baum hatte eine erheiternde Wirkung auf die Seele.

Freitags gingen wir in den weiter unten im Tal gelegenen morastigen Erlenbruch. Jeder suchte sich eine Erle. Dabei berichteten die Leute von dem Gefühl, nach unten in eine lichtvolle Unterwelt gezogen zu werden. Es war, als scheine eine andere, aber blassere Sonne in dieser anderen Welt. In der Trance erschienen oft zwergenhafte Wesen, die ganz erstaunt zu sein schienen, dass da Menschen sind, die sie wahrnehmen konnten. Viele meinten, eine rothaarige oder in ein rotes Kleid gewandete Frau zu erleben, andere sahen einfach nur etwas Rotes. Und immer kam dann irgendwann die Botschaft, wieder ins alltägliche Bewusstsein zurückzukehren; dann merkten wir, wie kalt unsere Glieder waren. Nach einer solchen tiefgehenden Meditation sprangen und hüpften wir, der warmen Sonne zugewandt, sodass es aussah wie ein Tanz der Wilden. Ein älteres Pärchen in Loden und mit einem Dackel an der Leine lief einmal zufällig vorbei und erlitt fast einen Schock – sie meinten wohl, sie seien in einen Hexenkult geraten. Aber für uns hörte es da noch nicht auf. Am späten Abend kamen die Geister, die Heinzelmännchen, die im Erlenbruch zu Hause sind, mit zu uns ans Lagerfeuer und be*geisterten* uns; auf einmal konnte jeder wunderbar und inspiriert singen und tanzen oder musizieren.

Die alten Fichten, in deren Wesen wir uns gerne an den Samstagen vertieften, hatten immer etwas Wärmendes, etwas Beschützendes, Inniges, fast Mütterliches. Man konnte gut verstehen, dass man Fichten oder Tannen als Weihnachtsbäume in die winterliche Stube nahm und die Krippe darunter aufstellte. Auch Salweiden, Eschen, Ahornbäume und Espen nahmen wir uns vor, und jede Art machte ihren ganz bestimmten, unverwechselbaren Eindruck auf unsere Seele.

Mein Schwager, Philosophieprofessor in Illinois, fragte mich einmal, was ich so tue. Ich erzählte ihm von diesen Erkundungen des Wesens der Bäume. »Du gehörst in die Psychiatrie!«, war sein einziger Kommentar. Für ihn sind und bleiben Bäume Gegenstände, die zwar eine ökonomische und ökologische Bedeutung haben, die aber auf keinen Fall mit uns kommunizieren können.

Nach Jahren dieser Meditationen besteht bei mir kein Zweifel mehr, dass Bäume mit uns reden, mit uns träumen, auch wenn unser Kopf – diese Zitadelle des Egos – es nicht wahrnehmen kann. Es ist eine heilsame Kommunikation, eine Kommunikation, die über das Aufnehmen von Terpenen weit hinausgeht.

VERLIEBT IN EINEN BAUM

Paolo aus Bern, einer der Teilnehmer im Baumseminar, kam nicht zurück, als ich das Muschelhorn blies; er kam auch nicht später ans Lagerfeuer. Erst am nächsten Morgen sah man ihn wieder, glücklich lächelnd und mit leuchtenden Augen. Er hatte die ganze Nacht im Wald bei seinem Baum verbracht. Er sagte, es sei ein wunderbares erotisches Gefühl gewesen; er sei verliebt in den Baum. Und das, obwohl er ansonsten glücklich verheiratet war.

Auch andere Teilnehmer berichteten immer wieder von wollüstigen, libidinösen, sexuellen Gefühlen, die in ihnen aufstiegen, als sie sich in ihren Baum vertieften. Das ist jedoch nicht so ungewöhnlich wie man denken mag. Im Internet und in der Regenbogenpresse wurde die 31-jährige Emma McCabe bekannt, die sich in eine Pappel verliebte und sie heiratete. Mit dem Baum erlebte sie, wie sie sagt, »den besten Sex, den ich je hatte« (»*the best sex I've ever had!* «). Die Pappel, die sie Tim nennt, erfülle alle ihre emotionellen und sexuellen Bedürfnisse. Sie wird ihrem Tim treu bleiben. Die Regenbogenpresse berichtete auch von einer 60 Jahre alten Frau namens Karin Cooper, die in Florida einen 100-jährigen Feigenbaum geheiratet hat. »Es war Liebe auf den ersten Blick«, gab sie zu, und als die Kommune ihren stämmigen Bräutigam zu fällen drohte, sagte sie: »Wenn sie das tun, werde ich Witwe.«

Für den »normalen« Menschen klingt das alles verrückt. Psychiater haben einen Begriff für dieses abnorme Verhalten geprägt: Dendrophilie, das sexuelle Verlangen nach Bäumen. Eher ungelenk sprechen sie über die von ihnen kaum verstandene Angelegenheit als »Fetischismus« oder dass Bäume nach Freud Phallussymbole seien. Auch die fundamentalistischen Christen sind sich einig, dass es sich bei diesem sündhaften Verhalten um ein Zeichen der Endzeit, der Zeit vor der Apokalypse, handelt.

Es gibt aber auch andere Sichtweisen, jenseits der materialistischen Wissenschaft. Für die Naturvölker, auch für unsere heidnischen Vorfahren, waren Bäume nicht nur belebt, sondern auch beseelt. Baumnymphen leben in ihnen. Bäume sind Tore zu übersinnlichen Dimensionen, und wenn man die Türe aufstoßen kann, dann können die Baumseelen mit uns in Resonanz gehen. Diese Wesen erscheinen unserer Seele als rein und wunderschön.

Der Gang in die andere Welt, die Traumwelt, hat immer etwas Erotisches an sich, denn der Eros sprengt die Grenzen des abgekapselten Egos. Für moderne Menschen, die zu keiner anderen Transzendenz mehr fähig sind, ist die Sexualität oft die einzige Möglichkeit, diese Egogrenzen zu überwinden. Im Geschlechtsakt wird das »Andere« erfahren. Man gibt sich hin und verschmilzt mit dem Partner, und das macht es auch möglich, dass eine andere Seele, ein Kind, gezeugt werden und in eine physische Verkörperung eintreten kann.

Aber auch beim Einschlafen, wenn wir die Grenze zur Traumwelt überschreiten und vor allem wenn wir beim Aufwachen die Anderswelt verlassen und wieder in die Raum-Zeit-Dimension eintreten, regt sich die Sexualität in Form einer vorübergehenden Erektion – die »Morgenlatte« bei den Männern. Eine echte Trance, eine Ekstase, ein schamanischer Flug in die Jenseitswelt, der nicht nur vorgetäuscht wird, ist ebenfalls von sexueller Erregung charakterisiert. (Lawlor 1999:328) Erektion und Samenerguss finden auch bei jenen statt, die an Odins Baum, dem Galgen, aufgeknüpft werden und in die Totenwelt übergehen. Wenn man das versteht, ist es nicht verwunderlich, dass der Kontakt mit der seelischen Dimension der Bäume als sinnlich aufreizend empfunden wird.

Das wird in anderen kulturellen Traditionen durchaus anerkannt. Der große buddhistische Kaiser Ashoka (304–232 v. u. Z.), der Indien vereinte und dessen Herrschaft gerecht war, liebte Bäume. Er war es auch, der einen Ableger des Bhodi-Baumes, unter dem Buddha die Erleuchtung fand, nach Ceylon (Sri Lanka) brachte. Eine Legende erzählt, dass Ashoka gerne unter einem bestimmten Baum meditierte. Dabei entwickelte er tiefe Gefühle für den Baum, da ihm die Nymphe erschienen war, die darin wohnte. Seine Lieblingsfrau wurde eifersüchtig und ließ den Baum durch eine Zauberin einmauern. Der Baum wurde rasch krank und Ashoka ebenfalls. Die Königin musste danach den Zauber aufheben. (Brosse 1990:52)

In Indien, wo der Schleier zwischen den Welten dünner ist als bei uns, kennt man die Baumnymphen, die sanften, lieblichen Salabanjikas, gut. Sie werden fast nackt und in verführerischen Tanzposen dargestellt. Sie sind verwandt mit den Waldgottheiten, den Yakshas und Yakshinis, die jede Gestalt annehmen können, aber meistens als freundliche, schöne Menschen erscheinen. Die Yakshinis, Wesen voller weiblicher Reize, haben wohlgeformte, große Brüste, welche einen Überfluss an Lebensenergie symbolisieren. Wo sie sich aufhalten, bleibt kein Raum für zerstörerische, dämonische Energien. Manchmal bewohnen sie einzeln stehende Bäume und strahlen Fruchtbarkeit und Segen über die ganze Umgebung aus. Solche Bäume zu fällen, um die Felder maschinengerecht zu machen, gilt als gröbste Dummheit.

Auch die Japaner kennen Geschichten von der sinnlichen Liebe zwischen Baum und Mensch. Da wird etwa von der edlen Akoya, Tochter eines Provinzstatthalters, erzählt, die an einem Herbstabend vor ihrem Haus die Zither spielte. Plötzlich stimmte eine Flöte in ihr Lied ein. Sie schaute auf und sah einen vornehmen jungen Mann, der ganz in Grün gekleidet war. Sie redeten miteinander, und es dauerte nicht lange, da entbrannten sie in Liebe zueinander. Jeden Abend trafen sie sich. Eines Abends aber merkte sie, dass ihr Geliebter traurig war. »Es ist das letzte Mal, dass wir zusammen sein können«, sagte er, »denn morgen muss ich sterben«.

Mit diesen Worten verschwand er. Wo er gestanden hatte, lag nur noch der Schatten einer Kiefer. Am nächsten Tag kamen Holzfäller und schlugen die Kiefer um. Doch sie vermochten den Stamm nicht zu bewegen. Akoya wurde klar, dass der Baum ihr Liebster gewesen sein musste. Sie legte liebevoll ihre Hand auf die Rinde und verabschiedete sich von ihm. Erst danach konnten die Arbeiter den Stamm forttragen.

BÄUME ZUM HEILEN

Man könnte ein dickes Buch über die Heilkräfte der Bäume schreiben, über die wundheilenden Salben aus Kiefernharz, über die entschlackende Kraft des Birkensaftes, über die schmerzstillende, blutverdünnende Wirkung einer Abkochung der Weidenrinde, einem natürlichen Aspirin, über die wertvollen, das Gewebe zusammenziehenden Tannine in der Eichenrinde und vieles mehr. Auch über die Waldkräuter wie den Waldziest, das Fuchskreuzkraut, den Sauerklee und andere könnte man ein Buch füllen. Das ist aber an anderer Stelle schon getan worden.

Für die Indianer, die ich kannte, galten Bäume als mächtige Heiler. Sie sind Träger von starker Geisteskraft oder *medicine power.* Nicht die Inhaltsstoffe der Rinden, Blätter und Wurzeln bewerkstelligen die Heilung von Krankheiten, sondern der Geist des Baumes selber.

Von Wirkstoffen und molekularen Verbindungen, die wir heute für den Grund halten, dass Pflanzen heilen, wussten unsere Vorfahren ebenso wenig wie die Indianer und andere schriftlose Völker. Sie schauten eher nach innen, in den »Spiegel der Seele«, und sahen die »Würmer« und unguten Geister, die das Leiden verursachten. Diese Wesen galt es mit der Kraft der Kräuter und Bäume zu bannen und in die Anderswelt zurückzuschicken.

Am besten eigneten sich Bäume, um diese Plagegeister loszuwerden. Man konnte Schmerzen und Krankheiten auf sie übertragen, ein Loch in die Rinde bohren und sie dort einkeilen oder man konnte Verbände oder Kleidungsstücke des Kranken in seine Äste hängen. Ein Baum kann sie eher verkraften, meinte man, als der kurzlebige Mensch. Die schamanische Heilerin konnte geschwulstverursachende Krankheitsgeister zum Beispiel in Weiden hängen, indem sie die biegsamen Zweige verknotete. (Mannhardt 1875:20)

Die Germanen und Kelten glaubten, das giftige Gewürm plage Menschen ebenso wie die Bäume. Beide sind sich ja ähnlich genug. Oft wechseln diese Würmer ihren Wirt und gehen von den Bäumen auf die Menschen und Tiere über. Wenn das der Fall war, dann musste die hellsichtige Heilerin diese elbischen Wesen an die Bäume zurückschicken und sie darin verbannen.

Besonders Kinderkrankheiten heilte man, indem man einen jungen Eschenstamm spaltete und das kranke Kind dreimal nackt, mit dem Kopf in Richtung aufgehender Sonne, durchzog. So wie der mit Ton bestrichene und verbundene Baum wieder zusammenwuchs, so würde auch das Kind gesunden. Wenn der Baum aber nicht wieder zusammenheilte, so blieb das Kind krank. (Chamberlain 2006:149)

Selbstverständlich musste der Heiler oder der Kranke selber den richtigen Zauberspruch kennen, damit die Krankheit auf den Baum übertragen werden konnte. Hier einige typische Beispiele:

»Birnbaum, ich klage dir,
drei Würmer, die stechen mir,
der eine ist grau,
der andere blau,
der dritte ist rot,
ich wollte wünschen,
sie wären alle tot.« (Mannhardt 1875:14)

Ein Spruch aus Mecklenburg:
»Eichbaum, ich klage dir,
die weiße Jicht (Gicht)[88] *plaget mir,*
die schwarze Jicht,
die blaue Jicht,
der erste Vogel, der über diesen Baum fliegt,
nimmt alle meine Jichten mit.« (Marzell 1932:117)

Eine Beschwörung aus Böhmen, die von einer Räucherung mit geweihten Kräutern begleitet war, lautete:
»Ich verwünsche euch Gliederweh, Brandweh, Beinweh
in den tiefen Wald, in die hohe Eiche,
in das stehende Holz und in das liegende.
Dort schlagt euch herum und stoßet
und gebet dieser Person (Name) Ruhe.«

Diese Bräuche sind uralt. Der gallische Arzt Marcellus Empiricus, der im 4./5. Jahrhundert lebte, beschreibt das Anhängen von Krankheiten an die Bäume bei den keltischen Galliern. Die Kirche war mit diesen »abergläubischen« Heilmethoden nicht einverstanden. Das Konzil von Rouen (650 n. u. Z.) zum Beispiel verbot das Verkeilen von Krankheiten in Bäume. Inzwischen haben wir von diesen magischen Heilmethoden Abschied genommen, weil wir uns von einer schamanischen Sichtweise gelöst haben.

Der Wald war heilig schon den Heiden,
warum soll er unter Christen leiden.

(auf einem Schild im Wienerwald)

Ein Baum, der umstürzt, macht mehr Krach
als ein ganzer Wald, der wächst.

Tibetisches Sprichwort

XII. WALDFREVEL – ENTFREMDETES BEWUSSTSEIN (I)

Bäume bestehen nicht nur aus soundsoviel Festmeter Holz, die einen bestimmten kommerziellen Wert haben; Wälder sind nicht nur Freizeitparks, die der Bevölkerung zum Zwecke der Erholung dienen – Jogging, Mountainbiking, Camping, Picknicken, Nordic Walking und dergleichen. Sie sind auch nicht nur ökologisch wertvoll, indem sie den Grundwasserspiegel erhalten, die Luft säubern und vielen Pflanzen- und Tierarten Rückzugsgebiete bieten. Auch wenn sich moderne Zeitgenossen kaum etwas darunter vorstellen können – Wälder und Bäume können be*geist*ern, weil sie Heimstätte von Geistwesen sind. Gemeint sind nicht nur die Zwerge, Feen, Trolle und anderen Wesen, die einen Energiekörper (Ätherleib) und eine Seele (Astralleib) besitzen, aber keinen physischen Leib haben, und die in Bäume, Steine, Windböen, Nebelschwaden oder andere Naturphänomene hineinschlüpfen können und diese als »Körper« benutzen können. Jeder alte Wald, auch mächtige alte Bäume, haben einen »Übergeist«, der mit den dort lebenden Eingeborenen innig verbunden und als Sagenwesen überliefert ist, wie etwa der Rübezahl, die Abnoba, die altkeltische Göttin des Schwarzwaldes, die Dea Ardoinna, die einen wilden Eber reitende Göttin des Ardennenwaldes, oder auch die Nematona, die Herrin des Pfälzerwaldes.

So etwas wusste man früher. Das wusste Caesar, der bei seinem Feldzug gegen die Gallier deren heilige Bäume fällen ließ. Er wusste, dass er damit den Geist der Kelten zerstören konnte. Der antike Schriftsteller Lukian (120–200) schreibt, wie der römische Feldherr seinen Legionären befahl, in einem Nemeton in Südgallien eine jahrhundertealte Eiche zu fällen, deren Wipfel sich in den Wolken verlor. Die Soldaten standen da wie gelähmt, keiner wagte es. »Selbst die Hände der Tapfersten zitterten«; da nahm

Caesar die Axt selbst in die Hand und hieb zu. (Brosse 1990:156) Auch Boudicea, den heiligen Wald der keltischen Briten in der Nähe des heutigen Norfolk, hauten die Römer nieder. Was sie besonders zornig machte, war, dass in diesem der Göttin Andrasta geweihten Wald Römer geopfert worden waren.

Selbstverständlich wussten auch die christlichen Missionare, dass der Geist des Heidentums mit deren heiligen Bäumen verbunden war. Man musste diese Baumgötzen fällen, um die verlorenen Seelen der Heiden zu retten und den Weg für den Glauben an den einzig wahren Gott zu ebnen.

Ein eifriger Glaubensstreiter war der heilige Martin (389–448). An seinem Namenstag, dem 11. November, ziehen die Kinder mit Laternen umher und singen schöne Laternenlieder. Bekannt ist die Darstellung des Heiligen als römischer Ritter, der seinen Mantel mit dem Schwert zerschneidet, um die eine Hälfte des Tuchs einem armen, frierenden Bettler zu geben. Überall zerstörte er Götzenbilder und haute heidnische Kultbäume um. In Autun, im Land der Burgunder, wollte er eine Kiefer fällen, die bei einem Heidentempel stand. Die Heiden waren sehr erbost und forderten ihn auf: »Wenn du ein so großes Vertrauen auf deinen Gott hast, so wollen wir selber diesen Baum fällen, doch unter der Bedingung, dass du dich unter denselben hinstellst, wenn er fällt.«

Er hatte wohl keine Wahl, als auf diese Aufforderung einzugehen. Die Heiden schlugen den Baum um, und gerade, als er im Begriff war zu fallen, schlug Martin das Kreuzzeichen, ein starker Wind kam auf und ließ den Baum auf die andere Seite fallen. Die Heiden waren beeindruckt und ließen sich bekehren – so heißt es in der offiziellen Heiligenlegende. Martins Schüler, der heilige Maurille, Bischof von Angers, ließ einen ganzen Wald abbrennen, in dem die Heiden »ihre unflätigen Feste feiern«. Und ein anderer zeitgenössischer Bischof ließ in Auxerre einen gotteslästerlichen Baum, an dem die Schädel geopferter Tiere hingen, abschlagen und sogar dessen Stumpf verbrennen.

Ein Kirchenkonzil nach dem anderem verbot die Verehrung der Bäume. Eines der Konzile von Arles (452) erließ Gesetze gegen den »blasphemischen Baumkult« und die Anbetung von Bäumen, Steinen und Quellen. Die Konzile in Tours (567) und in Nantes (658) wetterten gegen die den Dämonen geweihten Bäume. Das Konzil von Nantes im Jahr 895 forderte die völlige Ausrottung der dämonischen Bäume.

BONIFATIUS UND DIE DONAR-EICHE

Der in Wessex, England, geborene Angelsachse Winfried (672–755), wollte, vom Glaubenseifer erfasst, seine sächsischen Stammesangehörigen auf dem Festland bekehren, die noch immer Wodan verehrten. Im Jahre 723 begann er in Friesland zu missionieren. Wegen seiner rastlosen Tätigkeit in Hessen, Sachsen, Schwaben, Franken und Bayern wurde er dann als Bonifatius zum »Apostel der Deutschen«. Es war keine einfache Mission. Immer wieder gab es Rückfälle ins Heidentum. Aber der Glaubenskämpfer gab nicht auf. In Geismar (oder dem naheliegenden Fritzlar) im heutigen Hessen wollte er den Ungläubigen zeigen, wie machtlos ihre Götter waren. Er hieb die ehrwürdige, dem Donar geweihte Eiche um. Was für ein mutiger, glaubensstarker Mann, dachte ich, als ich die Geschichte im Katechismus-Unterricht hörte, aber ganz so mutig war er dennoch nicht, denn er handelte unter dem Schutz der fränkischen Besatzungssoldaten. Aus dem Holz ließ er ein dem Apostel Petrus geweihtes Bethaus bauen. Das ist folgerichtig, denn Petrus ersetzte den Donnergott als Wetterherr. Im Jahre 743 fand unter Vorsitz des Bonifatius die Synode von Liftinae (Estinnes) in Belgien statt. Alles Mögliche wurde den Heiden da unter Androhung schwerer Strafe oder gar der Todesstrafe verboten: die Verehrung alter Bäume, kultische Feiern in Laubhütten im Wald, die Verehrung von Quellen und Steinen (Megalithen), Wetterzauber, das Deuten des Vogelflugs und anderer Naturorakel, die Verehrung von Sonne und Mond, das Sammeln von Kräuterbüscheln, Sonnenwendfeuer, Tanzen mit Tiermasken und so weiter. Diese Verbote waren auch als Anleitung für die Missionare gedacht.

Benediktinermönche, insbesondere die im 11. Jahrhundert gegründeten Zisterzienser, übten Askese durch harte Arbeit. Fleißig rodeten sie den Wald, machten das Land urbar, schufen landwirtschaftliche Musterbetriebe mit Obst- und Gartenbau. Der Wald galt ihnen als unkontrollierbar und voller Teufel; zugleich war er Symbol für die sündhafte Seele. Ihr Anliegen war es, »nicht nur den äußeren Wald zu roden und zu kultivieren, sondern auch die innere Wildnis der Seele«.

Die Baumfeindlichkeit des Christentums zeigte sich immer wieder. Der englische Mönch Alfrik († 1022) verkündete: »Es ist keinem der Christenmenschen erlaubt, dass er Heil suche bei einem Steine oder bei einem Baume, außer es sei das heilige Kreuzzeichen.« Und englische Könige wie König Edgar, der 937 gekrönt wurde, verbot alle heidnischen Bräuche, die den Holunder und die Bäume betrafen. (Mannhardt 1875:70)

BÄUME HABEN KEINE SEELE

Die Missionare und die Mönche der Mönchsorden waren sich sicher, Gutes zu tun und Siege im Kampf gegen das Böse zu erringen, indem sie die Götzenbäume fällten und den Wald zurückdrängten. Ihre Sichtweise war eben eine manichäische (zarathustrische), die die Welt in zwei Hälften, in Gut und Böse, teilte.

Noch immer sitzt diese einfältige Sicht der Dinge in vielen Köpfen fest. Das konnte ich persönlich erleben, nachdem ich einmal ins Fernsehen eingeladen worden war, um etwas über den Wald zu erzählen. Am Tag darauf war ich unten im Tal, wo ich zufällig die Frau des Försters traf. Sie war ein tätiges Kirchenmitglied und hatte den Ruf, besonders fromm zu sein.

»Ein interessanter Bericht war das im Fernsehen«, sagte sie, hob aber zugleich, wie der Lehrer Lämpel, den Zeigefinger und fuhr fort, »aber eins muss ich Ihnen sagen, Herr Storl, Bäume haben keine Seelen, nur der Mensch hat eine Seele!«

Am selben Tag kam ihr Mann mit zwei Waldarbeitern auf den Berg und sägte nicht weit von unserem Haus mit der Kettensäge einen dicken, alten Ahornbaum um und ließ ihn liegen. Nach mehreren Monaten fragte ich den Förster, was er mit dem umgelegten Baum zu tun gedenke. Er kratzte sich am Kopf und sagte etwas verlegen: »Ach, nichts weiter; wenn sie wollen, können sie Winterholz daraus machen.«

Die fromme Frau, vermute ich, hatte ihren Mann geschickt, den Baum zu fällen, um mir – ganz im Sinne des heiligen Bonifatius – zu zeigen, dass Bäume eben keine Seelen haben.

BONIFATIUS REVIDIERT

Der international renommierte, naturverbundene holländische Künstler herman de vries[89], der seit Jahrzehnten im fränkischen Steigerwald lebt, macht seine Kunst mit Pflanzen, Erde, Asche, Herbstblättern und anderen natürlichen Dingen. Für ihn ist die Natur die Meisterkünstlerin; es gibt bei ihr nichts zu verbessern, man kann sie nicht übertrumpfen. De vries versucht die Augen der Menschen wieder für das Wunderbare der Natur zu öffnen. So legt er zum Beispiel eine Leinwand auf den Waldboden und fixiert die darauf fallenden bunten Herbstblätter, um zu zeigen, wie dabei ganz zufällig harmonische Muster entstehen. In verschiedenen Städten schuf er Sanktuarien, in denen er eine Eiche pflanzte und mit einem hohen Eisenzaun mit vergoldeten Spitzen umgab; das Ganze ergibt dann ein sich ständig wandelndes, wachsendes, von Menschenhänden unberührtes Naturkunstwerk.

Für de vries war Bonifatius schlicht ein intoleranter Baumschänder und Zerstörer der indigenen Naturreligion. Im Jahr 2002 pflanzte er eine Eiche in Fritzlar, wo dieser Glaubenseiferer das Baumheiligtum der Heiden gefällt hatte. Er versah die Pflanzung mit einem Schild, auf dem stand: *wynfrith me caesit, herman me recreavit* (»Wynfrith fällte mich, Hermann hat mich wiedererschaffen.«) Es waren heidnische Friesen, die Bonifatius schließlich erschlugen und ihm den Märtyrertod bescherten. »Eigentlich verdienen diese Friesen ein Denkmal«, meint herman de vries dazu.

ENTRINDEN UND ENTDÄRMEN

Im 11. Jahrhundert eroberten die Deutschritter im Namen Christi das Land der heidnischen Preußen. Die Auseinandersetzung mit den heidnischen Balten und auch den Slawen zog sich über mehrere Jahrhunderte. König Břetislav II. von Böhmen bemühte sich, das Christentum in der Bevölkerung endlich durchzusetzen. Überall wurden die Eichenholzfeuer für den Himmelsgott gelöscht und die heiligen Bäume umgehauen. Die Heiden wiederum rächten sich für die geschändeten Bäume. Sie brachen den Baumfrevlern die Glieder zur Vergeltung für gebrochene Äste. Christen, die einen heiligen Baum entrindeten, wurden entdärmt. Das heißt, der Bauchnabel wurde herausgeschnitten und an den Stamm genagelt. Der Frevler wurde dann um den Baum getrieben. So wurde gewissermaßen die Rinde durch das um den Baum gewickelte Gedärm ersetzt. (Der Darm eines Erwachsenen, vom Zwölffingerdarm bis zum After, ist übrigens rund sieben Meter lang.) Für die Christen war diese grausame Bestrafung ein weiterer schlagender Beweis für den blutrünstigen Hass der Heiden. Es zeigt aber auch, wie Wilhelm Mannhardt sagt, die hohe Verehrung, die diese indigenen Völker den von Geistwesen bewohnten Bäume zollten.

In einer Zeit des Umweltbewusstseins und der Ökologie ist dieser Teil der Kirchengeschichte vielen Gläubigen inzwischen eher peinlich; die Kirche gibt sich deswegen große Mühe, naturfreundliche Heilige zu finden. An erster Stelle wird da der heilige Franziskus von Assisi hervorgehoben. Dieser Wanderprediger soll den Vögeln und Fischen gepredigt und sie ermahnt haben, ihren Schöpfer zu lieben; einen wilden Wolf soll er gezähmt und überredet haben, keine Schafe mehr zu reißen. Papst Johannes Paul II. erklärte den Bettelmönch im Jahr 1980 zum Schutzpatron der Ökologen. Neben dem heiligen Franziskus kommt auch die gelehrte und heilkundige Äbtissin Hildegard von Bingen zu neuen Ehren. Unter anderem brachte sie im 12. Jahrhundert die von der Kirche verpönten lokalen Kräuter wieder zu Ehren. Nicht nur den Klosterkräutern, verkündete sie, sondern auch den lokalen

Wildkräutern wohne die göttliche Heilkraft inne. Dann gibt es den ägyptischen Einsiedler, den heiligen Antonius, der ein krankes Schwein heilte, das ihm daraufhin überall folgte. Auch einige Gärtnerheilige, wie der heilige Fiaker, die heilige Gertrud oder die heilige Dorothea, sind erwähnenswert.

Wie sich die Zeiten doch ändern. Inzwischen macht sich die Kirche für den Erhalt der Schöpfung stark und es gibt etliche Geistliche, wie die Kräuterpfarrer Sebastian Kneipp, Johann Künzle oder Hermann-Josef Weidinger, sowie viele kräuterkundige Frauen im Nonnengewand, die sich für Heilkräuter einsetzen. Bäume und Kräuter werden dennoch nicht als heilig an sich gesehen, sondern lediglich als Geschöpfe und Werkzeuge Gottes. Die alten baumfällenden Missionare werden entschuldigt, dass sie lediglich den Blick der Heiden weg von den vergänglichen Naturerscheinungen lenken wollten, hin zum Ewigen, das hinter dem Vergänglichen steht.

BAUM DER ALTEN ARABISCHEN GÖTTIN

Christliche Glaubensfanatiker waren nicht die Einzigen, die im Namen des wahren Glaubens Baumfrevel begangen. Auch die muslimischen Eroberer zerstörten neben Tempeln und Götzenbildern viele der heiligen Feigenbäume in Indien. Der Islam kennt zwar den mystischen Lotusbaum, den der Prophet auf seiner Himmelsfahrt »am äußersten Ende« im siebenten Himmel gesehen hatte und der so groß sei, dass ein Reiter 100 Jahre bräuchte, bis er dessen Schatten durchquert habe. Und selbstverständlich werden schattenspendende, immergrüne und fruchttragende Bäume, ganz im zarathustrischen Sinn, hoch in Ehren gehalten. Der Ölbaum gilt im Islam als heilig, sein Öl ist *baraka*, »es enthält Segenskraft«. Aber Bäume als Gottheiten zu verehren ist doch zu viel verlangt.

In vorislamischen Zeiten, als die Araber noch viele Götter verehrten, stand in der Nähe von Mekka ein heiliger Hain. Man nimmt an, dass er vor allem aus tiefwurzelnden Schirmakazien (*Vachellia tortelis;* arabisch *Samar*) bestand, die zäh genug sind, um im Wüstenklima zu überleben. In dem lichten Hain befand sich ein Tempel der Göttin Al-Uzza, der Göttin des Morgensterns. Sie war ein Aspekt der dreifachen Göttin, zu der auch Al-Lat, die eine Ähnlichkeit mit der antiken Aphrodite hat, und Manat, die sich im Mond und im Abendstern offenbart, gehörten. Diese Göttinnen wurden in Mekka vom Stamm der Quarisch mit Wallfahrten und Schlachtopfern verehrt. Als der Prophet noch keine große Macht besaß, verkündete er eine Eingebung, die er angeblich vom Erzengel Gabriel empfangen hatte, dass diese »drei erhabenen Kraniche« Töchter Allahs seien und dass der Gläubige auf ihre Fürbitte hoffen könne. So steht es in der 53. Sure. Später jedoch – inzwischen war Mohammed ein siegreicher Feldherr, der Mekka erobert und die Quarisch unterworfen hatte – offenbarte ihm der Erzengel, dass nicht er, sondern Satan es war, der ihm diese Verse eingeflüstert hätte. Es seien also »satanische Verse«, und die drei seien verfluchte Abgöttinnen.

Die Legende besagt, dass der Prophet seinen besten Kampfgefährten, Khalid Ibn Al Walid, der »das Schwert Allahs« genannt wird, aussandte, das heidnische Heiligtum der Göttin Al-Uzza zu zerstören. Mit 30 Reitern ritt er dorthin und fällte die Bäume des heiligen Bezirks. Beim letzten Baum erschien ein nacktes, schwarzes Weib mit aufgelöstem, gesträubtem Haar; die Frau legte die Hände auf ihre Schultern und knirschte mit den Zähnen. Als Khalid mit einem Hieb seiner Axt ihr den Schädel spaltete, zerfiel sie zu Kohlestaub. Anschließend fällte er den letzten Baum.

Eine andere Version[90] erzählt, dass bei dem heidnischen Heiligtum drei Bäume wuchsen. Dreimal ging Khalid dorthin. Die ersten beiden Male fragte Mohammed, als sein Feldherr zurückkam: »Hast du etwas Ungewöhnliches gesehen?«

»Nein«, antwortete dieser. So ging es auch beim zweiten Mal. Beim dritten Mal aber erschien die schwarze, zähneknirschende, strubbelhaarige »Hexe«. Mit einem *Allahu-akbar*-Ruf tötete Khalid sie, zusammen mit den Tempeldienern, und hackte schließlich den letzten Baum um.

»Das war Al-Uzza!«, erklärte der Prophet, als ihm Khalid Bericht erstattete, »es wird sie von nun an nicht mehr geben.«

HAUSBÄUME

Genauso wie man durch das Roden heiliger Haine oder das Fällen von Kultbäumen den Schutzgeist eines Landes oder eines Stammes vernichten oder vertreiben kann, so kann man den Geist eines Hofes und einer Sippe neutralisieren, wenn man den Baum fällt, der den Familien- oder Sippengeist beherbergt. Eine Hoflinde oder Hofeiche ist mit der dort lebenden Familie über Generationen hinweg verbunden. Die Seele der Hofgemeinschaft lebt in dem Baum; in ihm wohnen die Ahnen. Und da es so ist, umarmen Frauen den Stamm, sodass sie schwanger werden, ein Ahnengeist den Weg findet und sich in der Sippe als Enkel[91] wiederverkörpern kann. Die Balten glauben, dass diese Hausbäume eine zeitweilige Hülle für die abgeschiedene Seele eines Verstorbenen bieten.

Der Hausbaum ist demzufolge auch ein Tor zur Anderswelt. Unter seinem Stamm kann man deswegen den Hauskobolden und den Ahnengeistern Brot, Milch oder Bier opfern. In Schweden wird der Baum, in dem die Seele des Hofes lebt, *Varträd* – Baum (*träd*) des Schutzgeistes (*Vardar*) – genannt. Bis in die Neuzeit war es Brauch, am Donnerstagabend Milch oder Bier auf die Wurzeln zu sprengen, um Unglück und Siechtum von Mensch und Vieh abzuhalten und um mit den Tomtegubbar (Baumgeistern) und Underjordiske, den Erdleuten und Zwergen, in Frieden zu leben. Von einem solchen Hofbaum durfte kein Holz, nicht einmal ein Blatt genommen werden.

Es ist interessant zu beobachten, wie neue Bewohner, die in ein Haus oder auf einen Hof einziehen, oft als erstes viele der Bäume umsägen, die dort stehen. Auch wenn sie sich dessen nicht bewusst sind, entledigen sie sich dadurch der Geister, die mit den vorherigen Besitzern verbunden sind. Als meine Eltern zum Beispiel aus Altersgründen ihr Haus verkauften, war eine der ersten Taten des neuen Besitzers, die drei schönen Birken vor dem Haus zu fällen.

Es ist auch umgekehrt der Fall, dass der Baum stirbt, wenn die Sippe ausstirbt. Nach einem Varträd, einer uralten Linde mit drei Stämmen, die in der schwedischen Landschaft Finveden wuchs, wurden drei schwedische Familien benannt: Die Familie Linné (Linnaeus), zu der der berühmte Naturforscher gehörte, die Familie Lindelius und die Familie Tiliander (von lateinisch *tilia* = Linde und griechisch *aner* = Mann; also Lindemann). Als die Familie Lindelius ausstarb, vertrocknete einer der drei Hauptäste des alten Baumes. Nach dem Tode der einzigen Tochter des Botanikers Linné hörte der zweite Ast auf, Blätter zu treiben, und als der Letzte der Familie Tiliander starb, war die Kraft des Baumes erschöpft. (Marzell 1935:204) Der Stamm dieser Linde ist noch erhalten geblieben und wird in Schweden als Nationalheiligtum verehrt.

HOLZKNAPPHEIT

Die Zeit der Rodungen und der Urbarmachung, in der die Zisterzienser vorbildlich waren, fiel in das warme Klimaoptimum des Hochmittelalters zwischen dem 11. und dem 14. Jahrhundert, als der Weinanbau bis nach Schottland und Südskandinavien möglich war und Feigen, Mandeln und Esskastanien im Rheinland gediehen. Viele Städte wurden zu der Zeit gegründet, die Bevölkerung nahm stark zu. Die Bauern bestanden weiterhin auf ihrem herkömmlichen Recht, Holz für Brenn- und Bauzwecke zu schlagen, die Schweine zur Eichelmast in den Wald zu treiben, junge Zweige als Laubfutter zu schneiden und Laub als Einstreu im Stall zu verwenden. Die Blätter fehlten dann im Wald für den Humusaufbau, und die Hufe des Viehs vernichteten die Humusböden. Besonders die Ziegen verwüsteten den Wald, indem sie unersättlich über junge Bäume, Zweige und Knospen herfielen.

Auch auf dem seit alten Zeiten verbrieften Jagdrecht bestanden die Bauern weiterhin. Erst im Spätmittelalter wurde das Jagen zum Vorrecht der Landesherren und des Adels. Und dieses Privileg wurde mit drastischen Mitteln durchgesetzt. Ein neues Gesetz in England bestrafte den Bauern, der einen Hirsch jagte, mit der Blendung seines Augenlichtes. Es soll auch vorgekommen sein, dass der Bauer, der einen Hirsch erlegt hatte, in dessen Haut eingenäht und dann von den Hunden gehetzt und zerfleischt werden sollte. Auch Zwangsarbeit mit Kette und Fußfessel drohte den Bauern, die widerrechtlich jagten. Das Großwild gehörte nun den Herren; allein das Kleinwild – Hasen, Schnepfen, Feldhühner – durften sich die Bauern noch holen.

Im 14./15. Jahrhundert machte sich die Holzknappheit immer stärker bemerkbar. Städte wie Salzburg und Eisenach sahen sich gezwungen, Maßnahmen zur Waldpflege einzuführen. Da war es nicht gerade hilfreich für die Schonung des Waldes, dass sich gleichzeitig das Klima weiter abkühlte und der Bedarf an Holz zum Heizen zunahm. Da das Holz knapper wurde, wurde immer mehr mit Stein gebaut. Dennoch stieg der Holzverbrauch in diesem Zeitalter ständig.

Die Eisenherstellung in Schmelzöfen und Hammerschmieden verbrauchte tonnenweise die Holzkohle, die von armen Waldköhlern geliefert werden musste. Eine Tonne Schmiedeeisen verbrauchte in der Herstellung letztlich 30 Tonnen Holz. (Laudert 1998:25) Besonders beliebt bei der Eisenherstellung, fürs Heizen und für die Salzgewinnung durch Verdampfen der Sole in Sudpfannen und – später, in der Barockzeit – die Glasherstellung war das heiß brennende Holz der Buche. In Kilowattstunden (kWh)[92] umgerechnet, hat die Buche pro Raummeter einen Heizwert von 2100 kWh; die Fichte dagegen nur 1500 kWh, die Tanne 1400 kWh.

Die Krise verschärfte sich mit den strengen Wintern der sogenannten »kleinen Eiszeit«, insbesondere des Maunder-Minimums, in dem die Durchschnittstemperatur um 2,5 Grad Celsius kälter war als heute, die Flüsse, wie die Themse in England und die Grachten in Holland, zufroren und Schlittschuhlaufen zum Volkssport wurde. Es kam zu Hungersnöten und zu verheerenden Seuchen, da es um die Immunabwehr der einfachen Leute schlecht bestellt war. Auch der Adel und dessen Schlosshunde schlotterten in den kaum beheizbaren hohen Hallen, wo Wasser und Wein an den Tafeln zu Eis gefroren. Die Schuldigen an diesen Missständen konnten schnell ausgemacht werden: Es waren die Hexen, die die staatlichen Behörden dann auf Scheiterhaufen verbrennen ließen! Vernünftigere behördliche Maßnahmen zielten darauf ab, Holz zu sparen, etwa, geschlossene Öfen statt offene Feuerstellen zu bauen. Der Kachelofen, dessen Keramik und Steine die Hitze besser speicherten, wurde erfunden.

Die Glasmacherei, die Herstellung von Glas für die barocken Kirchenfenster, Fenster in Häusern und für Glasbehälter (Flaschen), belastete die Wälder schwer, vor allem die Buchenwälder. Um die Schmelztemperatur von Quarzkiesel und Quarzsand zu senken, brauchte man Kalilauge oder Pottasche. Diese Lauge setzt die Mindesttemperatur, die man zur Schmelze der Quarzsteine benötigt, von 1800 auf 1200 Grad Celsius herab, und das Holz, das am meisten Kali enthält, ist das von Buche und Bergulme. Um die Asche zu Lauge zu machen, musste sie 24 Stunden über dem Holzfeuer gekocht werden. Riesige Landstriche wurden durch diese Industrien entwaldet. Natürlicherweise wären mehr als zwei Drittel Mitteleuropas mit Buchenwald bedeckt. Heute ist zwar ein Drittel der Bundesrepublik wieder Wald, aber nur noch zwei bis drei Prozent davon sind Buchen mit einem Alter von mehr als 140 Jahren.

Im frühen 19. Jahrhundert begann man notgedrungen mit der wissenschaftlich fundierten Forstwirtschaft; damit setzte der Siegeszug der Fichten- und Kiefernforste ein.

KOLONIALISMUS UND SCHIFFBAU

Das fäulniswidrige Holz der Eiche eignete sich besonders gut für den Bau seetüchtiger Schiffe. Die Handels- und Kriegsflotten der Briten, Franzosen und Holländer fraßen die Eichenwälder Nordeuropas regelrecht auf. Auf dem Rhein transportierte, riesige, kilometerlange Flöße brachten im 17. und 18. Jahrhundert Baumstämme aus deutschen Landen und der Schweiz zu den Werften in den Niederlanden. Der Wald war längst nicht mehr Gemeinschaftseigentum. Die Landesherren, die sich die Forste zum Teil als Jagdreviere unter den Nagel gerissen hatten, verscherbelten nun das Holz. Die Preise dafür waren verlockend hoch. Für die ärmere Landbevölkerung war das hart, Brennholz wurde teuer, die Waldweide samt Eichelmast fiel weg, und Holzzäune aufzustellen wurde umständlicher.

Als 1588 der spanische König Philipp II. seine als unbesiegbar geltende Kriegsflotte, die Armada, ausschickte, um England zu erobern, gab er den Befehl, alle Eichen in England zu fällen, um den Engländern ihr Material für den Schiffbau zu nehmen. Dank eines Orkans, in dem die meisten Schiffe sanken – und mit ihnen die Männer, die den Befehl ausführen hätten sollen – kam es nicht dazu.

Es waren schließlich die Briten selber, die ihre Eichenwälder vernichteten. Für sie wurde der Eichenwald zum »Vater der Schiffe« (*father of ships*), und die Royal Navy galt als »kämpfender Eichenwald«. Im 18. Jahrhundert wurden auf der Insel um die 500.000 Eichen für den Schiffbau gefällt. Zusätzlich wurden die Urwälder in den amerikanischen Kolonien geplündert. Praktisch ganz Schottland wurde entwaldet. Schafe, deren Wolle für die boomende Textilindustrie wichtig war, beweideten die leer gewordenen Flächen und verhinderten die Wiederbewaldung. Nur vier Prozent des ursprünglichen schottischen Waldes sind noch übrig.

In England herrschte demzufolge ein derartiger Holzmangel, dass man nichts mehr zum Heizen hatte und anfing, nach Steinkohle zu buddeln und die Häuser und Hütten aus Stein zu bauen. Der Holzmangel wurde zur Initialzündung für die industrielle Revolution. Die mit Kohle angetriebene Dampfmaschine wurde erfunden, zunächst zum Abpumpen des Wassers aus den Kohleschächten und dann als Antrieb für die Maschinen der boomenden Textilindustrie.

Auch hier war die Eiche – oder genauer gesagt, ihr Verschwinden – ein Tor: Der Baum öffnete das Tor zur Schwelle eines neuen Zeitalters, das der modernen Industriegesellschaft.

Waldesdom, in deinen Hallen,
meine Seele fliegt nach oben;
andachtsvoll muss ich hier wallen
und den ew'gen Schöpfer loben.

Georg Christian Dieffenbach (1812–1901)

XIII. ZWISCHEN KOSMOS UND ERDE: BINDEGLIED WALD

Pflanzen, insbesondere die Bäume, sind Brücken zwischen dem blauen Himmel und dem Erdboden, aber auch – wie wir sehen konnten – Übergänge zwischen der alltäglichen Welt und der Anderswelt und zwischen dem Reich der Lebenden und dem der Toten. Indem sie das kosmische Licht aufnehmen und vermitteln, verlebendigen sie die materiellen Erdenstoffe. Genauer betrachtet sind Pflanzen selber fast »ätherische« Wesenheiten. Weniger als fünf Prozent der Pflanze sind mineralischer Erdenstaub, der Rest ist Luft beziehungsweise das Spurengas Kohlendioxid CO_2, das die Sonnenenergie festhält, und Wasser.

KOSMISCHE EINFLÜSSE

Über kosmische Einwirkungen habe ich viel geschrieben, da ich mich lange mit der biologisch-dynamischen Landwirtschaft befasst habe. Offensichtlich übt die Sonne den dominierenden Einfluss aus. Sie bestimmt die Rhythmen der Jahres- und Tageszeiten, die wiederum das Wachstum, die Zeit des Blühens und Fruchtens und den pflanzlichen Stoffwechsel beherrschen. Der spektakuläre bunte Laubfall im Herbst, das kahle Geäst in der frostigen Stille des Winters, das frische Grün im Frühlingswald und das mit summenden Insekten gefüllte satte Laub im Sommer folgen dem Gang der Sonne durch die himmlischen Tierkreisregionen. Die Kelten sahen darin den Reigentanz des Sonnengottes mit der Vegetationsgöttin, der Tochter der Erde. Die Irokesen sprachen vom alten Mann der Wälder, der in den kältesten Nächten mit seiner Keule an die Bäume pocht, dem dann der junge Mann der Wälder folgt, dessen Gesicht voller Sonne ist – der eine geht, der andere kommt, und beide teilen sich dieselbe irdische Wohnung, die großen Wälder. (Hausman 2001:16)

Wie soll man die wechselnden rhythmischen Abläufe, die sich im Tagesverlauf in den Pflanzen zeigen, ohne die Einwirkung des Tagesgestirns verstehen? Am Morgen, wenn die Sonne aufgeht, fängt auch der Tagesstoffwechsel der Bäume an. Wasser und gelöste Nährsalze werden durch das holzige Leitgewebe (Xylem) nach oben zu den Blättern transportiert; die Kohlenstoffassimilierung beginnt, wobei mithilfe des Sonnenlichts aus Wasser (H_2O) und dem Kohlendioxid (CO_2) der Luft Zucker ($C_6H_{12}O_6$) hergestellt und Sauerstoff (O_2) als Abfallprodukt durch die Spaltöffnungen der Blätter ausgedunstet wird. Auch große Mengen Wasser werden tagsüber verdunstet. Der Höhepunkt dieser Prozesse findet am frühen Nachmittag statt.

Im Verlauf des absteigenden Tages wird der produzierte Zucker durch die Siebröhren (Phloem) nach unten zu den Speicherorganen in den Wurzeln gebracht. Während der Nacht hört die Sauerstoffproduktion ganz auf; der Stoffwechsel wird tierischer. Zucker wird vor allem in der Nacht zu Stärke, Zellulose und anderen Stoffen umgewandelt. In der späten Nacht, vor allem gegen Morgen, finden das meiste Wachstum und die Zellteilung statt. Der Baum erlebt also zwei große Strömungsprozesse im Tageslauf, eine Aufwärtsströmung und eine Abwärtsströmung. (Wachsmuth 1965:277)

Kosmische Rhythmen spiegeln sich auch im Öffnen und Schließen der Blütenblätter. Diese sind so genau, dass man, wie es im 18. Jahrhundert Mode war, eine »Blumenuhr« anpflanzen kann, auf der man am Öffnen und Schließen der Blütenkelche die bis auf 15 Minuten genaue Tagesstunde ablesen kann. Der große Botaniker Carl von Linné (Linnaeus) hatte sich in Uppsala als Erster eine solche Blumenuhr angepflanzt.

Selbstverständlich haben auch die verschiedenen Mondrhythmen einen Einfluss auf die Pflanzen: Vollmond/Neumond, Stellung des Mondes im Tierkreis, Erdferne/Erdnähe, Knotentage, aufsteigender/absteigender Mond (tropische Lunation).

Inzwischen hat man festgestellt, dass auch die Planeten einen Einfluss auf die Fortpflanzung und das Wachstum der Pflanzen haben. Am beeindruckendsten ist die Studie des Astronomen Joachim Schulz, der sich fragte, ob den völlig unregelmäßigen Mastjahren[93] der Buchen nicht doch eine Gesetzmäßigkeit zugrunde liegt. Das Merkwürdige war für ihn, dass in bestimmten Jahren witterungsunabhängig alle Buchen, egal wo sie wuchsen, eine volle Bucheckernmast hervorbrachten. Schulz hatte das Glück, auf Aufzeichnungen der elsässischen Steuerbehörden zu stoßen, die bis 1799 zurückgingen. Darin wurden die Buchenmastjahre vermerkt. Das interessierte den Staat, denn dann treiben die Bauern ihre Schweine in den Wald, um sie an den Buchenfrüchten zu mästen. Da der Schinken dann besonders gut ist, verdienen die Bauern mehr als sonst, was dann wiederum für den Fiskus von Interesse ist. Es stellte sich heraus, dass die Mastjahre mit der Trigonbildung[94] von Jupiter, Mars und Saturn in Zusammenhang gebracht werden konnte. Auf dieser Grundlage sagte Schulz weitere Mastjahre voraus, was auch von anderen Forschern dann bestätigt wurde. (Wolber/Vetter 1971:94)

Das Wachstum der Pflanzen, auch das der Bäume, folgt nicht rein mechanischen Gesetzen, es geschieht nicht wie das Zusammenstecken von Lego-Steinen, sondern es verläuft spiralig, in Windungen. Der Naturliebhaber Goethe hat das erkannt; er nannte es die »Spiraltendenz« der Pflanzen. In anderen Worten, Pflanzen tanzen ins Dasein. Unsichtbar wirbeln sie herein, nehmen Materie auf und wirbeln wieder aus dem Dasein heraus. Interessant ist, dass diese Drehungen musikalisch-mathematischen Gesetzen folgen, und zwar der Fibonacci-Sequenz, jener Reihe von Brüchen, die sich dem Goldenen Schnitt nähern. Es sind Brüche, die übrigens auch in den logarithmischen Spiralen der Schneckengehäuse, den Rosetten der winterharten Kräuter, der Biegung der Widderhörner und Elefantenstoßzähnen gefunden werden. Dieselbe harmonische, musikalische Gesetzmäßigkeit lässt sich in den von der Erde aus gesehenen (geozentrischen) Umlaufbahnen der Planeten ausmachen. Auch die Wandelsterne tanzen nach dieser harmonischen Musik. In früheren Zeiten sprach man diesbezüglich von der »Harmonie der Sphären« oder – wie Meister Goethe – vom »Brudersphären Wettgesang«. Ich möchte nicht behaupten, dass die planetarischen Bewegungen einen prägenden Einfluss auf die Spiralbewegungen der Pflanzen haben. Es könnte eher ein Erscheinungszusammenhang sein, eine Teilnahme an grundlegenden harmonischen Gesetzen.

Äußere Faktoren, Wind, Beschattungen, Verletzungen, Tierfraß, Sturmschäden und so weiter, lassen diese grundlegende spiralige Geometrie, insbesondere bei den Bäumen, oft nicht erkennen. Aber sie ist da. In den Keimlingen, der spiraligen Anordnung von Blatt- und Blütenknospen (*Phyllotaxis*), in den Blüten selber oder in den Früchten, etwa dem Muster der Schuppen der Tannenzapfen, kann man es noch erahnen. Bei Blumen, wie etwa der Sonnenblume, lässt sich diese Spiralwirkung am leichtesten erkennen.[95]

WUNDERREICH WURZEL- UND PILZWELT

Die Hälfte des Waldes sieht man nicht. Sie befindet sich unter der Erde. Wenigstens in unseren geographischen Breiten ist das so. In den mächtigen tropischen Urwäldern, wie etwa im Amazonasgebiet, in Südostasien oder im Kongo, ist die Wurzelwelt, die Rhizosphäre, praktisch nicht existent. Der Lebenskreislauf findet dort oberirdisch statt, in den vielen grünen Stockwerken (siehe Seite 340ff). In den dauerfeuchten tropischen Regenwäldern befindet sich mehr als Dreiviertel des Kohlenstoffs über der Erdoberfläche – wir erinnern uns: Pflanzen bestehen vor allem aus Kohlenstoff. In unseren mitteleuropäischen Wäldern ist die Hälfte des Kohlenstoffs oberirdisch vorhanden, die andere Hälfte befindet sich im Wurzelbereich des Waldbodens und der moderigen Laubschicht. In den borealen Wäldern der Taiga sind es gerade einmal sechs Prozent des Kohlenstoffs, der oberhalb der Erdoberfläche zu finden ist. In anderen Worten: Je weiter man in den kalten Norden kommt, desto mehr zieht sich das Leben unter die schützende Decke des Erdbodens zurück.

In der Rhizosphäre des Waldes gibt es keine klare Trennung zwischen Erde und Wurzel. Die Wurzeln verschmelzen mit dem Untergrund. Auch hier zeigen sich die Pflanzen als makrokosmisch offene, nicht in sich abgekapselte Wesen. Wurzeln verschiedener Baumarten verwachsen manchmal miteinander – etwa die von Birke, Ahorn und Ulme, solche Verwachsungen nennt man Symphysen. Dabei werden Informationen weitergereicht. Das zeigt, dass im Wald nicht ein darwinistischer Kampf jeder gegen jeden herrscht, sondern dass die Symbiose, die Kooperation, gewachsen aus gemeinsamer co-evolutionärer Anpassung, den Vorrang hat.

Die winzigen, feinen Wurzelhärchen an der Spitze der kleinen Würzelchen sind äußerst lebendig; tastend, wahrnehmend, empfindend und Mineralstoffe, Spurenelemente und Wassermoleküle selektierend, wachsen sie unaufhörlich durch den Boden und sterben wieder ab.[96] Hinzu kommt das Geflecht der Wurzelpilze (*Mykorrhiza*), die einen über Hunderte von Kilometern vernetzten Teppich bilden. Jeder Baum, schätzt der steirische Forstexperte Erwin Thoma, ist über 30 bis 40 Kilometer weit im Umkreis mit anderen Bäumen durch Pilzfäden vernetzt. Diese sind Kommunikationsbahnen, auf denen biochemische Signale weitergeleitet werden. Es ist das schon erwähnte »Internet« des Waldes, das sogenannte »Wood Wide Web« (w.w.w.).

In diesem Sinn vergleicht der Ethnobotaniker Terence McKenna (1946–2000) die Komplexität des Waldbodens mit der des menschlichen Gehirns. Das Hirn besteht aus ungefähr 100 Milliarden Zellen, und jede Zelle hat Verbindungen (neurale Synapsen) zu schätzungsweise 25.000 anderen Hirnzellen. Die Anzahl der möglichen Verbindungen ist astronomisch. McKenna spricht in diesem Zusammenhang von »vegetabiler Intelligenz«.

Das Wurzelpilzgeflecht reguliert die Ökologie großer Gebiete. Pilze bilden Puffer zwischen der mineralischen Erde und der Pflanze. Sie vermitteln den Bäumen Wasser, Ionen von Mineralien (etwa Phosphate) und Wachstumshormone (Auxine). In Zeiten anhaltender Trockenheit sind es die Pilze, welche die Bäume mit dem begehrten Nass versorgen und ihnen helfen, die Dürre zu überleben. Ohne Pilze hätten wir keine Wälder.

Und was bekommen die Schwämme für diese Dienste? Die Antwort ist: Zucker! Das mineralisierte Sonnenlicht. Alle Pilze sind süchtig danach. (Übrigens auch die Pilze in unserem Körper.) Man könnte sagen, die Pflanzen vermitteln den Pilzen – und den Erdgnomen und Heinzelmännchen – die Lebenskraft der Sonne. Wenn aber die Bäume oder andere Pflanzen geschwächt sind und ihnen keinen Zucker-Tribut mehr zollen können, dann beginnen die Pilze, die Pflanze zu fressen.

Wenn wir an Pilze denken, dann kommt uns gewöhnlich der rote Fliegenpilz in den Sinn, der in der Mythologie eine wichtige Rolle spielt, der heimtückische, tödlich giftige Knollenblätterpilz, der leckere Steinpilz, Maronen, Pfifferlinge, Egerlinge und dergleichen. Das sind aber eigentlich nur die Fortpflanzungsorgane dieser Lebewesen, die – im Gegensatz zu den grünen Pflanzen – das Sonnenlicht scheuen. Einige Pilzarten wie die Trüffeln haben es hingekriegt, die Sonne ganz zu vermeiden; sie verströmen den Duft brünstiger Wildsäue und lassen ihre Sporen von wühlenden Schweineschnauzen im Boden verbreiten. Die eigentlichen Pilze sind jedoch viel größer als ihre oberirdisch sichtbaren Fruchtkörper; sie sind die größten und ältesten Lebewesen überhaupt, größer und schwerer als Blauwale, Brontosaurier oder die Riesenmammutbäume. (Hofrichter 2017:33) In einem Nationalforst in Oregon entdeckte man mithilfe einer DNS-Analyse einen Hallimasch, der sich über neun Quadratkilometer verbreitet, 600 Tonnen wiegt und schätzungsweise über 2400 Jahre alt ist. In Europa ist der Rekordhalter ebenfalls ein Hallimasch, der in Graubünden entdeckt wurde. Der Pilz bedeckt eine Fläche von 35 Hektar – das entspricht fünfzig Fußballfeldern – und wird auf ein Alter von 1000 Jahren geschätzt. Der Hallimasch-Pilz ist übrigens ein Saprophyt, der durch anhaltende Dürre oder auch Borkenkäfer geschädigte Bäume befällt. Einst wurde dieser Pilz als Heilmittel bei Hämorrhoiden angewendet, daher der Name Hallimasch, mit der Bedeutung »Heil im Arsch«. Früher war der Hallimasch in Osteuropa ein beliebter Speisepilz – bei mir ist er das heute noch –, bei konstitutionell geschwächten Menschen soll er jedoch starke Magen-Darm-Beschwerden hervorrufen.

Die Pilze sind keine Pflanzen; sie bilden ihr eigenes Naturreich, ebenso wie die Tiere. Wie Gliedertiere und einige Weichtiere enthalten sie Chitin und keine Zellulose. Sie sind Saprophyten, deren vorzügliche Aufgabe es ist, geschwächte, abgestorbene Biomasse – Zellulose, altes Holz, sterbendes Laub – zu befallen und zu zersetzen. Sie gehören wie die Insekten zu den abbauenden Organismen, die einen Gegenpol zum Aufbau der pflanzlichen Biomasse bilden. Die Pilzfäden (Hyphen) gleichen den Nervenfasern in unserem Nervensystem. Und wie Rudolf Steiner erkannte, hat die Aktivität unseres Nervensystems, unseres Hirns, eine abbauende Wirkung auf die Vitalität des Körpers. Das Hirn verbraucht mehr Energie als andere Organe. In gewissem Sinn ist somit das Gehirn vergleichbar mit dem Pilz.

WIE PILZE ES REGNEN LASSEN

In Waldregionen regnet es häufiger als anderswo. Nicht nur verdunstet der Wald viel Wasser, sondern die Pilze ziehen auch den Regen an. Dafür sind die Pilzsporen verantwortlich. Viele Billionen solcher Sporen schweben in der Luft. Wenn sie nach oben in die Atmosphäre schweben, wirken sie als Kondensationskeime (Aerosole) für die Luftfeuchtigkeit. Sie binden das Wasser, sodass sich schwere Tropfen bilden, die schließlich abregnen.

Die Pilze schaffen auf diese Weise das feuchte Klima, das sie für ihr eigenes Überleben brauchen, sagt Ulrich Pöschl, der für das Max-Planck-Institut die Atmosphärenchemie untersucht. Ein einziger normaler Ständerpilz – das sind die typischen Wald- und Wiesenpilze, die Porlinge, Schirmpilze, Egerlinge, Täublinge, Hallimasch, Fliegenpilze und so weiter – kann pro Sekunde etwa 30.000 Sporen abgeben. Auf diese Weise werden jährlich

50 Millionen Tonnen Sporen in die Atmosphäre geschickt. Maribeth Hassett und Nicholas Money von der Miami University (Ohio) haben den ausgeklügelten Schleudermechanismus entschlüsselt, der die Flugreise der Sporen in Gang setzt. Die Sporen haben zuckerhaltige Oberflächen, die Wasser anziehen, schwer werden und dadurch von ihren winzigen Stielchen wie von einer gespannten Feder hinaufkatapultiert werden. Ein Lufthauch genügt, um sie fortfliegen zu lassen. Das Wasser verdunstet rasch, sie fliegen hoch in den Himmel, wo sie zu Kondensationskeimen für Regen werden. Fazit: Die Abholzung der Wälder führt zu weniger Niederschlägen und zu Dürre und Wüstenbildung!

LUNGE DER ERDE

Wenn die Wurzeln sozusagen unserem Kopf und Nervensystem entsprechen und die Blüten unserem Fortpflanzungssystem, dann sind die Blätter die Analogien zu unserem Lungen- und Kreislaufsystem. Über ihr grünes Laub atmen alle Pflanzen. Dabei nehmen die Spaltöffnungen auf der Unterseite der Blätter, wie wir schon sahen, das pflanzliche Lebenselixier, das CO_2, auf und entlassen O_2 als Stoffwechselrückstand. Da das begehrte Kohlendioxid lediglich als Spurengas mit einem Anteil von nur 0,04 Prozent in der Luft vorhanden ist, müssen die Pflanzen täglich riesige Mengen Luft durch die Spaltöffnungen der Blätter aufnehmen. Jeder ausgewachsene Baum in unseren Breitengraden verarbeitet auf diese Weise ein Volumen von 30.000 bis 40.000 Kubikmeter Luft, was dem Rauminhalt von zwölf olympischen Schwimmbecken entspricht. (Kehse 2017:82) Bei diesem Prozess wird die Luft gereinigt. Stickoxide, Schwefeldioxid, Ozon und andere potentiell gesundheitsgefährdende Schadstoffe werden dabei herausgefiltert, aufgelöst und neutralisiert. Auch Feinstaub, der an der Blattoberfläche kleben bleibt und durch den Regen zu Boden gespült wird, wird von den Bäumen aus der Luft entfernt. Auf diese Weise säubern die Wälder großflächig die Atmosphäre und geben uns und den Tieren saubere, sauerstoffgesättigte Luft zum Atmen. Waldluft! Der Regenwald im Amazonasgebiet zum Beispiel produziert 20 Prozent des weltweiten Sauerstoffs. Ein erwachsener Baum erzeugt so viel Sauerstoff, wie 15 Menschen zum Atmen brauchen.

KLIMAANLAGE DER ERDE

Die Wälder gleichen einer gigantischen Klimaanlage, indem sie auch riesige Mengen Wasser aus der Erde pumpen und als Wasserdampf in die Atmosphäre abgeben. Auf diese Weise puffern sie das Klima. Jeder, der einmal etwas Zeit in der Wüste verbracht hat, weiß, wie gnadenlos heiß es tagsüber werden kann und wie dann nach Sonnenuntergang die Temperatur abstürzt, sodass man friert. In den baumlosen Gebieten fehlt eben die Luftfeuchtigkeit, es fehlen die Wolken, die tagsüber die solare Einstrahlung abdämpfen und nachts die angesammelte Wärme zurückhalten, damit diese nicht ins All abstrahlt. Die Wälder sorgen dafür, dass die Temperaturen in der Atmosphäre ausgeglichen bleiben und nicht in die Extreme fallen. Ein erwachsener Baum verdunstet rund 100 Liter Wasser pro Tag, bei einer Pappel sind es bis zu 450 Liter, die sie an die Luft abgibt; eine Birke gibt rund 70 Liter ab, an einem heißen Tag sogar bis zu 400 Liter.

Es ist vor allem der Waldverlust, der unser Klima gefährdet. Wir sehen auch, was für eine wichtige Rolle Bäume in der Stadt spielen. Jede Stadt sollte, wie etwa Dresden, einen Stadtwald haben. Es ist eine große Gefahr für unsere Gesundheit, wenn wegen der fünften Generation der Funktechnik (5G) Bäume gefällt werden, weil das Blattwerk die Millimeterwellen dieser neuen Technik blockieren könnte.

Das von den Wäldern verdunstete Wasser ist Teil des Wasserhaushalts der Erde. Die Wälder ziehen das Wasser förmlich ins Innere der Kontinente; die Verdunstung von den Meeresoberflächen alleine würde nicht ausreichen. Bäume lassen die Quellen sprudeln, die Bäche und Flüsse fließen und sie heben den Grundwasserspiegel an, der so wichtig für die Wasserversorgung der Menschen ist, für ihre Industrie und die Landwirtschaft. Die Bäume säubern nicht nur die Luft – auch das Regenwasser wird durch den Wald und den Waldboden gefiltert. Nitrate und Schadstoffe werden entzogen und durch Pilze und Bodenlebewesen umgewandelt. Wenn es regnet, wird die Erde nicht ausgewaschen; Wälder verhindern Erosion. Der Waldboden wirkt wie ein Schwamm, er gibt das saubere Wasser langsam und stetig ab. Noch immer werden 70 Prozent des Trinkwassers in Deutschland in den Wäldern gewonnen.

Wie Bäume eine Landschaft wiederbeleben, begrünen und die Quellen wieder fließen lassen, erzählt die Geschichte eines Hirten namens Elzéard Bouffier, der mit seinem Hund und einigen Schafen in einer von Menschen verlassenen Karstlandschaft in Südfrankreich lebte. Er hatte die Gewohnheit, bei seinen Wanderungen mithilfe seines Wanderstabes Eicheln und Bucheckern in die Erde zu drücken, die dann auch aufkeimten. Um die Bäumchen zu schützen, gab er seine Schafe, bis auf vier, auf und konzentrierte sich auf Bienenstöcke. Im Laufe der Jahre säte er ungefähr 10.000 Eichen und auch viele Buchen. Nach einiger Zeit sprudelten Quellen und Brunnen wieder, vor langer Zeit aufgegebene Bauernhöfe hatten wieder Wasser und allmählich kehrten die Bauern zurück. (Giono 1972)

Den Bäumen, die uns das Wasser schenken und damit das Leben, widmete der Schweizer Dichter Albert Steffen (1884–1963) diese Zeilen:

> *»Lasst uns die Bäume lieben,*
> *die Bäume sind uns gut,*
> *in ihren grünen Trieben*
> *strömt Gottes Lebensblut.«*

Lieber einen Baum pflanzen,
als über das Waldsterben klagen.

Andreas Tenzer, Philosoph

Bäume kennt man nicht,
behandelt man sie alle wie Feuerholz.

Ugandisches Sprichwort

Nichts führt zum Guten,
was nicht natürlich ist.

Friedrich Schiller (1759 – 1805)

XIV. ANGST VOR DEM WALD – ENTFREMDETES BEWUSSTSEIN (II)

Die Entfremdung von der Natur, vom Wald, ist genau genommen eine Entfremdung von unserem ureigenen Wesen, von unserem Selbst. Immer wieder trifft man auf Menschen, die Angst vor dem Wald haben, vor den Käfern, Spinnen, Schlangen und Würmern. Besonders in der Nacht wird vielen von uns der Wald unheimlich; da packt uns die Angst vor seiner Dunkelheit, seiner Stille, seinen Geistern. Der Schrei des Kauzes oder eines anderen Nachtvogels lässt uns die Haare zu Berge stehen. Ohne iPhone oder wenigstens ohne Taschenlampe wagt man sich da nicht hinaus. Es ist die Angst vor den dunklen Tiefen der eigenen Psyche. Zudem sind wir programmiert worden von den fesselnden Filmen der Magier in Hollywood, wie etwa *Shining, Cabin in the Woods, Extraterrestrial, Wrong Turn, Redwood,* dem gruseligen *Blair Witch Project* und anderen, deren negative Emotionen dann im Unterbewusstsein gespeichert werden. Das beeinträchtigt die spontane Freude, die wir natürlicherweise im Wald empfinden würden. Man geht auch viel zögerlicher im Meer baden, nachdem man Spielbergs spannenden Film *Der weiße Hai* gesehen hat.

Und dann gibt es noch all die angeblich objektiven, wissenschaftlich-empirischen Gründe, nicht in den Wald zu gehen, denn da gibt es folgende Risikofaktoren:

FUCHSBANDWURM

Es ist schon einige Zeit her, dass uns eine Frau mit ihrer vierjährigen Tochter besuchte. Wir gingen im Wald spazieren. Die Kleine entdeckte reife Walderdbeeren und griff nach ihnen. Die Mutter schrie sie an: »Weg da! Fuchsbandwurm!« Wie vom Schlag getroffen, fing das Kind an zu heulen. Das Urvertrauen in die Natur wurde in dem Moment wahrscheinlich für immer zunichte gemacht.

Der Fuchsbandwurm, lesen wir, zerstört schleichend die Leber, kann aber auch das Hirn und die Lunge befallen. Es gibt keine Kur, lediglich extrem teure Medikamente, die diese heftigen Reaktionen etwas dämpfen können. Füchse, die überall herumstreichen, können die Wurmeier über Kot und Speichel auf Pflanzen übertragen. Wie kann man sich schützen? Indem man keine Waldfrüchte wie Erdbeeren, Heidelbeeren oder Himbeeren sammelt, auch keine Pilze oder Fallobst, auf Waldmeister für die Bowle verzichtet und auf das Kräutersammeln überhaupt. Sogar Gemüse und Salat aus dem eigenen Garten sind gefährlich, denn nachts streift der Fuchs da hindurch. Waldspaziergänge sind zu vermeiden, besonders wenn es trocken ist, denn man könnte Staub aus dem getrockneten Fuchskot einatmen. Auch Hundebesitzer haben ein Risiko, denn Hunde, die ja zur selben Gattung (Caniden) wie die Füchse gehören, die Fuchskot fressen oder sich darin wälzen oder auch Wühlmäuse (Zwischenwirt) fressen, können ebenfalls vom Fuchsbandwurm infiziert sein. Sogar bei der Hauskatze ist das gelegentlich der Fall. Um sicher zu gehen, also bitte aufhören mit Kräutersammeln, Wildbeerenessen, den Haushund loswerden und lieber in den vier Wänden bleiben und sich einen Naturfilm ansehen!

In Wirklichkeit ist die Wahrscheinlichkeit für einen Sechser im Lotto aber größer als das Risiko, sich durch Walderdbeeren mit dem Fuchsbandwurm zu infizieren. »Dass man sich von Beeren einen Fuchsbandwurm holen kann, gehört ins Reich der Legende«, sagt Professor Klaus Brehm, Mikrobiologe an der Universität Würzburg. In der Bundesrepublik werden bei einer Einwohnerzahl von 82 Millionen jedes Jahr ein bis zwei Dutzend neue Fuchsbandwurmfälle gemeldet. Die Betroffenen sind meist Jäger oder Taxidermisten, die Tiere präparieren und ausstopfen. Menschen sind keine Wirte für diese Wurmparasiten. Auch wenn – was äußerst selten vorkommt – ein *Echinococcus*-Ei geschluckt wird, wird es fast immer vom Immunsystem neutralisiert.

HANTA-VIRUS

Im Wald droht dem ahnungslosen Naturfreund noch eine weitere Gefahr: das Hanta-Virus. Er lebt im Kot von Nagetieren, insbesondere der Rötelmaus. Wenn es trocken ist, kann der aufgewirbelte Staub aus dem Kot dieser niedlichen Waldmaus eingeatmet werden und dann grippeartige Beschwerden verursachen, die in Fieber, Kopfschmerzen, Durchfall, Myalgien, Kreuzschmerzen, Sehstörungen und schließlich in Einschränkungen der Nierenfunktion übergehen. Die Virusattacke ist potentiell tödlich. In den USA hat es angeblich schon Tote gegeben, in Deutschland glücklicherweise noch keine. Man ist dabei, eine Impfung zu entwickeln. Gefährdet sind vor allem Waldspaziergänger, Waldarbeiter, Jogger und Gärtner. Katzenhalter sind ebenfalls in Gefahr. Experten raten, wenn man unbedingt in den Wald muss, dann solle man eine Atemschutzmaske tragen.

Im Durchschnitt werden in Deutschland jährlich rund 200 Fälle gemeldet. Besonders viele sind es in Buchenmastjahren, da sich die Rötelmäuse von Bucheckern ernähren.

EICHENPROZESSIONSSPINNER-RAUPE

Bis in die 1990er-Jahre war dieser Nachtfalter, der in Südeuropa heimisch ist und dessen haarige Raupen »im Gänsemarsch« auf Futtersuche Eichen und Hainbuchen ansteuern, in Mitteleuropa recht selten und stellte kein Problem für die Forstwirtschaft dar. Er hat sich inzwischen rasant verbreitet. Warum? Ein wärmeres, trockeneres Klima kommt ihm zugute, aber seine Ausbreitung ist, wie Mehltau und Borkenkäferbefall, auch ein Zeichen der abnehmenden Waldgesundheit und Vitalität, zum Teil wegen der zunehmenden, flächendeckenden elektromagnetischen Strahlungen.

Meistens können die Bäume sich gut von dem Käferfraß erholen. Problematischer sind die giftigen Härchen, die, wenn man mit ihnen in Berührung kommt, heftige allergische Reaktionen, juckende Ausschläge, Rötungen, Quaddeln und Pusteln auf der Haut auslösen. Ärzte behandeln diese mit Antihistaminika und Kortisonsalben. Wegen dieser Gefahr ließ Berlin im Jahr 2013 zehntausend Eichen fällen. Wo die kleinen Spinner massiv auftraten, wurden Insektizide aus Hubschraubern versprüht, was zwangsläufig zur Folge hatte, dass auch die natürlichen Feinde der Raupe vernichtet wurden. Zu diesen gehören Laufkäfer (Puppenräuber), Wanzen, Schlupfwespen und der Kuckuck.

Wie soll man sich schützen? Am besten vermeidet man den Kontakt mit den befallenen Bäumen.

TOLLWUT

Die Tollwut (*Rabies*), eine weitere Viruserkrankung, befällt vor allem fleisch- oder aasfressende Tiere wie Füchse, Dachse, Waschbären und Hunde. Die Ansteckung führt zu einer tödlichen Gehirnhautentzündung; die Symptome – rasende Wut, geifernde Mäuler, gefletschte Zähne, irrer Blick – rufen Bilder von dämonischer Besessenheit in den Sinn und erinnern an die Erzählungen von Werwölfen. Im Mittelalter rief man zum Schutz gegen diese teuflische Wut den heiligen Hubertus, den Patron der Jäger, an.

Vor einigen Jahren, es war tiefer Winter, rannte mein kleiner Hund auf einen Fuchs zu; dieser aber floh nicht, sondern wendete sich dem Hund zu, der wiederum schutzsuchend zu mir lief. Der Fuchs war offensichtlich tollwütig. Um mich gegen einen möglichen Angriff wehren zu können, hob ich einen hart gefrorenen Eisklumpen auf. Aber das Tier irrte orientierungslos in eine andere Richtung. Da erkannte ich, was für erbarmungswürdige Kreaturen tollwütige Tiere sind, schwach, krank und völlig verwirrt. Mit einem Stock könnte man sie leicht abwehren.

Vor der Tollwut braucht man in den Wäldern Mitteleuropas inzwischen keine Angst mehr zu haben. Köder mit Schluckimpfung haben Rabies fast ausgerottet. Die Tollwut existiert nur noch in unseren Köpfen.

HOLZBÖCKE UND BORRELIEN

Blutsaugende Zecken (oder: Gemeiner Holzbock) werden inzwischen sehr gefürchtet, denn sie können Lyme-Borreliose, Rückfallfieber, Babesiose, Fleckfieber, Frühsommer-Meningoenzephalitis (FSME) und andere Krankheiten übertragen. Besonders die Multisystemerkrankung Borreliose ruft Panikreaktionen hervor. Früher hatte man immer wieder mal eine Zecke an der Haut sitzen, die hat man herausgedreht, und das war es auch. Heute sind viele Zecken mit der Borreliose-Spirochäte infiziert, aber bei weitem nicht jede. Oft fängt das Immunsystem die Gefahr ab, und bei vielen Menschen kommt die Krankheit nicht zum symptomatischen Ausbruch. Es gibt keinen Grund zur Panik. Man kann sich vor dem Ausflug in die Natur vor dem Zeckenbiss schützen, indem man sich die Beine mit Zedern-, Nelken-, Teebaum-, Pfefferminzöl oder anderen ätherischen Ölen einreibt. Ehe die Spirochäten den Wirt wechseln und in den menschlichen Körper eindringen, vergehen rund 12 Stunden. Das verschafft einem genug Zeit, nach einer Waldwanderung den Körper abzusuchen und im Fall des Falles den kleinen Blutsauger mit einer Splitterpinzette oder einem Zeckenheber zu entfernen. Kommt es wirklich zu einer Infektion, wird üblicherweise mit einer Antibiotikatherapie behandelt, aber es gibt auch natürliche Heilverfahren – etwa die Kombination von ausleitenden Pflanzen und Überhitzungstherapie –, mit denen sich die Borreliose gut behandeln lässt.[97] (Storl 2016c)

GIFTPFLANZEN

Während meiner Ethnologie-Vorlesung am Rogue Community College in Oregon stürzte einmal die Sekretärin in den Saal. Ich solle sofort ans Telefon kommen. Ein aufgeregter Chefarzt des örtlichen Krankenhauses berichtete, sie hätten ein Kind in der Notfallklinik, das irgendwelche Beeren am Waldrand gegessen habe. Der Rettungswagen habe es samt Eltern mit Blaulicht hergebracht und man habe ihm den Magen ausgepumpt. Ob ich eine Ahnung hätte, was das für Beeren sein könnten? »Waren es lachsfarbene Beeren, innen mehlig trocken, die an einem kleinen Baum mit glatter, rötlicher Rinde wuchsen?«, fragte ich. Er bejahte. »Das sind Manzanita-Beeren, verwandt mit den Bärentraubenbeeren; sie waren ein Hauptnahrungsmittel der hiesigen Indianer!«, antwortete ich. Das arme Kind! Es hatte die Lektion, dass die Natur gefährlich ist, auf traumatische Weise lernen müssen.

Selbstverständlich gibt es giftige Pflanzen im Wald, aber relativ wenige, und die kann und sollte man kennen. Die meisten Giftpflanzen sind nicht einladend, sie warnen mit ihrer Signatur; sie riechen schlecht, wie etwa der Schierling, der nach Mäuseharn riecht, oder sie schmecken bitter, ätzend und abstoßend, wenn man sie ausversehen kostet. Gefährlich beziehungsweise stark giftig unter den Waldpflanzen sind Maiglöckchen, Hundspetersilie, Eibe, Eisenhut, Kreuzkraut, Pfaffenhütchen, Roter Fingerhut, Rote Heckenkirsche, Zaunrübe, Seidelbast und Wasserschierling.

Die meisten Wildpflanzen sind einfach nicht bekömmlich, andere wiederum eignen sich als wertvolles Wildgemüse, Gewürz, Salatbeigabe oder Heilpflanze. Eigentlich sollte jedes Kind sie im Schulunterricht kennenlernen.

Heimtückisch ist die Tollkirsche (*Belladonna*), denn dieses Nachtschattengewächs hat saftige, tiefschwarze Beeren, die süß schmecken. 10 bis 15 Beeren können für den Durchschnittsmenschen tödlich sein. Man sollte sie unbedingt kennen.

FREIZEITVERGNÜGEN

Als ich elf Jahre alt war, bin ich mit meinen Eltern nach Ohio ausgewandert und lernte die Wälder dort kennen. Mit vierundvierzig fand ich mit meiner Familie eine neue Heimat in den Wäldern des westlichen Allgäus. Damals lernte ich den Jäger Anton kennen. Da Wölfe, Luchse und andere Raubtiere in diesen Wäldern fehlen, nimmt er mit seinem Jagen selber die Rolle des Spitzen-Prädators ein und hilft mit, das ökologische Gleichgewicht aufrecht zu erhalten. Eines Tages hörte ich ihn murren: »Diese verdammten Tschogger machen mich verrückt! Sie stören das Wild.«

»Tschogger?«, fragte ich und dachte dabei an *Jigger,* den Sandfloh, aber den gab es doch nur in den Tropen! »Was ist das?«

»Solltest es doch wissen, das ist doch amerikanisch«, antwortete er. Ich überlegte. Ach so, *Jogger* meint er, die Langstreckenläufer, die da vorbeihasten, als sei der Teufel hinter ihnen her.

Selbstverständlich ist der Langlauf durch den Wald etwas Wunderbares; das Rennen hält fit, pumpt Sauerstoff durch den Körper, entspannt die Psyche – da ist nichts dagegen einzuwenden. Aber beim Joggen ist es ähnlich, wie wenn man mit Quads und anderen ATVs (*all terrain vehicles*), mit Motocross-Rädern, E-Bikes oder Mountainbikes durch die Landschaft brettert; das macht Spaß und kommt dem universellen menschlichen Bedürfnis nach Rausch entgegen, aber da ist wenig Kontakt zur Natur, zur Seele des Waldes. Allein schon all diese aus dem Englischen übernommenen Bezeichnungen wirken entfremdend. Ist der in Kunststoff-Outfit gehüllte Biker oder Jogger, das Mobiltelefon am Gürtel, im Ohr einen Mini-Kopfhörer, am Handgelenk den Pulsmesser, ist der wirklich *da* im Wald? Hört er das muntere Gezwitscher der Vögel, das Rauschen des Windes in den Bäumen? Lassen die wandelnden Wolkengebilde ihn träumen? Sieht er das scheue Reh im Busch, den Hasen in der Wiese? Derartige Naturerscheinungen sind voll zarter Inspirationen – aus dem Lateinischen *in* = »hinein« und *spirare* = »hauchen« –, die die Seele nähren. Oder ist er schon vollkommen vom Geist der Maschinen besessen?

Aber auch als Spaziergänger im Wald wird man heutzutage häufig aus der Meditation gerissen. Auf sogenannten »Naturlehrpfaden« sind immer wieder ablenkende Schilder mit kopflastigen pädagogischen Belehrungen angebracht. Auf solchen Tafeln kann man etwa lesen: »Kiefer, 250 Jahre alt; drei Festmeter Stammholz; Wert ca. 1000 Euro.« So wird vermittelt, dass der Wald vorrangig ein Rohstofflieferant ist.

Irritierend können auch die neben Wasserfällen, malerischen Felsen und anderen landschaftlichen Schönheiten angebrachten christlichen Spruchtafeln sein. Wie die an einem Wasserfall im Schwarzwald mit dem Text: »Lobe den Herrn, meine Seele, und was in mir ist, seinen heiligen Namen – Psalm 103,3«. An sich ein schöner Spruch, aber er lenkt ab von dem natürlichen Wunder; er spaltet das Bewusstsein. Solche Sprüche erinnern an die Parteiparolen auf den Spruchbändern, die überall in der DDR und auch anderen Ostblockländern Wände und Mauern zierten. Dort konnte man so geistreiche Sprüche weiß auf rot lesen wie: »Ohne Gott und Sonnenschein, bringen wir die Ernte ein.«

DER WALD ALS PROJEKTIONSFLÄCHE

Trotz seiner unermesslichen Fülle ist der Wald schweigsam, er lässt Raum, in dem sich unsere Seele entfalten kann. Er hat nichts zu verkaufen, keine Ideologie zu verkünden; er drängt sich nicht auf, er schreit uns nicht schrill an. In seiner Leere und Stille kann man die Tiefe des Seins erahnen. Er ist wie ein Meister des Tao.

Aber gerade, weil der Wald so »still« ist, eignet er sich für diejenigen, die in ihrer Seele keine Ruhe finden, als geeignete Projektionsfläche, als Spiegel dessen, was sie an irren Vorstellungen mit sich herumtragen. Im Mittelalter galt der Wald als ein Ort voller Teufel und Hexen. Für Walt Disney war es ein Fantasieland mit niedlichen Streifenhörnchen, putzigen Vöglein und kulleräugigen Bambis. Heutzutage wird die Angst vor Überfremdung und Einwanderung – ein gesellschaftliches Tabu-Thema – gerne auf die Natur und den Wald übertragen. Da werden nichtheimische, neophytische Bäume und Sträucher – von der Spätblühenden Traubenkirsche und der Douglasie über Robinie, Götterbaum, Hirschkolbensumach, Eschenahorn und Mahonie bis zur Kartoffelrose – zu invasiven Aliens erklärt, die es zu bekämpfen und auszurotten gilt.[98] Zu Recht spricht der Leipziger Gelehrte Volkmar Weiss in seinem Buch *Keine Willkommenskultur für Douglasien im deutschen Wald* von dem »Gehölzrassismus« einiger Biologen. (Weiss, 2017) Auch die Hysterie wegen des Waldsterbens in den 1980er-Jahren beruhte nicht nur auf wissenschaftlichen Fakten, sondern hatte viel mit der Übertragung von Existenzängsten zu tun – damals war der Kalte Krieg auf seinem Höhepunkt, man hatte Angst vor der Stationierung der Pershing-Raketen und dem drohenden Atomtod. Der Wald – so die Prognosen der Wissenschaftler des 1968 gegründeten *Club of Rome* – würde um das Jahr 1995 mausetot sein. Industrieabgase, saurer Regen und ein wachsendes Ozonloch würden ihn vernichten. Die Wissenschaftler der DDR hielten nicht viel von dieser These; sie sagten, der Wald stirbt nicht, er verändert sich nur.[99] Tatsächlich ist der Wald nicht gestorben, er ist zwar nicht ganz gesund, aber er wächst sogar schneller – wegen des Nitrats in der Luft und eines etwas höheren CO_2-Angebots.

Die Angst, die mit dem Waldsterben geschürt wurde, wirkte noch lange nach. Vor nicht allzu langer Zeit blühten mal wieder die Fichten. »Fichtensex versaut uns den Frühling!«, giftete die BILD-Zeitung in typischer Manier und riet Waldspaziergängern, Atemmasken zu tragen. Dichte, schwefelgelbe Staubwolken zogen wie Nebelschwaden über die Wälder, Wiesen und Ortschaften. Alles, auch Autos, Straßen und Terrassen, war mit einer klebrigen Schicht aus Fichtenpollen bedeckt; auf jeder Pfütze schwamm ein gelber Film. Eine Frau fragte mich betroffen: »Was bedeutet das? Wahrscheinlich sterben nun die Wälder wegen unserer Umweltsünden! Diese Angstblüte ist wohl der letzte verzweifelte Versuch der Bäume, sich trotzdem zu vermehren.«

Ich konnte sie trösten, es sei alles noch im Bereich des Normalen. Die Fichten blühen eben alle vier bis sieben Jahre, und dabei entsenden sie, wie es bei windbestäubenden Nadelbäumen üblich ist, tonnenweise ihre Pollen.

WELTUNTERGANG AUS DEM COMPUTER …

… so nannte damals das Nachrichtenmagazin *Der Spiegel* die auf Computersimulation basierenden Vorhersagen des *Club of Rome*, eines gemeinnützigen *Thinktanks* mit Experten aus 30 Ländern, die sich um die Folgen von Industrialisierung, Umweltverschmutzung, Nahrungsmittelversorgung der exponentiell wachsenden Weltbevölkerung und Erschöpfung der Rohstoffe Gedanken machte. Dennis Meadows publizierte die Resultate in dem Megabestseller *Limits to Growth* (deutsch: *Grenzen des Wachstums*, Stuttgart, 1972)

Die Prognosen waren düster. Neben dem Absterben der Wälder in der Mitte der 1990er-Jahre wurde der Tod der Meere bis zum Jahr 1984 vorausgesagt. Es hieß, die von der Industriezivilisation benötigten Rohstoffe gingen rapide zur Neige; 2008 wären dann alle Ölreserven erschöpft. (Die Ölkrise 1973, in welcher sich der Preis pro Barrel schlagartig vervierfachte, schien das zu bestätigen. Das hatte aber weniger mit der Verknappung dieses Rohstoffs zu tun als mit politischem und ökonomischem Machtgerangel.) Um 2020 käme es schließlich zu einer weltweiten Hungersnot und infolgedessen zum drastischen Rückgang der Weltbevölkerung.

Wegen industrieller Luftverschmutzung, welche die Sonneneinstrahlung blockierte, würde es kälter werden. Eine neue Eiszeit stehe unmittelbar bevor, hieß es.[100] Dicke Pullover waren angesagt. In den frühen 1970er-Jahren lehrte ich Anthropologie an einem kleinen College in Südoregon und musste erleben, dass diese Prognosen bei vielen Studenten Schock und Zukunftsangst auslösten. Ich erinnere mich an eine junge Studentin, die völlig in Tränen aufgelöst die Vorlesung meines Kollegen, des Ökologie-Dozenten, verließ.

Zu dieser Zeit häuften sich die Lösungsvorschläge der Wissenschaftler. Um die drohende Eiszeit zu stoppen, schlug ein renommierter Professor vor, Ruß auf die Schneeflächen der Arktis zu streuen. Ein Harvard-Professor propagierte einen präzise ausgeklügelten Plan, wie die Zündung einer Atombombe auf dem Mond dessen Umlaufbahn verbessern würde, sodass es auf der Erde wärmer würde. Ein anderer schlug vor, Sonnenspiegel ins All zu schicken, damit es während der Nacht auch auf der sonnenabgewandten Seite taghell bliebe. Nicht nur würde dadurch das Klima wärmer, sondern die Pflanzen könnten ununterbrochen Photosynthese betreiben. Auf diese Weise könnte man auch mehr Nahrungsmittel anbauen und die hungernde Weltbevölkerung ernähren. Man bemühte sich, auch Mittel zu finden, die das Bevölkerungswachstum verlangsamen könnten. Ein weiteres Ziel dieser Denkfabrik war die globale Steuerung (*global governance*) des »Raumschiffs Erde« (Buckminster Fuller). Man dürfe die Erde nicht sich selber überlassen, qualifizierte Wissenschaftler und Geo-Ingenieure sollten die Prozesse (Klima, Bevölkerungswachstum, Ökologie) steuern und warten. Das moderne, elektronisch und kommerziell vernetzte »globale Dorf« (*global village*), wie es der Kommunikationsexperte Marshall McLuhan (1911–1980) formulierte, sollte den Regeln der Wissenschaft unterworfen werden.

Inzwischen sind viele dieser auf mangelhaften Computermodellen basierenden Vorhersagen den verantwortlichen Weltlenkern eher peinlich. Anscheinend steht uns doch keine Eiszeit bevor, sondern eher eine globale Erwärmung. Die Computermodelle seien inzwischen präziser geworden. Und dennoch, so scheint es, gibt es wieder eine Fülle von irren Vorschlägen, wie die Welt zu retten ist. Eine davon ist der Plan, durch das massive Versprühen von Aerosolen, ähnlich den Aschewolken nach einem Vulkanausbruch, die Sonneneinstrahlung zu blockieren. Ein anderer Plan sieht die sogenannte CO_2-Sesquestierung vor, das bedeutet das Auffangen und dauerhafte Einlagern des Spurengases in unterirdische Lagerstätten.

All das will selbstverständlich nicht leugnen, dass wir vor gewaltigen Herausforderungen stehen, was Umwelt, Ressourcen und deren gerechte Verteilung betrifft.

Vor allem aber sollten wir uns fragen, ob wir mit unserem Primatenhirn die Weisheit der Natur wirklich verstehen können.

DER WALD ALS ENERGETISCHES FELD

Der Wald ist, Gott sei Dank!, nicht gestorben. Die Natur ist belastbarer und stärker, als viele glauben. Trotzdem geht es den meisten Wäldern nicht besonders gut. Zum einen haben die vielen elektromagnetischen Strahlen (Handynetz; Tetra-Funk und so weiter) eine störende Wirkung auf die biologischen Prozesse. Bäume wie auch andere biologische Organismen sind für elektromagnetische Felder sensibel. Studien von Umweltmedizinern und Wissenschaftlern der Kompetenzinitiative[101] belegen das mit fundierten empirischen Studien. Die elektromagnetischen Felder, die die interzelluläre Kommunikation regeln, werden von den Fremdfeldern gestört und gezwungen, mit den unnatürlichen Strahlungen in Resonanz zu gehen.

Auch Infraschall, der von den Windrädern ausgeht, tut dem Wald nicht gut. Bei Menschen kommt es durch die unhörbaren niedrigfrequenten Schallwellen zu Schlaflosigkeit, Kopfschmerzen und Konzentrationsstörungen. Warum sollte er nicht eine ähnliche Wirkung auf die Waldtiere haben? Bei Bienen stören die Windräder die Winterruhe und die Orientierung. Zudem gehen durch sie nicht nur Vögel und Fledermäuse zugrunde – die 25.000 Windturbinen in der Bundesrepublik töten auch um die 1200 Tonnen Insekten pro Jahr.[102] Mit anderen Worten: Das Ökosystem Wald wird massiv gestört.

Hinzu kommen Forstmaschinen, wie etwa der Holzvollernter, der die weniger produktiven und teureren Pferdegespanne und sanftere forstwirtschaftliche Methoden ersetzt hat. Diese Monster-Erntemaschine erntet Bäume im Zwei-Minuten-Takt und schneidet sie zugleich in transportierbare Stämme zurecht. Der Anschaffungspreis von 250.000 Euro zwingt manchen Waldbesitzer, das Geld durch vermehrten Holzschlag wieder einzubringen. Solche schweren Maschinen verdichten den Waldboden, die Wurzeln können weniger gut atmen, der Boden versauert, die Pilzmyzelien werden geschädigt und die Wasserspeicherfähigkeit sinkt. »Boden blutet aus«, kommentiert Peter Wohlleben.

Ein Wald bildet ein geschlossenes Energiefeld, das durch solche negativen Faktoren wie etwa einen Kahlschlag beeinträchtigt wird. Ein auf diese Weise gestörtes Lebensfeld hat weniger Abwehrkräfte, sodass die abbauenden Organismen (Mehltau, Pilze, Insekten) ein leichteres Spiel haben. Normalerweise besteht ein harmonisches Gleichgewicht zwischen den die Biomasse aufbauenden Kräften, die in der ersten Jahreshälfte dominieren, und den sie abbauenden Kräften, die im Herbst zunehmen. Geschwächte Bäume werden eben anfälliger für Destruenten.

Das Problem hat aber eine tiefere Dimension. Für moderne Menschen ist der Wald kein heiliger Ort mehr, an dem man mit den Göttern kommuniziert. Der Wald wird nicht mehr verehrt, sondern als Rohstoffquelle gesehen; bestenfalls gesteht man ihm einen Erholungswert zu. Wenn ein Wesen (wie der Wald) nicht mehr verehrt und geliebt wird, dann verliert er Daseinskraft, sein Geist und seine Seele verabschieden sich und übergeben seine körperliche Existenz dem Verfall, den abbauenden Kräften.

GLOBALISIERUNG

Um mir Buchregale zu zimmern, ging ich hier im Allgäu zum lokalen Sägewerk, um mir dafür die Bretter zu besorgen. Dem Chef sagte ich, wie ich mich freue, dass das Holz aus dem hiesigen Wald komme. Nein, klärte er mich auf, das Holz käme aus Finnland. Das hiesige Holz würde teilweise bis nach China und anderswohin verschifft.

Vorbei sind die Zeiten, in denen örtlich vorhandene Rohstoffe vor allem zur Befriedigung lokaler Bedürfnisse verwendet wurden. Heutzutage wird für den Weltmarkt produziert. Es ist dieser Weltmarkt mit seiner Gier nach Profit, der die Wälder der Welt vernichtet.

Die Zerstörung der tropischen Regenwälder ist schockierend. Jahr für Jahr wird eine Fläche so groß wie Frankreich in Südostasien, dem Kongo und dem Amazonas abgeholzt. Die Hälfte der Wälder weltweit fiel in den letzten 30 Jahren Bulldozern, Kettensägen und Rodungsbränden zum Opfer. Alle zwei Minuten wird eine Fläche so groß wie ein Fußballfeld abgeholzt und brandgerodet. 200.000 Quadratkilometer Wald werden da pro Jahr abgefackelt.[103] Die Feuer sind mit Satelliten vom All aus zu sehen.

Dabei wird mehr CO_2 freigesetzt als beim jährlichen Verbrauch aller fossilen Brennstoffe weltweit. Auf die mit Asche gedüngten Flächen kommen dann hitzeverträgliche Zebu-Kühe, die bald zu Hackfleisch-Buletten für weltweit operierende Fast-Food-Ketten verarbeitet werden. In den trockeneren Regionen werden mithilfe aggressiver Agrarchemikalien genetisch manipulierte Soja- oder Zuckerrohr-Monokulturen angelegt, die dann als Rohstoff für die Industrie oder als Futter für Mastvieh weltweit verschifft werden. Oder man pflanzt, wie in Südostasien und Afrika, endlose Ölpalmen-Monokulturen als »alternative, nachhaltige« Ölquelle und Bio-Kraftstoff. Heimischer Raps deckt den Bedarf diesbezüglich in Deutschland schon lange nicht mehr. 500.000 Tonnen Palmöl, fast die Hälfte des Imports, landen als »Bio-Sprit« im Tank.

Für den Sprit aus Palmöl und für Soja werden weltweit Regenwälder abgeholzt und Moore entwässert. Die Produkte werden um den halben Globus verschifft, was wiederum äußerst energieaufwendig ist. Wegen der Papier- und Palmölproduktion verlieren seltene Tiere wie der Sumatra-Tiger oder der Orang-Utan – der »Waldmensch«, der, wie die Eingeborenen sagen, »nicht redet, damit er nicht arbeiten muss« – ihren angestammten Lebensraum. Die Kahlschläge trocknen die Flüsse aus und die Monokulturen verschmutzen das Wasser durch Pestizide.

Nicht nur wegen der Abholzung ist der globale Markt eine Gefahr für den Wald. Es kommt auch vor, dass Biotop-fremde Organismen eingeschleppt werden. Diese können durchaus eine Bereicherung sein, aber wenn es sich um Pilzorganismen oder massiv auftretende Insektenarten handelt, dann kann es zu Schädigungen kommen. Da ist zum Beispiel der Schlauchpilz (*Chalara fraxina*), der vermutlich als blinder Passagier mit Waren aus Ostasien (Korea, Japan) in unsere Wälder gekommen ist und ein massives Sterben der Eschen ausgelöst hat. Im Windschatten dieses Pilzes ist auch der grün schillernde Asiatische Eschenprachtkäfer aus Ostasien auf dem Vormarsch, der in Amerika schon viele dieser Bäume getötet hat.

TROPISCHER REGENWALD

> *»Wenn meine Kinder hungrig sind,*
> *gehe ich einfach in den Wald*
> *und finde ihnen etwas zu essen.«*
> *Pecara Awá (Indigener am Amazonas)*

Dass der Tropenwald für das Weltökosystem, für das Weltklima, ja, für das Leben überhaupt, ein nicht zu ersetzender Faktor ist, spielt bei den von lauter Gier blind gewordenen Machern anscheinend keine Rolle. Im tropischen Regenwald wachsen auf ein paar Quadratkilometern mehr Baumarten als in ganz Europa. 90 Prozent aller Tierarten und viele Tausend noch unbekannte Pflanzen, unerkannte genetische Schätze und mögliche Heilpflanzen, sind dort zu Hause. Die jährliche neue Biomassenproduktion in den tropischen Wäldern ist mit 32,5 Tonnen pro Hektar höher als anderswo; in unseren mitteleuropäischen Laubwäldern beträgt sie nur 13 Tonnen pro Hektar, und in den borealen Wäldern der Taiga werden pro Hektar nur sieben Tonnen erzeugt.

Was dabei erstaunt, ist, dass sich dieser gewaltige Stoffwechsel oberirdisch, in den stockwerkartig geschichteten Ebenen des dauerfeuchten Urwaldes abspielt. Der kurzgeschlossene Kreislauf von Wachsen und Sterben, von Fressen und Gefressenwerden findet vor allem unter dem Kronendach statt. Die Destruenten, die abbauenden Organismen, wie Pilze, Schimmel, Würmer, Insekten, Asseln, Ameisen, Termiten und Tausendfüßler, die die Blätter zerkleinern und die Nährstoffe freisetzen, befinden sich nicht in der Erde, im Humus oder Detritus, wie es in unseren Wäldern vor allem der Fall ist, sondern in den Regionen über der Erde. Absterbende Blätter werden, während sie noch an den Zweigen haften, von Pilzorganismen befallen und aufgelöst, ehe sie zu Boden fallen. Nur Teile des Regenwassers erreichen die Erde, das meiste bleibt als Wasserdampf in der stickigen Luft, wo es den Aufsitzerpflanzen (Epiphyten), den Orchideen und Bromelien, und den Luftwurzeln zugutekommt. Aus dem Erdboden ist nicht viel zu holen, der Humus ist nur wenige Zentimeter tief. Weil das so ist, bilden die Baumriesen keine tiefen Wurzeln aus, sondern vor allem Stützwurzeln, Stelz- und Brettwurzeln, die ihnen die notwendige Stabilität geben. Der Boden darunter ist praktisch unfruchtbarer Sand und verwittertes Gestein, und das Wasser, das daraus fließt, ist klar und rein, fast wie destilliertes Wasser.

Wichtiger Dünger für diese Wälder sind die häufigen Gewitter. Die Blitzfrequenz in den feuchten Tropen ist höher als anderswo. Die von Blitzschlägen erzeugten Stickoxide sind die wichtigste Stickstoffquelle für die wachsende Vegetation. Es wurde errechnet, dass jährlich 20.000.000 Tonnen Stickoxide durch Blitzeinschläge erzeugt werden. Ein weiterer wichtiger Dünger der tropischen Vegetation ist die Vulkanasche, die bei jedem Vulkanausbruch in die Stratosphäre geschleudert wird und langfristig auf die Erde herunterrieselt. Für die Regenwälder des Amazonas kommt noch der über den Atlantik hinweggewehte Staub aus der Sahara als Nährstofflieferant in Frage. Der nach Westen wehende Saharawind (*Calima*) düngt gleichzeitig das Meer.

Da in den tropischen Regenwäldern ein fruchtbarer Humusboden praktisch nicht vorhanden ist, hat deren Abholzung verheerende Folgen. Der gerodete, abgebrannte Regenwald ist – dank der Asche – kurzfristig fruchtbar. Nach wenigen Ernten sind die Nährstoffe aber aufgebraucht. Im intakten tropischen Regenwald erreicht nur ein Prozent der Sonnenenergie den Boden, nun aber knallt die am Äquator hoch stehende Sonne gnadenlos auf die entblößte Erde, die Mykorrhizen sterben ab, der Rückstand von Eisen- und Aluminiumoxiden bäckt zusammen und wird zu unfruchtbarem roten Laterit (von lateinisch *later* = Ziegelstein). Ohne Baumdecke werden die Niederschläge weniger, junge Keimlinge verdorren. Die Abholzung bedroht nicht nur die betroffenen Flächen, sondern die ganze Region, weil das Wasser verdunstet.

Die indigenen Indianer am Amazonas betrieben auch Brandrodung (*shifting agriculture*), das ist aber nicht zu vergleichen mit kilometerweiten Kahlschlägen. Die Gärten der Indianer, in denen sie vor allem Maniok, Süßkartoffeln, Mais, Bananen und Grünzeug anbauen, sind winzig im Vergleich. Die kleinflächigen Gärten ahmen den Urwald selber nach mit einem dichten Wirrwarr von verschiedenen Pflanzen, die als Gemüse, Heil- und Zauberkräuter Verwendung finden. Da die Erträge schon im folgenden Jahr nachlassen, werden die Maniokgärten nach höchstens vier Jahren verlassen und 40 bis 60 Jahre in Ruhe gelassen. In der Zeit kann die kleine Fläche wieder regenerieren.

In den letzten Jahren gab es immer wieder Versuche von Umweltorganisationen, die Lungen der Erde zu retten, leider aber mit wenig Erfolg. Die unter Druck geratenen Holzfirmen geben sich inzwischen umweltfreundlicher. In einigen Wäldern, in denen kein Kahlschlag vorgenommen wird, nehmen sie nur die Edelhölzer heraus und lassen den Rest stehen. Aber auch das ist problematisch; Bulldozer reißen trotzdem Schneisen, zerstören dabei oberflächennahes Wurzelwerk und Pilzmyzelien, was zu Auswaschungen führt. Die Ökosiegel und Nachhaltigkeitssiegel, etwa des FSC (*Forest Stewardship Council*), die dem Holz aufgestempelt werden – »damit Verbraucher mit gutem Gewissen Tropenholzprodukte kaufen können« – haben wegen Schmiergeldzahlungen, Korruption und fehlender Kontrolle oft keine Bedeutung. Die von der Holzindustrie gegründete SFI (*Sustained Forestry Initiative*) lässt die Rodungsflächen mit Pinien und Eukalyptus wiederaufforsten. Das ersetzt aber nicht die Urwälder.

HOLZHUNGER UND FLUTKATASTROPHEN

Chinas boomende Wirtschaft ist holzhungrig. Die bewaldeten Nordhänge des Himalaja-Gebirges in Tibet wurden kahlgeschlagen, was zu verheerenden Überschwemmungen, Erdrutschen und Erosion von Ackerland am Jangtse und anderen Flüssen führte; dabei ertranken 2010 dreitausend Menschen. Inzwischen stillt China seinen Holzhunger mit Holz aus Afrika, oft durch illegalen Raubbau, begünstigt von korrupten Lokalpolitikern. Auch die langsam wachsenden Wälder der sibirischen Taiga werden von chinesischen Holzfällern ins Visier genommen. Und deutsche Buchenwälder – mittlerweile fast 400.000 Festmeter Holz jedes Jahr – werden in Container gepackt und machen die lange Reise bis nach Shanghai, wo sie zu Papier, Möbel und Sperrholz verarbeitet und dann wiederum in die ganze Welt exportiert werden. Da die eigenen Wälder dahingerafft sind und die Wüsten sich ausbreiten, versuchen die Chinesen verzweifelt, das eigene Land wiederaufzuforsten.

Auch die Südhänge des Himalajas in Nepal und Indien fielen den Holzkonzernen weitgehend zum Opfer. Früher hielt der dichte Wald das Wasser des Monsunregens wie ein Schwamm zurück; er entließ das Wasser, das sehr sauber war, allmählich in die Flüsse wie den Ganges oder den Indus. Nun aber rauschen schlammige Massen sturzflutartig die Hänge herab und verursachen massive Überschwemmungen, die jedes Jahr schlimmer werden. Die Wassermassen wälzen sich über das Ackerland in Richtung des Ganges-Deltas, reißen dabei fruchtbaren Boden mit und verursachen Milliardenschäden.

Kürzlich gab es eine TV-Dokumentation über die immer schlimmer werdenden Überschwemmungen in Bangladesch. Die Reporterin erklärte den Zuschauern, die Ursache für diese Wasserkatastrophen sei die Klimaerwärmung. Das ist aber nicht der Fall. Die Ursache ist die Entwaldung der Gebirge.

Der Schnee auf dem Gipfel des höchsten Berges Afrikas, dem Kilimandscharo, wird immer weniger, der Gletscher schmilzt unaufhörlich dahin. Auch hier ist nicht nur die Klimaerwärmung verantwortlich, sondern die Vernichtung der Bäume. Der hohe Berg profitierte von der Verdunstung des dauerfeuchten afrikanischen Regenwaldes. Die feuchte Luft kondensierte in der Höhe und fütterte den Gletscher. Mit der zunehmenden Entwaldung fällt der Nachschub an wassergeschwängerter Luft weg. Langfristig wird das auch eine negative Wirkung auf die vom Wasser abhängige Landwirtschaft in den Tälern haben.

Entwaldung ist auch die Ursache für die Ausbreitung der Anopheles-Mücke und der Malaria, die inzwischen wieder 500.000 Todesopfer jährlich fordert – etwa ein Toter in jeder Minute des Jahres; es ist nicht die Klimaerwärmung – die Mücke kann von den Tropen bis zum Polarkreis leben, unabhängig vom Klima. (Maxeiner 2007:143)

DAS HAUS WARM HALTEN

Über 400.000 Haushalte in der Bundesrepublik heizen inzwischen mit gepressten Holzschnitzeln und Pflanzenfasern. Dabei soll es sich um eine klimafreundliche, CO_2-neutrale, alternative Energiequelle handeln, die auch mit staatlichen Fördermitteln unterstützt wird. Überall sieht man, wie junger Baumnachwuchs an den Rändern der Autobahnen und Straßen abrasiert wird und auch die »Abfälle« der Holzindustrie dafür verwendet werden. Die Holzschnitzel sind nicht nur für die privaten Haushalte gedacht, es wurden auch Kohlekraftwerke auf Holzpellets umgestellt. Leider wächst der nachwachsende Rohstoff nicht schnell genug nach. Da muss mit Importen nachgeholfen werden. Ganze osteuropäische und nordamerikanische Wälder wandern durch den Häcksler, um den Pellet-Hunger der Europäer zu bedienen. In den Südstaaten der USA verschwinden deswegen seltene Bäume, wie der Tupelo-Baum, aus dessen Blüten die Bienen den berühmten Tupelo-Honig herstellen. Die Harthölzer werden durch schnell wachsende Pinien ersetzt. Pellets sind wenig nachhaltig, denn einerseits müssen Späne und Hackschnitzel in Blockheizkraftwerken nachgetrocknet werden, und andererseits machen die langen Transportwege die Öko-Bilanz zur Farce.

FREIE FAHRT IN DIE ZUKUNFT

E-Mobilität gilt als sauber und umweltfreundlich, aber auch sie trägt mit zur Vernichtung der tropischen Wälder bei. Wie das? Da die Batterien und Akkus notwendigerweise so groß und schwer sind, müssen die Karosserien aus dem leichten Metall Aluminium hergestellt werden. Aluminium wird aus Bauxit gewonnen. Dieses Erz befindet sich vor allem im tropischen Gürtel rund um den Äquator.[104] Um an die bauxithaltigen Schichten heranzukommen, wird zuerst der Oberboden, samt der Vegetation, mit gigantischen Räumungsmaschinen vollkommen abgetragen. Die Erzschicht darunter wird dann zerkleinert und von Ton, Sand und Kalkstein getrennt. Allein schon der erforderliche Maschineneinsatz dafür ist energieintensiv. Der Wissenschaftsjournalist Bert Ehgartner schreibt, dass dabei tropische Wälder gerodet werden und auch die landwirtschaftliche Nutzung des Gebietes durch Menschen sowie der Lebensraum der Tiere auf Jahrzehnte oder sogar dauerhaft gestört wird. Zum Waschen des Bauxits sind große Mengen Wasser notwendig. Rotschlamm, eine giftige, ätzende Lauge (pH 13), angereichert mit Arsen, Blei, Kadmium, Quecksilber, Chromaten, Vanadaten und anderen Schwermetallen führen – etwa im Amazonasgebiet – zu Fischsterben und verderben das Trinkwasser. Pro Tonne Aluminium werden anderthalb Tonnen Rotschlamm hinterlassen.

Der Abbau des Bauxits, aber vor allem die Aluminiumschmelze erfordern einen massiven Energie-Input. Zur Herstellung einer Tonne Aluminium braucht es zehnmal mehr Energie als für die Erzeugung derselben Menge Stahl (Ehgartner 2014:47); das ist viermal so viel wie für die Herstellung einer Tonne Papier und siebenundzwanzigmal so viel wie für eine Tonne Glas. Der Strombedarf für die Aluschmelze ist also enorm und führt zu ehrgeizigen neuen Kraftwerksprojekten und Staudämmen. Im Norden Brasiliens etwa wird der Rio Xingo, ein Nebenfluss des Amazonas, auf 516 Quadratkilometern aufgestaut, wobei bis zu 40.000 Angehörige indigener Völker zwangsumgesiedelt werden und Ackerland und Regenwald verloren gehen. Viele Fische sind dadurch zum Aussterben verurteilt. Ähnliches geschieht in Indien, China und Afrika. Nicht nur die Herstellung der Karosserien von E-Fahrzeugen erfordert viel Energie, sondern auch das dazugehörige Tanken aus der Steckdose.[105]

IM WALD FUNKT ES

Mobilfunk ist natürlich großartig. Besonders die fünfte Generation (5G) verspricht uns viele Vorteile gegenüber älteren Systemen. Man wird in Sekundenschnelle Filme herunterladen können, die Städte und Wohnungen werden sicherer durch flächendeckende Überwachung; selbstfahrende Autos werden Realität; medizinische Spezialisten auf der anderen Seite des Globus werden ohne Zeitverzögerung Operationen leiten können.

Einige Wissenschaftler melden jedoch Bedenken an. Schon bei älteren Mobilfunksystemen zeigten sich Schädigungen im biologischen Bereich. Es zeigen sich Kronenschäden an manchen den Sendern zugewandten Bäumen – es gibt sensiblere und weniger sensible Bäume; beim Richtfunk kann man Schneisen ausmachen, in denen Bäume an Käfer- oder Pilzbefall leiden. Es ist, als würde die Strahlung die allgemeine Lebenskraft der Bäume schwächen, sodass die abbauenden Organismen die Oberhand gewinnen. Es ist ja kein Geheimnis, dass die Zellen über elektromagnetische Signale miteinander kommunizieren. Bei Strahlenbelastung produzieren Pflanzen mehr Stresshormone. Die Blätter der betroffenen Bäume verfärben sich im Herbst zu einem früheren Zeitpunkt, als sie es normalerweise tun.

Dass die Mobilfunkstrahlen den Lebewesen nicht unbedingt guttun, zeigten sogar simple Schülerversuche mit dem Handy: Sie verglichen die Keimung und das Wachstum von Pflanzen in Töpfen, wobei alle Faktoren, wie die Bewässerung, das Saatgut, das Erdsubstrat und die Düngung identisch waren. Der einzige Unterschied: Neben die einen Pflanzen legten sie über einen längeren Zeitraum ein angeschaltetes Handy, neben die anderen nicht. Die bestrahlten Pflanzen litten unter Keimhemmungen und wurden krank, die anderen wuchsen gesund heran.

WALDRODUNG FÜR WINDPARKS

Von Umweltschützern und grünen Ökoaktivisten wurde medienwirksam für den Erhalt des nordrhein-westfählischen Hambacher Forsts gekämpft, der vom Braunkohletagebau bedroht ist. Etliche

Bäume des als »Hambi« verniedlichten Waldes wurden von Protestierenden besetzt und der Polizei die Hölle heiß gemacht. Man weiß nicht, ob die Aktion aus reiner Liebe zum Wald inszeniert wurde oder ob da auch noch andere Motive im Spiel waren. Denn gegen das Abholzen großer Flächen für den Ausbau von Windkraftenergieanlagen in alten Wäldern, etwa dem Reinhardswald und dem Kaufunger Wald in Nordhessen, wurde nicht protestiert. Es handelt sich dabei um das größte geschlossene Waldgebiet Hessens, ein Lebensraum für Wildtiere und uralte Eichen, die den Wäldern teilweise einen urwaldartigen Charakter geben. Leider sollen nun – im Zuge der Klimadiskussion – weite Flächen mit gigantischen, durch Steuergelder subventionierten Windenergieanlagen bestückt werden. Schneisen werden geschlagen und für die Sockel tonnenweise Zement gegossen. »Wenn wir das nicht tun«, behauptete eine Politikerin, »dann werden wir in zwanzig Jahren überhaupt keinen Wald mehr haben«.

Die Rotoren erzeugen Infraschall und ein ständiges Summen, das bei Menschen Bluthochdruck, Kopfschmerzen und Schlafstörungen auslöst; bei Stalltieren kommt es zu Nervosität und Minderung der Fruchtbarkeit. (Etscheit 2016:164) Besonders gefährdet sind Vögel wie der Rotmilan und auch Fledermäuse. Es steht außer Frage, dass der ständige Schalldruck auch für die Waldtiere, den Hirsch und die Rehe, eine Gefahr darstellen. So wird der einst heilige Wald zum Industriestandort. Der Focus-Autor Alexander Wendt kommentiert das so: »Moderne Grüne nehmen den Wald inzwischen vor allem als Bewuchs wahr, der die Installation neuer Windräder verhindert.« (Etscheit, 2016:264)

PFLANZT BÄUME!

Von den weltweit 60 Millionen Quadratkilometern Wald sind seit der industriellen Revolution nur 30 Millionen Quadratkilometer übriggeblieben. Es ist Zeit, Bäume zu pflanzen und den Wäldern wieder die ihnen gebührende Aufmerksamkeit zukommen zu lassen. Wir sollten Mischwald mit einer Vielfalt von Arten pflanzen, darunter auch sogenannte Neophyten wie die Douglasie. Eintönige Forste mit in Reihen gepflanzten Fichten oder Kiefern sind zwar besser als Karststeppe, aber diese Baummonokulturen bestehen vorwiegend aus Klonen. Die Klone dieser Bäume entstehen alle durch die vegetative Vermehrung eines Individuums und besitzen alle die gleiche Erbmasse. Und weil sie einander genetisch zu nahe stehen, fehlt ihnen die notwendige Widerstandskraft gegen Pilz- und Insektenbefall; sie werden leichte Opfer von Borkenkäfer, Kiefernspanner, Kiefernschwärmer, Eichenwickler, Pilzen und anderen abbauenden Organismen. Klone besitzen auch wenig Resilienz, wenn es sich um Klimawandel handelt. Das wussten die Bauern schon lange, denn ein Sprichwort sagt:

> *»Bauer, willst du deinen Wald vernichten,*
> *dann pflanze nichts als Fichten.«*

ROBINIEN STATT TROPENHOLZ

Für Tropenhölzer gibt es bei uns eine gute Alternative. Es ist die Gewöhnliche Robinie oder Scheinakazie (*Robinia pseudoacacia,* englisch *black locust*), ein schnell wachsender Pionierbaum aus dem östlichen Waldland Nordamerikas. Das Holz ist zäh und schwer zu bearbeiten und besonders widerstandsfähig gegen Fäulnis. Die amerikanischen Siedler machten daraus vor über hundertfünfzig Jahren Weidezäune und Pfosten, die noch immer nicht morsch sind. Auch das Grubenholz für den Bergbau, Schwellen für Eisenbahngleise und Planken zum Bootsbau fertigte man aus Robinienholz. Es ist dauerhafter und stärker als Eichenholz, und Robinien erzeugen mehr Holzmasse pro Hektar als Eichen oder Kiefern. Für den Möbelbau ist dieses attraktive, gelblich braune Holz eine gute Alternative zu Tropenhölzern. Es ist einer der am heißesten brennenden Heizstoffe für Holzofen und Herd. Es brennt sogar, wenn es noch feucht ist. Gut getrocknet, hat es eine vergleichbare Hitzeleistung wie Steinkohle; es brennt sauber und mit wenig Rückständen. (Storl 2012:232).

Indianer und Hillbillies gewinnen galletreibende, abführende und harntreibende Medizin aus dem Baum. Die Blüten sind eine hervorragende Futterweide für Bienen; der »Akazienhonig«, den sie daraus gewinnen, ist von besonderer Güte.

Der Baum ist eine wirkliche Bereicherung unserer Ökologie. Da der Baum aber nicht heimisch ist, gibt es Naturpuristen, die ihn in die Rolle eines invasiven Neophyten drängen und aus den Wäldern verbannen wollen. Da er zur Familie der Schmetterlingsblütler (Leguminosen) gehört, reichert er den Boden mit dem Stickstoff an, den die symbiotischen Wurzelknöllchenbakterien aus der Luft fixieren. Das düngt natürlich zugleich den Boden; aber gerade das ist der Stein des Anstoßes für die Fremdgehölzhasser, denn diese Stickstoffanreicherung könnte Magerpflanzen- und Hungerblümchenbestände gefährden.

Ganz fremd in unseren Landen ist die Robinie dennoch nicht. Es gab sie in Europa, ehe die vorletzte Eiszeit sie vertrieb. Sie ist sozusagen ein Spätheimkehrer; ein wertvoller Baum, den wir willkommen heißen sollten.

IM AUGE DES STURMS

Kann der Mensch das Ausmaß der Zerstörung seiner Lebenswelt überhaupt verstehen? Unser rationelles Denken kommt damit kaum zurecht. Um nicht in einem Strudel der Verzweiflung in die Tiefe der Depression und Hoffnungslosigkeit hineingezogen zu werden oder dem Wahn eines blinden Aktionismus zu verfallen, müssen wir zurückgreifen auf die Visionen der alten Seher, auf die überlieferten Einsichten, die sich nur in den grandiosen Bildern der Mythologie ausdrücken lassen. Was wir erleben ist – wie Ernst Jünger sagte – ein Titanen-Sturm. Titanen, die Feinde des Lebens und Söhne des Chaos, wurden einst von den olympischen Göttern in die tiefsten Tiefen der Erde verbannt. In der germanischen Mythologie erscheinen sie als die ungestümen Mächte aus Utgard, die die Insel des Lebens, Midgard, bedrängen; es sind die trügerischen, mit Macht und Zauberkräften versehenen Rakshasas der indischen Sage; es sind die Heerscharen des Diabolos (griechisch *dia-bállein* = durcheinanderwerfen) in der christlichen Überlieferung.

In den mythologischen Überlieferungen heißt es, dass diese Wesenheiten versuchen, die Gedanken der Menschen zu beeinflussen und Habgier und ungute Gelüste bei ihnen zu erwecken. Es sind vor allem schwache, angsterfüllte Menschen, die von ihnen verführt werden, das Tor zum Dasein, zu unserer schönen Erde (Midgard) zu öffnen. Macht und Luxus versprechen diese Feinde der Götter den Menschen, deren Gedanken, Wünsche und Verhalten sie dann steuern. Die von den Titanen besessenen Menschen richten Unheil an und werden selber diabolisch, ohne sich dessen bewusst zu sein.

Was können wir in diesen Zeiten tun, wo ein Wirbelsturm der Vernichtung tobt? Nichts anderes als in unserer Mitte zu bleiben, im ruhenden Auge des Sturms. In der göttlichen Mitte, die der Quell allen Heils ist.

Die naturwissenschaftliche Methode kann nur das Gewordene gut erkennen, das, was in die Erscheinung getreten und letzten Endes im Verfall begriffen ist. Und wie Buddha schon sagte: Alles, was entstand, wird auch wieder vergehen müssen. Was aber zart und frisch im Ätherischen im Entstehen ist, das Unvorhergesehe, das, was die Göttin Werdandi (*Wyrd*) hervorspinnt, kann von unserer materialistischen Wissenschaftsmethode nicht erkannt werden. Es überrascht immer aufs Neue und enthält die Keime des Heils.

Als ich meinen Studenten damals in Oregon die ökologischen Hiobsbotschaften des *Club of Rome* nahebrachte, waren sie betroffen und fragten, was sie tun könnten. Ich wusste damals keine Antwort, außer dem politischen Engagement. Heute wüsste ich die Antwort: Behaltet einen klaren, kühlen Kopf und bewahrt ein liebendes, warmes Herz. Geht in den Wald und lasst die Bäume eure Lehrer sein. Seid bescheidener in eurem Konsumverhalten – und pflanzt Bäume.

Mich erzog der Wohllaut
des säuselnden Hains
und lieben lernt' ich
unter den Blumen.
Im Arme der Götter wuchs ich groß.

Friedrich Hölderlin (1770 – 1843)

Im grünen Wald, da, wo die Drossel singt,
Drossel singt
und im Gebüsch das muntre Rehlein springt,
Rehlein springt,
wo Tann und Fichte steh'n am Waldessaum,
verlebt' ich meiner Jugend schönsten Traum.

Beliebtes Volkslied

XV. EIN PERSÖNLICHES NACHWORT

Irgendwie haben Wald und Bäume immer mein Leben begleitet. Es war ganz selbstverständlich, dass man in den Jahren nach dem Krieg in den Wald ging und Preiselbeeren, Heidelbeeren und Pilze sammelte. Von denen gab es immer eine Fülle; der Wald zeigte seine Güte, als verstünde er die Not der Menschen.

Deutschland hatte damals noch eine waldfreundliche Kultur. Den kleinen Kindern sang man »Ein Männlein steht im Walde« vor, am Sonntag machte man mit dem Fahrrad Ausflüge in die Natur; man kehrte in Waldgaststätten unterm grünen Blätterdach ein, wo die Väter meistens ein Bier tranken, die Mütter ein Schälchen Kaffee, und für die Kinder gab es als Sprudel entweder grüne Waldmeister- oder rote Himbeerbrause. Und man sang ganz spontan Waldlieder, die einem die Oma beigebracht hatte oder die man in der Schule gelernt hatte. Lieder wie:

> *»Ich geh durch einen grasgrünen Wald*
> *und höre die Vögelein singen.*
> *Sie singen so jung, sie singen so alt,*
> *die kleinen Vöglein in dem Wald,*
> *die hör ich so gerne wohl singen.«*

Oder:

> *»Der Jäger in dem grünen Wald,*
> *der sucht des Tierleins Aufenthalt,*
> *und er ging wohl in dem Wald bald hin, bald her…«*

Nach der Schule spielten wir Jungen Winnetou, ärgerten die Gärtner im botanischen Garten, indem wir die Schilder umsteckten oder mausten in den Schrebergärten. Vor allem aber kletterten wir auf die Bäume, das machte am meisten Spaß.

Als ich elf Jahre alt war, wanderten wir nach Ohio aus. Dort lernte ich urwaldähnliche Wälder kennen, Bäume, von denen es viele in Europa gar nicht gab, und ungewöhnliche Wildtiere, Skunks, Waschbären, Opossums, Schildkröten, Flusskrebse, Schlangen, Zikaden, die in den Baumkronen einen Höllenlärm machten, Kolibris, die wie Insekten die Blüten anschwirrten, um Nektar zu saugen. Ich bemerkte, dass die Amerikaner ein anderes Verhältnis zur Natur hatten. Meine Spielkameraden warnten mich: Geh nicht in den Wald, das ist gefährlich, da gibt es giftige Tiere und *poison ivy,* Giftsumach, der schreckliche Hautausschläge verursacht.

Die Amerikaner kannten keine Waldkultur, keine Familienausflüge in den Wald, keine Waldlieder. Sie teilten die Welt in Gut und Böse, Zivilisation und Wildnis (*wilderness*). In den Wald ging man nur im Herbst, gut ausgerüstet und bewaffnet, um Tiere zu erlegen oder Holz zu fällen. Von Waldromantik keine Spur. Menschen, die im Wald lebten, wie die Indianer oder die Hillbillies, galten als primitiv und rückständig. Inzwischen mag sich diese Einstellung etwas geändert haben, aber nicht viel.

Im Wald, den die anderen mieden, fand ich meine Welt. Wann immer es möglich war, ging ich in diese Wildnis und zu den alten Bäumen, die wahrscheinlich die Indianer, die Huronen, Erie und Shawnee, noch gekannt hatten. Ich habe durchaus das Gefühl, dass ich etwas vom Geist dieser Indianer dabei mitbekommen habe. Im Zustand der Begeisterung kletterte ich auf die Bäume und sang dabei die Waldlieder, die ich in meiner frühen Kindheit mitbekommen hatte. Als ich Jahrzehnte später wieder in Deutschland war, wurde ich einmal zu einem Lagerfeuertreffen eingeladen. Ganz erstaunt war ich, dass niemand am Feuer sang. Da fing ich an, die alten Waldlieder zu singen, die ich in den Wäldern Ohios am Leben gehalten hatte, und erwartete, dass die anderen mitsingen würden. Aber keiner tat es, es war einfach nicht cool. Eine Frau schüttelte den Kopf und fragte: »Durch welche Masche bist du denn geschlüpft?«

In Amerika hatte ich hart gearbeitet, als Dachdecker und in einem Stahlwalzwerk, um genug Geld fürs Studium zu verdienen. Ich wollte Botanik und Forstwirtschaft studieren. Meine Lehrer in der High School hatten mit Natur wenig am Hut, sie konnten mir nicht einmal die Namen der Wildpflanzen und Bäume sagen, die da wuchsen. Es war nicht wichtig für sie. Ich aber wollte, den Kopf voller deutscher Waldromantik, Förster werden. Doch im Studium ging es um die Berechnung von Festmeter Holz und das Fällen von sogenannten *wolf trees*, Bäumen, deren Holz zu knorrig war und deren Kronen zu weit ausladend waren.

Jahre später war ich in Oregon, das größtenteils aus Fichtenurwäldern bestand und, wie man es nannte, der »Entwicklung« bedurfte – das bedeutete, der Wildnis Kulturland abzuringen. Da konnte ich sehen, dass es dort, wo die Waldmaschinen wüteten, nicht lange dauerte, bis die Borkenkäfer erschienen. Diese kommen, wenn das Energiefeld des Waldes gestört ist.

Inzwischen lebe ich mit meiner Familie in einem bewaldeten Gebiet im Allgäu. Als wir hierherzogen, gab es sogar noch ein paar Waldarbeiter, die, den Boden schonend, mit Rössern die Stämme aus dem Wald herauszogen. Inzwischen sind wie überall in den Wäldern auch hier Holzerntemaschinen im Einsatz.

Trotz all der Veränderungen ist die deutsche beziehungsweise mitteleuropäische Waldkultur nicht ausgestorben. Noch heute gehen die Menschen gerne in den Wald. Man hat statistisch ermittelt, dass 52 Prozent der Bundesbürger immer wieder mal wandern gehen, 20 Prozent sammeln Beeren und Pilze, 17 Prozent joggen gerne durch den Wald und viele sind mit Mountainbikes unterwegs. Das Shinrin-Yoku lockt viele mit dem Versprechen von besserer Gesundheit in den Wald. Waldkindergärten werden immer beliebter und bringen den Kleinen die Natur näher. Und auch die Toten dürfen sich wieder mit den Waldwurzeln verbinden, nicht nur gleichen viele Friedhöfe heiligen Hainen mit altem Baumbestand, inzwischen werden Friedhaine immer mehr geschätzt, in denen die Verstorbenen mit ihrer Asche einen Baum düngen dürfen.

KEIN GRUND, DEN MUT ZU VERLIEREN

Als ich in München kürzlich über die zugepflasterte Einfahrt einer Feuerwehrwache spazierte, sah ich, wie junge, ganz zarte Löwenzahnblätter den harten, schwarzen Asphalt aufgesprengt und sich der Sonne zugewendet hatten. Ein Sieg des Lebens! Ich erkannte wieder einmal: Die Natur ist stärker als die menschlichen Machenschaften – sie ist älter und weiser. Das Leben ist kein Epiphänomen, das zufällig aus der leblosen Materie und Energie entstanden ist. Leben ist – wie es schon die Weisen Indiens erkannt hatten – ein unabdingbarer Teil des Seins, so wie auch das Bewusstsein Teil des Seins ist.

In der Lausitz wurden seit Jahrzehnten die Wälder gefällt, damit die gigantischen Bagger und Schaufelroder die Erde aufreißen konnten, um die Braunkohle – die fossilen Wälder des Miozäns – abzubauen. Hinterlassen wurde eine schrecklich anzusehende, trostlose Mondlandschaft. Aber es dauerte nicht lange, da erschienen auf den öden Flächen die ersten Pflänzchen, kleine, schnellwüchsige Kräuter und Sträucher und Schößlinge von Pionierbäumen wie Birken, Kiefern, Pappeln, Erlen, Weiden und Robinien. Bald folgten in natürlicher Sukzession andere Bäume. Und mit den Pflanzen kamen auch Käfer, Ameisen und Falter, Lurche, Kleinsäuger, Rehe, Schwarzwild, Hirsche und schließlich der Wolf. Eine solche Wiederbewaldung geschieht auch ohne menschliche Rekultivierungsanstrengungen.

Ähnliches konnte ich als Junge in den 1950er-Jahren in Ohio erleben, wo endlos weite Flächen dem Tagebergbau anheimfielen. Inzwischen ist alles wieder ganz von alleine mit Sekundärwald überwachsen. Erstaunlich ist übrigens auch, wie schnell sich neue Vulkaninseln begrünen und mit Leben füllen.

Auch wenn es manchmal nicht danach aussieht – ich bin überzeugt, dass letztlich das Leben siegt; ich bleibe voller sonnigem Optimismus. Der Wald wird uns nicht verlassen!

ANMERKUNGEN

1 In der indischen Lehre heißt es, dass die leidbringenden Täuschungen, das falsche Bewusstsein, durch die Hitze der Bußübungen *(tapas)* verbrannt werden. Die Hitze der *tapas* brennt die Sünde aus und reduziert Karma zu Asche.

2 Florianne Koechlin (www.blauen-institut.ch)

3 Selbstverständlich kannte man auch düstere, freudlose Orte, in welche die Seelen der Lügner und Betrüger gingen.

4 Bei den Slawen spielt die Stechpalme keine Rolle, denn das Bäumchen braucht atlantisches Klima und gedeiht nicht an Orten, an denen die Durchschnittstemperatur im Januar unter 1 Grad Celsius liegt.

5 Der Philosoph Ludwig Klages (1872–1956) sagt Ähnliches: »Die Pflanze ist die Anwesenheit des Kosmos im Hier und Jetzt, ein aus schlafendem Schauen und Wirken geballtes Wesen, in unmittelbarem Verkehr mit dem Kosmos.« (Klages 1981:1081)

6 Englische Originalversion:
In such green palaces the first kings reign'd,
Slept in their shades, and angels entertain'd;
With such old counsellors they did advise,
And by frequenting sacred groves grew wise.
(On St. James's Park; reported in *Bartlett's Familiar Quotations,* 10th ed., 1919).

7 Eine ausführlichere Diskussion zum Thema Gesänge und Reaktionsvermögen der Pflanzen findet der Leser in meinem Buch *Pflanzendevas* (AT-Verlag, 2014).

8 Der Begriff »stummer Frühling« geht auf die Biologin Rachel Carson und ihr gleichnamiges Buch *Silent Spring* (1962) zurück. Carson machte als Erste auf die verheerenden Folgen des Masseneinsatzes von Pestiziden und Herbiziden für die Vogel- und Insektenwelt – und auch für die Menschen – aufmerksam. Das Thema ist auch heute höchst aktuell. In der EU sind im letzten Jahrzehnt 57 Prozent der Vögel verschwunden; bei einigen Insektenarten in Deutschland sind 90 Prozent verlorengegangen. https://www.n-tv.de/wissen/Deutschland-hat-immer-weniger-Voegel-article19822202.html

9 Als der Botanik-Assistent (an der Ohio State University) mir die rhetorische Frage stellte: »Welche Funktion haben die Wurzeln bei den Pflanzen?«, antwortete ich: »Sie wollen damit Wasser und Nährstoffe aufnehmen«. Als hätte ich einen blank liegenden Nerv getroffen, schrie er mich an: »Das ist Animismus, aber nicht Wissenschaft! Als ob Pflanzen etwas *wollen* können! Das können sie nicht. Sie haben kein Hirn! Was da geschieht, sind rein mechanisch-chemische Abläufe: Pflanzen saugen mittels Kapillarbewegung der Wassermoleküle Wasser auf, so ungefähr wie Löschpapier. Oder meinen Sie etwa, dass auch das Löschpapier einen eigenen Willen hat?« (Storl 2017:24)

10 Die normale vaginale Geburt ist für die Frau ein übersinnliches (psychedelisches) Erlebnis, nicht aber, wenn sie eine Narkose erhalten hat oder per Kaiserschnitt entbindet.

11 Kalziumkarbonate ($CaCO_3$) im Sedimentgestein machen heute 80 Prozent der Kohlenstoffvorräte aus.

12 ppm bedeutet parts per million. 600 ppm CO_2 bedeutet, dass von einer Millionen Luftmolekülen, nur sechshundert Kohlendioxidmoleküle sind. Heutzutage liegt der CO_2 Pegel bei 400 ppm; bei einem Absinken unter 150 ppm fangen die Pflanzen an zu sterben.

13 Zu den Annonaceen gehören Rahmapfelgewächse, Zimtapfel, Süßsack, Cherimoya und die *pawpaw* (auf deutsch Papau oder »Indianerbanane«), die in den Laubwäldern Ohios wuchs, in denen ich meine Jugend verbrachte.

14 Nach langem Streit unter den Geologen und Paläobiologen kam man auf folgende Terminologie: Das Känozoikum (auch Erdneuzeit) begann mit dem Massensterben vor 65 Millionen Jahren. Der jüngste Zeitabschnitt des Känozoikums ist das Quartär, das vor ca. 2,59 Millionen Jahre begann und auch das Holozän mit

einschließt, in dem wir heute leben.

15 Die heutige globale Durchschnittstemperatur liegt bei 14 Grad Celsius.

16 Die Stiere sehen nur die Bewegung des Tuches. Das Rot – die Farbe des Blutes – ist lediglich für die menschlichen Zuschauer aufregend.

17 Das Meer, einer der größten Speicher von Kohlensäure, gibt mehr von diesem Spurengas ab, wenn die Temperatur steigt. Es verhält sich so, wie – im Kleinformat – beim Sprudel in der Flasche. Auch bei ihr steigen die Kohlensäureperlen schneller nach oben, wenn es wärmer wird. Wie wir aus Eiskernbohrungen inzwischen wissen, ist der CO_2-Anstieg in der Atmosphäre die Folge einer Klimaerwärmung und nicht umgekehrt.

18 In meinem Studium der Paläoanthropologie an der Universität in den 1960er-Jahren lernten wir noch, dass es während der Eiszeiten in den Tropen zu heftigen Regenfällen (Pluviale) kam. Inzwischen weiß man, dass diese Hypothese falsch war. Eiszeiten sind mit ariden Verhältnissen in den südlicheren Breitengraden gekoppelt.

19 *Australopithecus africanus*, der vor rund 4 Millionen Jahre lebte, hatte ein Hirnvolumen von 440 cm^3; *Homo habilis*, vor 2 Millionen Jahren, 640 cm^3; *Homo erectus*, der vor rund 1 Million Jahren zuerst erschien, hatte 800 bis 1000 cm^3; und der Neandertaler übertraf mit seinen 1600 cm^3 sogar den modernen *Homo sapiens* mit seinen durchschnittlich 1500 cm^3.

20 Gewöhnliche Schimpansen und auch Paviane fühlen sich ebenfalls wohler in Baumsavannen oder in den Galeriewäldern, die in der Savanne oft die Flüsse säumen.

21 Bei den Bonobos, den genetisch den Menschen am nächsten stehenden Verwandten, ist sexuelles Verhalten ebenfalls nicht nur auf die Brunst *(Östrus)* beschränkt, auch dient sie nicht nur der Fortpflanzung, sondern ebenso dem sozialen Zusammenhalt und dem Aggressionsabbau. Oft findet bei diesen Zwergschimpansen der Koitus von Gesicht zu Gesicht statt. Die Paare küssen einander mit vorgestreckten Lippen, sogar Zungenküsse werden ausgetauscht.

22 Genauere Beschreibung der Vegetation der Eiszeiten und Zwischeneiszeiten findet der Leser in meinem Buch *Wandernde Pflanzen* (AT-Verlag, 2012).

23 Es gibt viele Theorien, warum die Neandertaler verschwanden. Es war nicht unbedingt ein Kampf ums Überleben, aus dem die überlegenen »Herrenmenschen« (die Cro-Magnon) als Sieger hervorgingen, wie es darwinistische Anthropologen im letzten Jahrhundert postulierten. Auch waren die Neandertaler keine andere Art der Gattung Homo, sondern lediglich eine Menschenpopulation, die sich physisch und kulturell bestens an das kalte Klima angepasst hatte. Per definitionem besteht eine Art oder Spezies aus Individuen, die gemeinsam fertile Nachkommen hervorbringen können. Neandertaler und Cro-Magnon haben sich nachweislich vermischt, wobei es sein kann, dass die meisten Gene der Cro-Magnon phänotypisch dominant waren. Vermutlich war auch die Fortpflanzungsrate der Cro-Magnon höher als die der Neandertaler. Für den Homo sapiens neanderthalensis wurde berechnet, dass eine lediglich um zwei Prozent höhere Mortalitätsrate gegenüber dem Homo sapiens sapiens ausgereicht hätte, um ihn in rund 30 Generationen (etwa ein Jahrtausend) zum Aussterben zu verurteilen (Hoffmann 1999:118).

24 Katamaran kommt vom tamilischen *kattu* (= zusammengebunden) und *maram* (= Baum).

25 Heute ist die Wassernuss in Mitteleuropa fast verschwunden, zum Teil, weil die Jahresdurchschnittstemperatur zu niedrig ist, aber auch, weil Gewässer oft zu belastet sind.

26 Für die alten vorindustriellen, schriftlosen Völker überall auf der Welt ist es keine Frage des Glaubens, dass die Natur beseelt und voller *spirits* ist. Es ist eine Selbstverständlichkeit, die auf Wahrnehmung und Erfahrung beruht. Die frühen Ethnologen sprachen diesbezüglich herablassend vom »primitiven Denken« oder von irrationalem »Animismus« der Naturvölker. Durch den jahrhunder-

telangen Kampf gegen das Heidentum und dem in den Schulen propagierten, reduktionistischen Denkmodus ist die westliche Welt für die tieferen, nichtmateriellen Dimensionen blind geworden. Die Anwendung von psychedelischen, entheogenen Pflanzen, die heutzutage breite Bevölkerungsschichten, vor allem junge Leute, faszinieren, könnte man als den Versuch auffassen, diese erweiterte Bewusstseins- und Wahrnehmungsfähigkeit, die der Mensch natürlicherweise besitzt, wiederzuerlangen.

27 Im Gegensatz zu Nordamerika, wo die Gebirgszüge von Nord nach Süd verlaufen, erstrecken sich die Bergketten in Europa von Ost nach West. So gab es in Europa während der letzten Eiszeiten für viele Pflanzen kaum die Möglichkeit, nach Süden auszuweichen; sie standen förmlich mit dem Rücken zur Wand. Tausende Pflanzenarten und über 100 Gattungen starben deswegen in Europa aus. In Amerika und Ostasien überlebten sie, wobei viele als Neophyten inzwischen zurückkehren. (Storl 2012:101ff)

28 Familiar (*Spiritus familiaris*) ist ein ethnologischer Terminus technicus, der sich auf Tiergeister bezieht, die den Schamanen, Hexen oder Zauberern dienstbar sind.

29 Der Name der Stadt Kusel in der Pfalz, einem alten keltischen Siedlungsgebiet, geht auf das keltische *Kóslo* (Hasel) zurück.

30 Allen voran bei der Entmythologisierung des Christentums war der Marburger Neutestamentler Rudolf Bultmann.

31 DMT (Dimethyltryptamin) ist ein extrem stark wirksames Psychedelikum, das in verschiedenen natürlichen Substanzen vorhanden ist, unter anderem auch im Urwaldtrunk Ayahuasca.

32 Die Erdgöttin hat viele Namen; sie heißt *Yanebya* bei den Nentsi, *Dunne enin* bei den Evenken; *Toman* bei den Ket; *Ylyunda kotta* bei den Selkup. (Anisimov 1963, cit. in Schlesier 1985:48)

33 *Le chamanisme et les techniques archaïques de l'extase,* Paris, Payot, Series: Bibliothèque scientifique, 1950

34 Das Wort »Welt«, altgermanisch *werald,* ist übrigens zusammengesetzt aus *wer* (»Mensch«, »Mann«, wie etwa im Werwolf, der Mensch, der sich in einen Wolf verwandelt) und *ald* (»Alter«) und bedeutet »Menschenzeitalter«.

35 Als morphogenetisches Feld wird ein unsichtbares, jenseits von Raum und Zeit befindliches organisierendes Prinzip in der Natur postuliert, das Informationen in einem Resonanzfeld speichert. Die Idee eines »morphogenetischen Feldes« wurde von dem Biologen Rupert Sheldrake entworfen und mit empirischen Experimenten untermauert, um Synchronizitätsphänomene zu erklären. Er untersuchte zum Beispiel die weltweit gleichzeitige Mutation von meterhohen Farnen, die plötzlich kleinwüchsig wurden und nun nur noch den Waldboden bedecken.

36 Sanskrit *Deva,* »himmlische, leuchtende, göttliche Wesenheiten«, verwandt mit dem indoeuropäischen **deiwos* (Himmelslicht), dem lateinischen *deus* (Gott), *divus* (göttlich) und *diva* (Göttin); keltisch *Dew, Deu, Dia* (Gottheit). In Indien werden Pflanzen und Bäume, da sie innig mit dem Sonnenlicht verbunden sind und Mensch und Tier nähren und heilen, als Deva-Wesen erkannt.

37 Das Ernten junger Laubzweige als Futter oder Einstreu für die Tiere wird Schneiteln oder Schneitelung genannt. Auch Weiden wurden geschneitelt, um aus den nachwachsenden flexiblen Trieben Körbe und Behälter zu flechten (Kopfweiden).

38 Mit der Sense, einer Erfindung der Kelten in der mitteleuropäischen Eisenzeit, wurde die Winterfütterung verbessert und ein höherer Viehbestand ermöglicht. Auch diese Maßnahme wirkte sich zum Nachteil für die Bewaldung aus.

39 Dieses Thema wird ausführlicher in meinem Buch *Ur-Medizin* (AT-Verlag, 2016, Kapitel 4) behandelt.

40 In einer säkularen Zeit, in der nichts mehr wirklich heilig ist, geht es den lieben Grunzern nicht gut. Man hält sie in Mastbetrieben, wo sie sich weder bewegen noch wühlen können. Sie werden in Tierversuchen missbraucht, zum Beispiel 2010 auf der US-Militärbasis in Grafenwöhr, wo man auf (narkotisierte) Schwei-

ne schoss, um die Schusswunden an lebenden Körpern zu studieren. Die sogenannte Schweinegrippe, die praktisch nie auf den Menschen übertragen wird, war 2009 Anlass, in Ägypten sämtliche Schweine der christlichen Kopten auf brutalste Weise zu keulen. Die Kopten sind als Müllsammler tätig, ihre Schweine haben die wichtige Aufgabe, Abfälle und Essensreste zu fressen. Nachdem die »unreinen« Tiere weg waren, wurde der sich ansammelnde Müll zu einem ökologischen und gesundheitlichen Problem. Und heutzutage ist in Mitteleuropa die sogenannte afrikanische Schweinepest zur Ausrede geworden, vorbeugend per Totalabschuss den gesamten Bestand des Schwarzwilds zu eliminieren. Die Massentierhalter befürchten, die Schweinepest könnte von den Wildtieren auf die Mastschweine übertragen werden. Es geht um einen Milliardenmarkt (Schweinefleischausfuhren aus der EU, wobei die Bundesrepublik Hauptexporteur ist, brachten im Jahr 2018 12,67 Milliarden Euro ein). Das Schwarzwild macht es sich auch in den für Biogas und Biosprit angebauten Mais- und Rapsfeldern gemütlich. In der Jagdsaison 2017/2018 wurden in der Bundesrepublik 840.000 Wildschweine getötet.

41 Elben (Alben) sind Wesen aus der Zwischenwelt. Sie sind nicht unbedingt gleichzusetzen mit den niedlichen, freundlichen Elfen der modernen Esoterik noch mit dem edlen Elfenvolk in Tolkiens *Herr der Ringe*. Sie können gefährlich sein, können nachts den Menschen reiten (Albdruck), ihm Alpträume schicken, können den Wanderer mit Gesang und Tanz verführen und entrücken. Sie können neidisch auf schöne Frauen, auf gute Musiker sein und sie in ihr Reich holen, indem sie sie töten. Ihre Pfeile, die Elfenschüsse (angelsächsisch *Ylfa-Gescot*), waren gefürchtet. Sie konnten, wie Götterschüsse (*Asa-Gescot*) und Hexenschüsse (*Haegtesse-Gescot*) Schmerz und Siechtum bringen.

42 In den Hexenprozessen wurde den Hexen vorgeworfen, Ungeheuer und elbische Wesen zu gebären. In diesem Fall hieß es von einer Hexe, sie hätte Eidechsen geboren.

43 Andere Linguisten vermuten, dass es sich lediglich um eine Umformung von *Hola* (»Hallo«) handelt.

44 Matthäus 26, 26-28; Markus 14, 22-26.

45 Die Bezeichnung primitiv soll nicht abwertend verstanden werden, sondern eher als »ursprünglich«.

46 Zarathustra postulierte ein Weltbild, das uns bis heute allzu bekannt ist. Auch wir haben das Bild des guten Schöpfergottes als altem bärtigen Mann im langen weißen Gewand und Engel mit Flügeln in unsere Bilderwelt übernommen, ebenso wie den Gedanken, dass die Schöpfung einen Anfang und ein Ende hat; dass sie von Bösen verdorben wurde, dass ein von einer Jungfrau geborener Heiland *(Sayoshant)* in der Mitte der Zeit erscheint und dass es zuletzt zu einer Endschlacht (christlich-jüdisch *Armageddon*, islamisch *Al-Malhama*, kommunistisch *Klassenkampf)* kommt, in dem die Bösen vernichtet und in die Hölle gestürzt werden und die Guten in den Himmel bzw. in die klassenlose Gesellschaft kommen.

47 Von der Erde aus gesehen dreht sich der Himmel, das Sternenzelt, innerhalb von 24 Stunden einmal vollständig um die eigene Achse, die vom Nordstern (Polaris) als ruhendem Punkt bestimmt ist.

48 Der Kulturkreis *Eastern Woodland Culture Complex* wurde in eine südliche Hälfte *(Southern Woodland Culture Complex)* und eine nördliche Hälfte unterteilt.

49 Hallstattzeit, zwischen 1000 und 500 v. u. Z.

50 Im Brief an die Galater warnt der Apostel Paulus vor dem Fressen und Saufen. (Galater 5,21)

51 Plinius, *Historia Naturalis*, XVI, 249

52 Eine derartige Waldschule kannten auch die alten Chinesen, wo die Ärzte zuerst 21 Jahre in der Natur verbrachten, bis sie so feinfühlig und aufmerksam wurden, dass sie die verschiedenen, ganz feinen Pulsfrequenzen erkannten und die Akupunkturpunkte genau erspüren konnten.

53 Ausführlicheres zu diesem Thema findet der interessierte Leser in meinem Buch *Pflanzen der Kelten* (Aarau, 2018)

54 *Indiculus superstitionem et paganiarum,* 8. Jahrhundert n.u.Z.

55 «Burschen und Mädchen gehen in den Wald und vergnügen sich am Vorabend und bringen dann grüne Zweige mit. Der Fürst der Hölle, Satan, ist ihr Herrscher.«; »Sie schmücken den Baum und tanzen darunter wie die Heiden um die Götzen.« Philip Stubbes, *Anatomy of Abuses.* London: 1583

56 Der altdeutsche Name Hulst, Hülse oder Hulstbaum wurde im 16. Jahrhundert in Stechpalme geändert, weil die alte heilige Pflanze den Palmzweig beim Einzug Jesu in Jerusalem darstellen sollte. Während des Zeitalters der Missionierung machten es die Angelsachsen zur Bedingung ihrer Bekehrung, dass Stechpalmenzweige weiterhin Teil der Weihnachtsfeier bleiben.

57 Midgard deckt sich mit dem keltisch-walisischen *Abred,* der materiellen Welt, in der Freud und Leid, Gut und Böse gemischt sind.

58 Daher das bayrisch-österreichische Wort für den Wacholder: Kranewit ist das Holz des Kranichs, der wie der Storch als Seelenvogel galt.

59 Der Dreizack, in Sibirien ein Kennzeichen der Schamanen, galt bei den Christen als Zeichen des Teufels. Die Kirche schrieb deswegen vor, dass die Gabel im Essbesteck vier anstatt drei Zinken haben müsste.

60 Der Fliegenpilz (*Amanita muscaria*) wächst auch in Symbiose mit der Fichte.

61 Das Wort Frau, wie auch der Name der Göttin Freya, bedeutet »Herrin«.

62 Das Wort Dingen oder Thingen ist verwandt mit dem Wort »denken« (englisch *think*), aber auch mit »danken« (englisch *thank*), denn wenn man wahrhaftig dankbar ist, dann vergisst man den Grund dafür nicht, sondern bewahrt ihn in den Gedanken.

63 Die Letten geben ihren Kindern gerne die Namen von Bäumen und Blumen.

64 In der Botanik spricht man von Zwieselung oder Zwiesel, wenn sich Bäume gabeln, also wenn sich der Stamm in zwei oder drei Teile teilt.

65 Auch anderswo, bei Zauberern, Hexen und Druiden, galt ein Stab aus Ebereschenholz als hochwirksames magisches Instrument. (Storl 2018:269)

66 Da *Iwans Chai* nicht nur bei den Bauern, sondern auch bei der Aristokratie beliebt war, wurde das »Aristokratengesöff« von den Bolschewiken verboten. Auch weil Weidenröschen-Tee Teil des schamanischen Fliegenpilzrituals war – Schamanismus galt als reaktionärer Aberglauben, den es auszurotten galt – wurde der Tee verboten. Erst im Zweiten Weltkrieg besannen sich die Sowjets auf Iwans Chai und gaben ihn ihren Truppen als Tonikum, um die Durchhaltekraft der Rotarmisten zu stärken. Viele Russen glauben heute, dass das Kraut Leningrad rettete, denn der abergläubische Hitler zweigte einige Panzerverbände ab, um die Ortschaft Koporye einzunehmen, wo der Tee in einer Fabrik hergestellt wurde. Dadurch fehlte die Schlagkraft, um Leningrad einzunehmen.

67 Perun ist der Namensvetter des altindischen Gewittergottes Parjanya, der, wie es in der Rig Veda heißt, Regen bringt und Kühen, Stuten, Pflanzen und Frauen den Lebenskeim vermittelt. Wie Gewittergötter anderswo, galt Parjanya als Gatte der Mutter Erde, der Prithvi.

68 Auch das Wort Perkussion (Schlagzeug, Schlag) entstammt der lateinischen Wurzel; *per* = »durch«; *cutere* = »schlagen«.

69 Auch andere Stammesgesellschaften wie etwa die Cheyenne kannten die »verrückten« Wolfskrieger; es waren sogenannte Konträr-Krieger, die vorwärtsstürmten, wenn ihre Gefährten auf dem Rückzug waren.

70 Obwohl Ochse heute ein »verschnittenes männliches Rind« bezeichnet, meinte das Wort einst den potenten Stier, den »Samenspritzer, den Befeuchter« (altindisch *uksa* = Stier; aus der indogemanischen Wurzel **ugh* =feucht; feuchten, bespritzen).

71 Man könnte unser Hirn mit einem Rundfunk- oder Fernsehempfänger vergleichen. Es sind viele Sender vorhanden, aber man kann jeweils nur eine bestimmte Wellenlänge empfangen. Die moderne materialistische Kultur empfängt

lediglich einen »Sender«. Auch für die moderne Physik sind unsichtbare Parallelwelten durchaus möglich.

72 Nähere Details und Erläuterung zu diesem Märchen findet der interessierte Leser in meinem Buch *Die alte Göttin und ihre Pflanzen.* (Kailash Verlag, 2014)

73 Wenn ein Stück der Fruchtblase unmittelbar nach der Geburt am Kopf des Neugeborenen haften blieb, sprach man von einer Glückshaube. Man glaubte, ein solches Kind werde hellsichtig sein und Glück im Leben haben.

74 *Minnen* = mittelhochdeutsch: »lieben, geschlechtlich verkehren«, aber auch »in liebender Erinnerung halten«. Minne bedeutet »Zuneigung, Gefallen, Freude, Lust, Liebe, in Erinnerung tragen«.

75 Die Bezeichnung *Shinto* entstammt dem chinesischen *Shen* (Geister) und *Tao* (Weg). Das Wort *Kami* dagegen kommt aus der Sprache der Ainu, der Ureinwohner Nordjapans, und bedeutet Bär, Götterbär oder Gottheit.

76 *Puja* (ausgesprochen »Pudscha«) bedeutet ein Ritual, das einen Raum schafft, in dem sich die Götter vor dem geistigen Auge offenbaren können.

77 *Sadhu:* ein Weltenentsager, der das göttliche Selbst in sich verwirklichen will. Die *Sadhvi* ist eine weibliche Entsagerin.

78 Johann Wolfgang von Goethe, *Faust I,* »Prolog im Himmel«

79 *Vac* ist etymologisch verwandt mit dem lateinischen *vocare* = »nennen, rufen, anrufen«. Sie ist es, die die Dinge benennt, die der Schöpfergott Brahma aus den Tiefen seiner Meditation hervor ins Da-Sein bringt. Sie ist das Ur-Wort.

80 Yama war der erste Mensch, der auf Erden geboren wurde, und der erste, der starb. Er ist verwandt mit dem zwittrigen, makrokosmischen Urmenschen in der germanischen Mythologie, Ymir, der am Anfang geopfert wurde und aus dessen Körper die Welt geschaffen wurde. Aus Ymirs Knochen wurden die Steine, aus seinem Blut die Flüsse, aus seinem Körperhaar die Wälder, aus seinem Hirn die grauen Wolken und aus seinen Flöhen die Tiere.

81 Die fünf Stämme waren die Mohikaner, Oneida, Onondaga, Seneca und Cayuga. Als sechster Stamm kamen später die Tuscarora hinzu.

82 Die Haudenosaunee, die äußerst rücksichtslose und grausame Krieger waren, wurden von den Algonkin als Irokesen bezeichnet, was »echte Giftnattern« bedeutet.

83 Mit Rishi werden im Sanskrit die alten Seher, die Wissenden, bezeichnet; Veda bedeutet Ur-Weisheit, spirituelle Erkenntnis.

84 Chillum, ein Rohr aus Stein oder Ton zum Rauchen des heiligen Krauts (Hanf, Ganja) des Yogi-Gottes Shiva.

85 Dass die Götter unerkannt in Menschengestalt erscheinen, um die Seelen zu prüfen, ist übrigens ein universales Motiv. Bei den Germanen waren es oft Wotan und Freyr oder Odin und Baldur, die als obdachlose Wanderer daherkamen. Später im Mittelalter waren es der Heiland und Petrus. Auch den Hippie-Pärchen, die in den späten 1960er-Jahren nach Indien strömten, setzte man in den Dörfern die besten Speisen vor und schmückte sie mit Blumen. Es könnte sich ja um Shiva und Parvati handeln. Die Gans, die Philemon und Baucis schlachteten, symbolisiert die Seele, und Altäre des Zeus oder Jupiter wurden traditionell mit Basilikum gereinigt; in Griechenland werden noch immer die Kirchenaltäre mit der aromatischen Pflanze gefegt.

86 Unser Wort Sarg kommt aus dem griechischen Sarkophag (*sarkós* = Fleisch; *phagein* = fressen, essen); es ist der »Leichenfresser«.

87 Seminarhaus Lichtquell in Todtmoos, Südschwarzwald.

88 Unter Gicht verstand man früher etwas anderes als heutzutage. Die Gicht oder die »Gichter und Gichtinnen« war alles, was zwickte und zwackte, Reißen, Gliederschmerzen, Krämpfe und Lähmungen, die man auf das Wirken unguter Plagegeister oder auf Anzauberung zurückführte.

89 herman de vries lehnt das Großschreiben überhaupt, auch das seines Namens, ab.

90 »Götzenbuch« *(Kitab al-Asam)* von Ibn al-Kalbi, 8.Jahrhundert

91 Sprachwissenschaftlich bedeutet das Wort Enkel (von Ähnchen), »kleiner, wiedergeborener Ahne«.

92 Die Kilowattstunde gibt an, wieviel Watt pro Stunde abgegeben werden.

93 Als Mastjahr bezeichnet man das Jahr, in dem die Buchen Samen (Buckeckern, Bucheln) erzeugen. Das geschieht im Durchschnitt alle fünf oder sechs Jahre.

94 Ein astrologisches Trigon entsteht, wenn – von der Erde aus gesehen – drei Planeten so zueinanderstehen, dass sie einen Winkel von 120 Grad zueinander einnehmen.

95 Näheres zu diesem Thema findet der Leser in dem Buch von Maurice Martin *Die Pflanze zwischen Erde und Kosmos* (Novalis Verlag, 1980) oder in meinem Buch *Der Kosmos im Garten* (AT-Verlag, 2014).

96 Zusammengerechnet wachsen die Wurzelhärchen einer einzigen Roggenpflanze 90 Kilometer pro Tag und während ihrer ganzen Wachstumsperiode sage und schreibe ungefähr 10.600 Kilometer. Das geht aus wissenschaftlichen Untersuchungen hervor. (Huxley 1974:44)

97 Als mich eine schwerwiegende Borreliose erwischte, durchforstete ich die ethnomedizinische Literatur und stieß auf verschiedene Therapiemöglichkeiten, die ich an mir selbst ausprobierte – mit dem Resultat, dass ich seit nunmehr über zwanzig Jahren symptomfrei bin. Die Ergebnisse und die rationellen Behandlungsmöglichkeiten sind in dem Buch *Borreliose natürlich heilen* (12. Auflage; AT-Verlag, 2016) nachzulesen.

98 Das Thema »invasive Pflanzenspezies« wird von mir in dem Buch *Wandernde Pflanzen – Neophyten, die stillen Eroberer* (AT-Verlag, 2012) ausführlich behandelt.

99 Zu der Zeit lebte ich noch in den USA, besuchte aber meine Verwandten in der DDR, wo ich mich mit wissenschaftlicher Literatur eindeckte. Die Behauptung, dass der Wald nicht sterben würde, tat ich damals als »propagandistische Wirklichkeitsverleugnung« ab.

100 Hollywoodfilme wurden gedreht, um die Bevölkerung darauf vorzubereiten. Ich erinnere mich an einen Zeichentrickfilm, in dem Tiere vor den Eismassen flüchten. Ein anderer Film hat erzählt von Amerikanern, die vor den vorrückenden Gletschern in Richtung Mexiko flüchten und dort auf eine Art »Willkommenskultur« treffen; die Mexikaner teilen ihre Tortillas und Enchiladas mit ihnen.

101 http://kompetenzinitiative.net/KIT/wp-content/uploads/2018/08/A-Verdacht_Baumsch%C3%A4den_durch_Hochfrequenzsender.pdf

102 http://www.science-skeptical.de/klimawandel/insekten-halbieren-teils-leistung-von-windraedern-und-toeten-schaetzungsweise-1-200-tonnen-insekten-pro-jahr/0017538/

103 http://app.you-publish.com/guide/57f110bc62d6783f5079b237/die-gruene-wueste-der-tropische-regenwald-auf-sand-gebaut

104 Produzenten sind vor allem Australien, China, Guinea, Brasilien und Indien.

105 Auch der Abbau der für die Elektromobilität (und für Windturbinen und Solarpanels) notwendigen Seltenen Erden erweist sich als alles andere als umweltfreundlich.

LITERATURVERZEICHNIS

Arvay, Clemens G.: *Der Biophilia-Effekt. Heilung aus dem Wald.* Wien: edition-a, 2015
ders.: *Heilungscode der Natur.* München: Riemann Verlag, 2016
Bächtold-Stäubli, Hanns (Hrsg.): *Handwörterbuch des deutschen Aberglaubens,* Bd. I-X. Berlin/New York: Walter de Gruyter, 1987
Barons, Krisjanis (Hrsg): *Latvju Dainas.* Riga: Izdevejas; Latvijas Universitates Literaturas, folkloras un makslas instituts, 2012
Bauer, Wolfgang, Sergius Golowin, herman de vries, Clemens Zerling: *Heilige Haine – Heilige Wälder.* Saarbrücken: Neue Erde, 2005
Behringer, Wolfgang: *Kulturgeschichte des Klimas.* München: dtv, 2011
Beitl, Richard: *Wörterbuch der deutschen Volkskunde.* Stuttgart: Alfred Kröner, 1974
Berger, Markus: *DMT. Forschung, Anwendung, Kultur.* Aarau und München: AT-Verlag, 2017
Brosse, Jacques: *Mythologie der Bäume.* Olten und Freiburg im Breisgau: Walter-Verlag, 1990
Chamberlain, Mary: *Old Wifes' Tales.* Stroud, Gloucestershire: Tempus, 2006
Descola, Philippe: *Jenseits von Natur und Kultur.* Berlin: Suhrkamp, 2011
Diamond, Jared: *Der dritte Schimpanse – Evolution und Zukunft des Menschen.* Frankfurt a. M.: Fischer, 1994
Dimde, Manfred: *Die Heilkraft der Kirchen.* Landsberg am Lech: MVG-Verlag, 1998
Ehgartner, Bert: *Dirty Little Secret: Die Akte Aluminium.* Steyr: Ennsthaler Verlag, 2012
ders.: »Achtung Aluminium« in *Raum & Zeit* Nr. 188. Wolfratshausen: Ehlers-Verlag, April 2014
Eich, Günter: *Ende eines Sommers,* in ders., *Gesammelte Werke in vier Bänden. Band 1: Die Gedichte. Die Maulwürfe.* Herausgegeben von Axel Vieregg. © Suhrkamp Verlag, Frankfurt am Main 1991. Alle Rechte bei und vorbehalten durch Suhrkamp Verlag Berlin
Eliade, Mircea: *Patterns in Comparative Religion.* New York: Meridian, 1963 (original: *Trait d'histoire des Religions.* Paris: Edition Payot, 1958)
Etscheit, Georg (Hrsg.): *Geopferte Landschaften.* München: Heyne, 2016
Frazer, Sir James George: *The Golden Bough.* New York: Macmillan 1951
Giono, Jean: *Der Mann mit den Bäumen.* Zürich: Flamberg Verlag, 1972
Grieve, Maude: *A Modern Herbal,* Vol. 2. London: Harcourt, Brace & Co., 1931
Grundmann, Emmanuelle: *Ces forêts qu'on assassine.* Paris: Calmann-Lévy, 2007
Harris, Marvin: *Cows, Pigs, Wars, and Witches. The Riddles of Culture.* New York: Vintage Books, 1975
ders.: *Kannibalen und Könige.* München: dtv, 1995
Harrison, Keith: *Du bist (eigentlich) ein Fisch. Die erstaunliche Abstammungsgeschichte des Menschen.* Heidelberg: Spektrum, 2008
Hausman, Gerald: *Großvater, erzähl mir, wie die Welt begann.* München: Diederichs, 2001
Herrick, James W.: *Iroquois Medical Botany.* Syracuse, N. Y.: Syracuse University Press, 1995
Hoffmann, Emil: *Lexikon der Steinzeit.* München: Verlag C. H. Beck, 1999
Hofrichter, Robert: *Das geheimnisvolle Leben der Pilze.* Gütersloh: Gütersloher Verlagshaus, 2017
Holst, Daniela: »Eine einzige Nuss rappelt nicht im Sack« in *Subsistenzstrategie in der Mittelsteinzeit.* Blaubeuren: Mitteilungen der Gesellschaft für Urgeschichte 18, 2009
Hutterer, Claus Jürgen: *Die germanischen Sprachen.* Wiesbaden: Drei Lilien Verlag, 1975
Huxley, Anthony: *Plant and Planet.* London: Allen Lane, 1974
Kehse, Ute: »Die grüne Klimamaschine« in *Geo-Kompakt,* Nr. 52. Hamburg: 2017
Klages, Ludwig: *Der Geist als Widersacher der Seele.* Bonn: Bouvier Verlag Herbert

Grundmann, 1981
Koechlin, Florianne: *Pflanzenpalaver.* Basel: Lenos Verlag, 2009
dies.: *Jenseits der Blattränder.* Basel: Lenos Verlag, 2014
Koechlin, Florianne und Denise Battaglia: *Mozart und die List der Hirse.* Basel: Lenos Verlag, 2012
Küster, Hansjörg: *Geschichte des Waldes.* München: C. H. Beck, 2008
Landmann, Michael: *Philosophische Anthropologie.* Berlin: Walter de Gruyter, 1969
Läng, Hans: *Kulturgeschichte der Indianer Nordamerikas.* Bindlach: Gondrom, 1994
Laotse: *Tao-te-king,* Vers 29. Übersetzt von Stephen Mitchell. München: Arkana/Goldmann, 2003
Laudert, Doris: *Mythos Baum.* München: BLV, 1998
Lawlor, Robert: *Am Anfang war der Traum.* München: Droemer Knaur, 1999
Lurker, Manfred: *Götter und Symbole der alten Ägypter.* München: Goldmann, 1981
ders.: *Wörterbuch der Symbolik.* Stuttgart: Kröner, 1991
Macho, Thomas: *Schweine: Ein Portrait (Naturkunden).* Berlin: Matthes & Seitz, 2015
Mannhardt, Wilhelm: *Wald- und Feldkulte* (Teil 1). Berlin: Gebrüder Borntraeger, 1875. (Nachdruck: Hildesheim, Zürich, New York: Georg Olms Verlag, 2002)
Martin, Maurice: *Die Pflanze zwischen Erde und Kosmos.* Schaffhausen: Novalis Verlag, 1980
Marzell, Heinrich: *Bäume in der Volkskunde.* Mitteilungen der Deutschen Dendrologischen Gesellschaft. 1925–1936 (Nachdruck: Erwin Bauerreiß, Hrsg., Bad Windsheim: Wurzel-Verlag, [1995])
Maxeiner, Dirk: *Hurra, wir retten die Welt!* Berlin: wjs-Verlag, 2007
Mehta, Gita: *Snakes and Ladders.* London: Vintage, 1997
Morris, Desmond: *Der nackte Affe.* München: Droemer Knaur, 1995
Müller-Beck, Hansjürgen: *Die Eiszeiten.* München: C. H. Beck, 2005
Müller-Ebeling, Claudia, Christian Rätsch und Wolf-Dieter Storl: *Hexenmedizin.* Aarau: AT-Verlag, 2018
Müller-Kaspar, Ulrike (Hrsg.): *Das große Handbuch des Aberglaubens.* Wien: Tosa, 2007
Muser, Ivo: *Analecta Gregoriana. Das marialogische Prinzip »gottesbrautliche Mutterschaft« und das Verständnis der Kirche bei M. J. Scheeber.* Roma: Editrice Pontificia, Università Gregoriana, 1995
Neumann, Carl W.: *Das Buch vom deutschen Wald.* Leipzig: Georg Dollheimer, 1941
Parker, Arthur C.: »Secret Medicine Societies of the Seneca« in *American Anthropologist* (Vol. II, No. 2), 1909
Pelt, Jean-Marie: *Das Leben der Pflanzen.* Düsseldorf/Wien: Econ-Verlag, 1982
Pennick, Nigel: *The Sacred World of the Celts.* London: Godsfield Press, 1997
Porter, Roy: *Die Kunst des Heilens.* Heidelberg/Berlin: Spektrum Akademischer Verlag, 2003
Prime, Ranchor: *Hinduism and Ecology.* Delhi: Motal Banarsidass Publ. 1994
Probst, Ernst: *Deutschland in der Steinzeit.* München: Orbis, 1999
Ranke-Graves, Robert: *Die Weiße Göttin.* Reinbek bei Hamburg: Rowohlt, 1985
Rätsch, Christian: *Enzyklopädie der psychoaktiven Pflanzen.* Aarau: AT-Verlag, 1998
ders.: *Der heilige Hain.* Baden und München: AT-Verlag, 2005
Reichholf, Josef H.: *Evolution: Eine kurze Geschichte von Mensch und Natur.* München: Carl Hanser Verlag, 2016a
ders.: *Warum Menschen sesshaft wurden.* Frankfurt a. M.: Fischer, 2016b
Rudgley, Richard: *Lexikon der psychoaktiven Substanzen.* München; Econ & List, 1999
Sahlins, Marshall: *Stone Age Economics.* New York: Aldine, 1972
Scheppach, Joseph: *Das geheime Bewusstsein der Pflanzen.* München: Droemer Verlag, 2009
Schlesier, Karl H.: *Die Wölfe des Himmels.* Köln: Eugen Diederichs, 1985
Schmidt, Gerhard: *Dynamische Ernährungslehre.* Kronbühl, St. Gallen: Proteus-Verlag, 1975

IMPRESSUM

Projektleitung: Maria Hellstern
Lektorat: Dorothea Steinbacher
Bildredaktion: Natascha Klebl
Umschlaggestaltung & Layout: independent Medien-Design, Horst Moser, Antonia Bares, Hassân Al Mohtasib, München
Herstellung: Markus Plötz
Satz: Björn Fremgen
Repro: Ludwig, Zell am See
Druck & Bindung: CPI Books GmbH, Ulm

ISBN 978-3-8338-6669-2
5. Auflage 2021

Die GU-Homepage finden Sie unter www.gu.de

www.facebook.com/gu.verlag

Bildnachweis:
Rolf Brenner: Umschlag und S. 11; **gettyimages:** S. 80, 226 (Kristian Papp), S. 156 (Westend 61), S. 210 (Thomas Grunow-Lietz), S. 244 (Steffen Egly), S. 283 (Michael Moeller), S. 324 (Nico Kaiser), S. 352 (Hayami Yanagisawa); **mauritius images:** S. 50 (Nadja Jacke), **plainpicture:** S. 268 (Christopher Civitillo), **Stocksy:** S. 22 (Luke Mattson), S. 108 (Greg Schmigel); **unsplash:** S. 124 (Lora Ninova), S. 296 (Annie Spratt), S. 312 (Alexandre Godreau)

Wichtiger Hinweis
Die Gedanken, Methoden und Anregungen in diesem Buch stellen die Meinung bzw. Erfahrung des Autos dar. Sie wurden vom Autor nach bestem Wissen erstellt und mit größtmöglicher Sorgfalt geprüft. Weder Autor noch Verlag können für eventuelle Nachteile oder Schäden, die aus den im Buch gegebenen praktischen Hinweisen resultieren, eine Haftung übernehmen.

GRÄFE UND UNZER

Ein Unternehmen der
GANSKE VERLAGSGRUPPE

Storl, Wolf-Dieter: *Shamanism among Americans of European Origin.* Inauguraldissertation Universität Bern. Bern, 1974
ders.: *Der Garten als Mikrokosmos.* Freiburg im Breisgau: Hermann Bauer, 1982
ders.: *Wandernde Pflanzen.* Aarau und München: AT-Verlag, 2012
ders.: *Das Herz und seine heilenden Pflanzen.* Baden und München: AT-Verlag, 2013
ders.: *Pflanzendevas.* Aarau: AT-Verlag, 2014a
ders.: *Von Heilkräutern und Pflanzengottheiten.* Bielefeld: Aurum, 2014b
ders.: *Die alte Göttin und ihre Pflanzen.* München: Kailash, 2014c
ders.: *Ich bin ein Teil des Waldes.* Stuttgart: Franckh-Kosmos, 2015
ders.: *Ur-Medizin: Die wahren Ursprünge unserer Volksheilkunde.* Aarau und München: AT-Verlag, 2016a
ders.: *Der Bär.* Baden und München: AT-Verlag, 2016b
ders.: *Borreliose natürlich heilen.* Baden und München: AT-Verlag 2016c
ders.: *Mein amerikanischer Kulturschock.* München: Kailash, 2017
ders.: *Pflanzen der Kelten.* Aarau: AT-Verlag, 2018
Strassman, Rick: *DMT – Das Molekül des Bewusstseins.* Aarau und München: AT-Verlag, 2004
Tatanga Mani, in: Bydlinski, Georg und Recheis, Käthe: *Weißt du, dass die Bäume reden.* Freiburg: Herder, 1998
Tolstoy, Nikolai: *Auf der Suche nach Merlin.* München: Wilhelm Heyne Verlag, 1989
Tompkins, Peter und Christopher Bird: *Die Geheimnisse der guten Erde.* München: Knaur, 1991
dies.: *Das geheime Leben der Pflanzen.* Frankfurt am Main: Fischer Taschenbuch, 2014
Turnbull, Colin M.: *The Forest People.* Garden City, New York: Anchor Books; Doubleday & Co, 1962
Vána, Zdenek: *Mythologie und Götterwelt der slawischen Völker.* Stuttgart: Urachhaus, 1992
vries, herman de: *natural relations.* Nürnberg: Verlag für moderne Kunst, 1989
Wachsmuth, Guenther: *Erde und Mensch.* Dornach: Goetheanum, 1965
Weatherford, Jack: *Indian Givers.* New York: Crown Publishers, 1990
Weiss, Volkmar: *Keine Willkommenskultur für Douglasien im deutschen Walde?* Neustadt an der Orla: Arnshaugk, 2017
Wolber, Gerhard und Suso Vetter: »Samenjahre der Rotbuche und Planetenstellungen im Tierkreis« in *Sternkalender 1973–1974.* Dornach: Goetheanum, 1972
Zeist, W. van: »Mensch und Vegetation in prähistorischer Zeit« in *Vegetation als anthropo-ökologischer Gegenstand.* Vaduz: J. Cramer, 1981
Zerling, Clemens: *Lexikon der Tiersymbolik.* Klein Jasedow: Drachen Verlag, 2012
Zimmer, Heinrich: *Abenteuer und Fahrten der Seele.* Köln: Eugen Diederichs, 1987